国家科学技术学术著作出版基金资助出版

环氧沥青与沥青混合料

钱振东　黄　卫　著

科学出版社
北　京

内 容 简 介

本书系统阐述环氧沥青及沥青混合料的材料特性与力学性能，并重点讨论基于环氧沥青材料的理论分析技术与功能性材料研发情况。全书共六章，主要内容包括环氧沥青黏弹性特征、环氧沥青砂浆力学性能及应用、环氧沥青混合料设计、环氧沥青混合料稳定性与疲劳特性、环氧沥青混合料断裂机理、功能性环氧沥青材料等。本书总结作者在环氧沥青材料方面多年的研究与应用经验，翔实地介绍环氧沥青材料的相关研究成果，并突出其在具体工程中的应用性与实践性。

本书可供高等院校土木工程、道路桥梁与渡河工程、市政工程、机场工程等专业的本科生、研究生参考阅读，也可供公路、城市道路、机场道路建设与养护及交通行业相关人员学习参考。

图书在版编目(CIP)数据

环氧沥青与沥青混合料/钱振东，黄卫著. —北京：科学出版社，2019.8
ISBN 978-7-03-062049-1

Ⅰ.①环… Ⅱ.①钱… ②黄… Ⅲ.①沥青-环氧复合材料-研究
Ⅳ.①TE626.8

中国版本图书馆 CIP 数据核字(2019)第 168416 号

责任编辑：牛宇锋 罗 娟 / 责任校对：杜子昂
责任印制：吴兆东 / 封面设计：蓝 正

科学出版社 出版
北京东黄城根北街 16 号
邮政编码：100717
http://www.sciencep.com

北京厚诚则铭印刷科技有限公司 印刷

科学出版社发行 各地新华书店经销

*

2019 年 8 月第 一 版 开本：720×1000 B5
2021 年 4 月第三次印刷 印张：14
字数：268 000

定价：95.00 元

(如有印装质量问题，我社负责调换)

前　言

交通基础设施，特别是高等级公路路面与大跨径桥梁铺面结构，是确保道路交通节点畅通的关键工程构造物，其良好的力学性能、耐久性能与安全性能是保障交通稳定、有序运行的基本前提，也是促进社会经济发展的重要因素。当前，我国正处于社会经济转型的关键时期，从“一带一路”倡议对亚洲公路网的互联互通，到京津冀协同发展、长江经济带等重大规划的实施，完善的交通基础设施均发挥着关键作用。我国的高等级公路路面沥青材料与结构研究经历近30年的高速发展后，在高性能材料与结构、施工和维养技术方面均取得举世瞩目的成就，积累了丰富的科学研究与工程应用经验。然而，应该清醒地认识到，受复杂气候环境与严峻交通条件的影响，我国的沥青路面往往过早出现病害，严重制约了社会经济的健康发展，也对人民群众的便捷出行造成极大困扰。

高性能沥青路面通常采用改性沥青为原材料，如以物理改性方式制备的SBS改性沥青、天然橡胶改性沥青等，以及通过化学改性方式所制备的环氧沥青等。环氧沥青是由环氧树脂、固化剂与基质沥青经过复杂化学改性所得的热固性材料，相对普通热塑性改性沥青，其抗拉强度与黏结强度均具有明显优势，固化后的产物表现出对温度的不敏感性。而得益于环氧沥青的优异性能，其混合料同样具备极高的强度与耐久性能，在高温下不会出现热塑性沥青混合料常见的变形类病害，因此环氧沥青混合料尤其适用于环境温度较高且受力条件复杂的道路设施。

环氧沥青混合料在国内的首次应用可追溯到2001年建成通车的南京长江第二大桥，其钢桥面铺装质量达到世界一流水平，作为跨越长江的重要通道，为地区经济发展提供了坚实的保障。此后，作为性能优异的路面材料，环氧沥青混合料逐步应用于大跨径钢桥铺面、隧道铺面与重载道路工程中，有效改善了铺面功能并推动了铺面技术进步。作者带领的东南大学桥面铺装课题组是国内较早开展环氧沥青混合料研究的科研团队之一，开创了环氧沥青混合料在国内桥梁铺面应用的先例，并主持了国产环氧沥青系列材料的研发及应用技术研究。经过近20年的研究，课题组在环氧沥青混合料材料研发、施工关键技术及工程应用方面均取得了丰富的成果，承担了10余项国家级及省部级科研项目，以及苏通长江公路大桥等20余座大跨径钢桥面环氧沥青混合料铺装科研及技术咨询，并将环氧沥青系列材料成功推广应用于隧道、机场、铁路以及高速公路道面。

目前，我国道路交通基础设施建设已经进入新一轮的发展阶段，随着道路材料与结构的绿色环保化、功能化等需求的提出，选用性能突出的材料对新型道路设施的质量保障具有举足轻重的影响。另外，面对数量庞大的已建道路结构，以何种材料进行维修与养护，最大限度地延长结构使用寿命也是相关研究者与工程技术人员亟待解决的问题。

本书整理东南大学桥面铺装课题组对环氧沥青材料与应用的相关研究成果，系统介绍作者在环氧沥青原材料、环氧沥青砂浆与环氧沥青混合料的路用性能方面的试验研究，阐述环氧沥青混合料的断裂行为与机理，同时介绍以环氧沥青为基质材料的部分功能性材料与结构的研究进展。希望本书能为道路与铁道工程相关领域的研究者与工程技术人员提供参考，为我国交通基础设施材料技术的不断提升尽绵薄之力。

感谢东南大学桥面铺装课题组的罗桑、陈磊磊和胡靖等为本书的撰写收集资料，书中内容出自课题组科研工作成果和硕士、博士学位论文，对课题组所有成员表示感谢，同时特别感谢科研合作单位以及相关技术应用工程单位。

本书涉及材料、力学与计算机模拟等专业技术层面，若有不当之处，敬请读者批评指正，以便进一步修改和完善。

作　者

2019 年 2 月

目 录

第1章 绪 论

道路交通基础设施对世界各国国民经济的发展均发挥着举足轻重的作用，合理的公路交通网络和完善的城市道路系统不仅为国家经济发展及民众生活提供无可替代的保障作用，也是社会经济发展水平的象征和国际核心竞争力的重要体现。长久以来，沥青混合料已经广泛应用于各类等级的道路工程建设中，然而，普通沥青混合料由于强度、温度稳定性与耐久性方面存在不足，沥青路面易产生车辙与裂缝等病害，在受力条件复杂的钢桥面铺装与超重载铺面结构中更为明显。

环氧沥青是将环氧树脂加入基质沥青，通过与固化剂发生固化反应而形成的热固性材料。环氧沥青从根本上改变了传统沥青的热塑性性质，具有优异的物理力学性能。同样，环氧沥青混合料相较普通沥青混合料及普通改性沥青混合料而言，其路用力学性能得到显著提高，特别是在高温稳定性与耐久性方面。工程实践表明，环氧沥青混合料能有效地提高沥青路面的使用品质与使用寿命，充分利用环氧沥青材料的性能优势可研发多种满足各类工程需求的功能性材料与结构，具备广阔的应用空间与前景。

本章首先介绍环氧沥青及其混合料的研究发展历程，针对国内外环氧沥青的研发与应用情况，特别对近二十年来国内大跨径钢桥面铺装工程情况进行阐述。此外，讨论环氧沥青及其混合料相比普通沥青材料的优缺点，着重论述环氧沥青材料，如环氧沥青、环氧沥青砂浆与环氧沥青混合料的力学特征，为后续章节中有关环氧沥青材料的性能研究做铺垫。

1.1 环氧沥青材料的研究与应用历程

环氧沥青的优异性能得益于所掺加的热固性环氧树脂材料，包含环氧基、羟基与醚键等活性基团和极性基团。此外，环氧树脂固化剂的种类较多，可制备性能各异的环氧固化体系和固化物，极大地丰富了环氧沥青材料的性能及应用范围。可见，相对于普通沥青与普通改性沥青材料，针对环氧沥青材料的研究与应用具有特殊性。

1.1.1 国外研究与应用历程

环氧沥青在道路工程领域具有悠久的研究与应用历史。环氧沥青材料的相关研究始于 20 世纪 60 年代，早期的环氧沥青主要应用于机场跑道的道面工程建设，直至70年代才首次将环氧沥青应用于公路铺面与正交异性钢桥面板铺装工程。

环氧树脂改性石油沥青的研究始于20世纪60年代，并迅速得到相关研究学者的关注。1961年，Mika首次研发了环氧树脂改性沥青，其采用松焦油作为溶剂制备了一种不溶的高性能材料[1]。此后，单组分、双组分和三组分环氧树脂改性沥青材料不断涌现，并在多个实体工程中得到应用[2-5]。1979年，Hayashi等采用马来酸酐沥青进行改性，在弱极性的沥青分子上加入极性的酸酐基团，以获得对环氧树脂具有较好相容性的改性沥青[6]。Gallagher等在热固性环氧沥青体系中采用极性较弱的聚乙烯基缩水甘油醚作为A组分，并将沥青用胺、酸酐、醇、羧酸和硫醇进行化学改性作为B组分，共混获得热固性的环氧沥青体系[7]。研究成果的涌现也推进了工业化生产的发展，至20世纪80年代，美国的ChemCo Systems公司与日本的Watanabegumi公司都已经具备生产专利环氧沥青的成熟技术与设备，将环氧沥青分为作为矿质集料黏结材料的结合料和用于层间黏结体系的黏结料两类[8]。

环氧沥青在普通公路工程中的实际应用主要出现在欧洲。法国于1974年修筑了首条采用环氧沥青作为结合料的Blois公路，开创了环氧沥青用于实际道路工程的先例；英国伦敦的大西路曾于1973年铺筑了环氧沥青碎石抗滑面层，1975年，同样在位于伦敦的Filmer路上铺筑了环氧沥青混合料路面，由于良好的力学性能与耐久性能，该工程取得了较好的使用效果；1986年，英国斯塔福德郡的M6高速公路上铺筑了一段在热压式沥青混合料中掺加环氧树脂改性剂的试验路，至1990年试验工作还在继续进行，而结构的路用性能仍表现良好。此外，市政道路中的立交匝道应用高强度环氧沥青混合料进行铺装，以克服车辆转弯产生的剪切应力作用，有效延长了匝道路面的使用寿命[9]。

相对于公路工程，环氧沥青在钢桥面铺装中的应用时间更早。1967年，美国的San Mateo-Hayward大桥首次采用环氧沥青混合料作为铺装材料，由于良好的使用效果，环氧沥青混合料在随后的正交异性钢桥面铺装中得到广泛应用，有效地克服了复杂受力状况所导致的各类早期病害[10]。表1-1列出了20世纪国外采用环氧沥青混合料作为桥面铺装材料的部分实际工程情况。

表1-1 国外采用环氧沥青混合料作为桥面铺装材料的部分实际工程情况

桥名	年份	地点	主梁及桥面板类型	桥面钢厚度/mm	铺装厚度/cm
San Mateo-Hayward	1967	圣马特奥	钢箱梁/正交异性	14	5.0
San Diego-Coronado	1969	圣迭戈	钢箱梁/正交异性	10	4.0
McKay	1970	哈利法克斯	钢桁梁/正交异性	10	5.0
Queensway	1970	长滩	正交异性	不详	5.0
Fremont	1973	波特兰	钢桁梁/正交异性	16	6.4

续表

桥名	年份	地点	主梁及桥面板类型	桥面钢厚度/mm	铺装厚度/cm
Costa de Silva	1973	里约热内卢	正交异性	10	6.0
Merce	1974	蒙特利尔	正交异性	10	3.8
Lions Gate	1975	温哥华	钢桁梁/正交异性	12	3.8
Luling	1983	新奥尔良	钢箱梁/正交异性	11	5.0
Ben Franklin	1986	费城	钢桁梁/正交异性	16	3.2
Golden Gate	1986	旧金山	钢桁梁/正交异性	16	4.0
Champlian	1993	蒙特利尔	正交异性	10	4.0
Maritime Off-Ramp	1996	奥克兰	钢箱梁/正交异性	16	7.6

1.1.2 国内研究与应用历程

我国在环氧沥青材料的研发与应用方面虽起步较晚，但同样取得了丰富的研究成果。20世纪90年代，同济大学的吕伟民开展了高性能环氧沥青材料的研发[11]，同时，上海市市政工程管理处和同济大学在1992～1995年进行了环氧沥青混合料的配制及力学性能研究，并在上海龙吴路铺筑了一段200m^{2}的试验路。1998年，长沙交通学院在同济大学研究成果的基础上也开展了环氧沥青混合料的研究，并分析了环氧沥青的改性机理[12]。此后，国内众多研究者在对环氧沥青的改性研究中取得了极大进步，显著提高了环氧沥青的路用性能。东南大学的亢阳等用马来酸酐对沥青进行改性，表明该方法不仅能改善沥青和环氧树脂的相容性，而且能有效提高混合物环氧沥青的抗拉强度和断裂延伸率[13]。为了防止多余的马来酸酐在使用过程中挥发，贾辉等在改性沥青中加入脂肪族多元醇以中和多余的马来酸酐，并且发现加入脂肪族多元醇后提升了环氧沥青固化物的拉伸断裂延伸率[14]。黄坤等开发了一种热固性环氧沥青材料的专用增溶剂，其含有弱极性的高级脂肪碳链和强极性的曼尼希碱，加入专用增溶剂的沥青配合常规的环氧树脂和固化剂就可以形成热固性环氧沥青材料[15]，并且在加入增溶剂的条件下，通过对环氧沥青固化物的提取，确定了沥青在固化过程中不与环氧树脂或固化剂发生反应，沥青以微米级球形颗粒分散在环氧树脂、增溶剂和固化剂组成的连续相中[16]。从培良等在150℃沥青中加入3%线性苯乙烯-丁二烯-苯乙烯嵌段共聚物(SBS)改性沥青，目的是提高环氧沥青的柔软性，固化剂采用甲基四氢邻苯二甲酸酐，研究深入分析了环氧树脂含量对环氧沥青混合料流变性质的影响[17-18]，确定了固化温度、固化时间和环氧树脂含量对环氧沥青性能的影响[19]。周威等研究了柔性固化剂对环氧沥青结构性能的作用效应，讨论了固化剂含量对沥青和环氧树脂相容性、环氧沥青固化体系撕裂断面、力学性能及耐久性能的影响[20]。

东南大学是国内较早开展环氧沥青材料理论与应用技术研究的科研机构，20余年的研究成果极大地提高了我国环氧沥青材料的技术性能，促进了环氧沥青的国产化生产，也推动了我国环氧沥青混合料施工设备与技术的发展。本书作者所在的东南大学桥面铺装课题组的研究涵盖原材料优化、混合料结构性能改进及结构维养技术等方面，例如，从分子链角度对环氧沥青的物理化学特性开展研究，建立了环氧沥青的固化特征关系曲线[21-22]，确定了环氧沥青混合料的固化进程与路用力学性能[23]；开展了针对环氧沥青混合料常见病害的研究工作，特别是复杂受力环境下钢桥面铺装裂缝病害的萌生与扩展机理，探索了环氧沥青混合料结构各类病害之间的演化关系，研发了适宜的环氧类修复材料并分析了其力学性能[24-26]；此外，在环氧沥青混合料的基础上，研发了多种功能型环氧沥青混合料材料与结构，满足了不同使用环境的需求[27-29]。

现阶段，环氧沥青在我国道路工程中的应用主要集中于桥面铺装建设方面，并且在工程应用技术方面处于世界领先地位。实践经验表明，若在设计中能够充分考虑铺装结构的使用环境和交通条件，并严格按照设计要求控制施工，环氧沥青混合料完全能够满足复杂受力条件下的路面结构使用要求，尤其是特殊支撑结构的桥面铺装体系。东南大学桥面铺装课题组在20世纪末首次将环氧沥青混合料及其施工技术应用于南京长江第二大桥钢桥面铺装工程，铺装层质量至今表现优良，为我国大跨径钢桥面铺装提供了成功先例。此外，检测表明，东南大学桥面铺装课题组研制的国产环氧沥青材料各项技术指标均达到国际水准，且在施工温度指标方面优于国外同类产品，成功打破了国外供应商的垄断，国产环氧沥青已经成功应用于天津国泰桥、武汉天兴洲长江大桥与上海闵浦大桥等重点工程项目，取得了良好的使用效果。

随着对环氧沥青材料研究的不断深入，在材料生产设备与施工技术方面均取得了显著的进步。随后的舟山桃夭门大桥、上海长江公路大桥、润扬长江公路大桥、南京长江第三大桥、荆岳长江大桥等均成功使用环氧沥青作为铺装材料。表1-2列出了国内采用环氧沥青混合料铺装的部分正交异性钢桥面板桥梁。

表1-2　国内采用环氧沥青混合料铺装的部分正交异性钢桥面板桥梁

桥名	年份	地点	主梁及桥面板类型	桥面钢厚度/mm	铺装厚度/cm
南京长江第二大桥	2001	南京	钢箱梁/正交异性	14	5.0
舟山桃夭门大桥	2006	舟山	钢箱梁/正交异性	14	5.0
润扬长江公路大桥	2004	镇江	钢箱梁/正交异性	14	5.5
南京长江第三大桥	2005	南京	钢箱梁/正交异性	14～16	5.0
武汉阳逻长江公路大桥	2007	武汉	钢箱梁/正交异性	14	6.0
武汉天兴洲长江大桥	2009	武汉	钢箱梁/正交异性	14	6.0

续表

桥名	年份	地点	主梁及桥面板类型	桥面钢厚度/mm	铺装厚度/cm
上海长江公路大桥	2009	上海	钢箱梁/正交异性	16	5.5
上海闵浦大桥	2009	上海	钢箱梁/正交异性	16	5.5
荆岳长江大桥	2010	荆州/岳阳	钢箱梁/正交异性	16～20	5.5
崇启大桥	2011	上海/启东	钢箱梁/正交异性	14～16	5.5
泰州长江大桥	2012	泰州/扬中	钢箱梁/正交异性	14～16	6.0
九江长江公路大桥	2013	九江/黄冈	钢箱梁/正交异性	16～22	5.5
黄冈长江大桥	2014	黄冈	钢桁梁/正交异性	14	5.5

1.2 环氧沥青材料的力学特征

环氧沥青及其混合料具有各自的性能特征，能够在不同的结构中发挥其力学优势。环氧沥青具备优良的黏结性能，可有效地作为层间黏结体系应用于道路结构中；环氧沥青砂浆由环氧沥青与矿粉、级配细集料混合而成，其作为裂缝、坑槽等病害的修复材料可有效恢复路面结构强度；环氧沥青混合料具有极高的强度和耐久性，适用于复杂环境与力学条件下的道路结构铺装。本节阐述环氧沥青及其混合料的主要力学特征，并提出相应的性能技术指标。

1.2.1 环氧沥青

环氧沥青需通过加热与矿粉、矿质集料（即级配细集料和粗集料）混合，从而形成环氧沥青混合料。经固化反应后的环氧沥青属于热固性材料，与热塑性沥青相比，其力学性能的优越性主要体现在以下几个方面。

1）力学强度

环氧沥青具有较好的温度稳定性能，特别是高温下表现出良好的抗变形性能，同时具备极高的抗拉强度。

2）断裂延伸率

与普通沥青或普通改性沥青相比，环氧沥青具备优异的力学强度与断裂延伸率，在同等疲劳应力作用下表现出更为优异的抗疲劳性能，满足结构长寿命耐久性的要求。

3）黏结性能和抗腐蚀性能

环氧沥青在黏结性能、抗变形性能和稳定性方面与普通沥青材料相比具有很大的优势，在工程实践中，环氧沥青的黏结强度显著高于技术要求。此外，通过石油浸泡试验的测试，环氧沥青经历一个月后仍能保持完好，充分体现了良好的抗腐蚀性能。

对于热固性环氧沥青体系，若作为结合料的热固性环氧沥青黏度较低，容易导致环氧沥青混合料在运输、卸料、摊铺过程中出现离析；若体系出现凝胶，容易导致混合料摊铺困难和碾压不密实，对后期结构的强度造成不利影响，因此必须在凝胶出现之前完成运输、摊铺和碾压等施工程序。可见，热固性环氧沥青的黏度体系可分为两个阶段：固化前和固化进程中，固化前的体系流动特性和拌合工艺密不可分，固化进程的体系流动特性与压实工艺密不可分。

现阶段，根据拌合温度和成型机理的不同，环氧沥青可分为热拌环氧沥青（拌合温度 170～190℃）与温拌环氧沥青（拌合温度 110～130℃）两类。

温拌环氧沥青指由双组分混合制备而成，拌合温度一般控制为 110～130℃的环氧沥青材料。环氧树脂为一组分（以下称为 A 组分）；固化组分为另一组分（以下称为 B 组分），该组分主要包括固化剂、石油沥青及其他辅剂等，两种组分分别生产和放置。环氧沥青本质上是环氧树脂在基质石油沥青中通过固化反应进行改性，由于各组分本身的复杂性（如链结构与分散体的不均匀性），A、B 组分的均匀混合使得混合物的黏度并非单一组分之间的叠加。当固化组分与环氧树脂混合后，化学反应就随即开始，混合体系的黏度随着时间的延长逐步增加，反应达到一定阶段后产生凝胶并形成了不溶的凝胶体。

温拌环氧沥青最早在美国作为钢桥面铺装材料得以应用，并且制定了温拌环氧沥青的性能标准以便于实际工程的施工控制。我国针对温拌环氧沥青的各项力学指标进行了系统且深入的检测工作，根据我国气候环境与交通组成特征确定了温拌环氧沥青 A、B 组分及其混合物的相关技术指标，如表 1-3 所示。

表 1-3 温拌环氧沥青的技术指标[30]

技术指标	技术要求	试验方法①
A 组分技术指标		
黏度(23℃)/(Pa·s)	100～160	ASTM D 445
环氧当量	185～192	ASTM D 1652
密度(23℃)/(g/cm³)	1.16～1.17	ASTM D 1472
B 组分技术指标		
酸值/(mg KOH/g)	40～60	ASTM D 664
黏度(100℃)/(Pa·s)	>0.14	T 0625—2011
密度(23℃)/(g/cm³)	0.98～1.02	ASTM D 1475

续表

技术指标	技术要求	试验方法
温拌环氧沥青的技术指标		
抗拉强度(23℃)/MPa	≥1.51	ASTM D 638
断裂延伸率(23℃)/%	≥200	ASTM D 638
热固性(300℃)	不熔化	置于热板上
热挠曲温度/℃	−25～−18	ASTM D 648
120℃黏度增加至1000cP② 的时间/min	≥50	置于容器中搅拌 Brookfield 黏度计

① 其中 ASTM 是指美国材料与试验协会标准试验方法；T 0625—2011 来源于《公路工程沥青及沥青混合料试验规程》(JTG E20—2011)。

② 1cP=1mPa · s。

热拌环氧沥青包含三种组分材料：基质沥青、环氧树脂(主剂，A 组分)和固化剂(硬化剂，B 组分)，拌合温度一般控制在 170～190℃，材料混合后固化反应所产生的黏度增长相对于温拌环氧沥青而言较为稳定，因此在施工工艺上与温拌环氧沥青有差异。热拌环氧沥青的生产过程是先将基质沥青加热到 150℃，环氧树脂和固化剂加热到 60℃搅拌均匀，然后与基质沥青一起搅拌 4min 后即制成热拌环氧沥青[31-33]。对热拌环氧沥青而言，先将基质沥青和顺酐进行反应，得到顺酐化沥青，在120～150℃下加入适量的聚合物中和剂，反应时间设定为 120～150min；再加入环氧固化剂和助剂混合 30～60min，冷却至室温得到环氧沥青 B 组分，A 组分为特定型号的环氧树脂，两者按一定比例混合搅拌均匀后得到热拌环氧沥青。环氧树脂与热拌环氧沥青的技术指标要求分别列于表 1-4 与表 1-5。

表 1-4 环氧树脂技术指标

技术指标	技术要求	试验方法
外观	黄色至琥珀色高黏度透明液体	—
软化点/℃	12～20	T 0606—2011(JTG E20—2011)
环氧值/(mol/100g)	0.41～0.47	盐酸吡啶法
有机氯含量	$<2\times10^{-4}$	银量法
无机氯含量	$<1\times10^{-3}$	银量法
挥发物(110℃,3h)	<1.0	—
色泽	<6①	—

① 数字表示颜色深浅，数字越大，颜色越深，数字越小，颜色越浅。

表 1-5　热拌环氧沥青固化后技术指标

技术指标	技术要求	试验方法①
质量比(基质沥青/环氧沥青)	60/40	—
针入度(25℃,5s,100g)/(0.1mm)	5～20	JIS K 2207
软化点($T_{R\&B}$)/℃	＞100	JIS K 2207
抗拉强度(23℃)/MPa	＞2.5	JIS K7113
断裂延伸率(23℃)/%	＞150	JIS K7113

① 是指日本 JIS 标准中的试验方法。

1.2.2　环氧沥青砂浆

环氧沥青砂浆由环氧沥青与按照一定级配所形成的细集料、矿粉混合而成，根据具体使用情况可将细集料定义为 2.36mm 或 1.18mm 以下的矿质集料颗粒，表 1-6 列出了一种环氧沥青砂浆的级配结构形式[26]。

表 1-6　一种环氧沥青砂浆的矿料组成设计

技术指标	筛孔范围(方孔筛)/mm					
	1.18～2.36	0.6～1.18	0.3～0.6	0.15～0.3	0.075～0.15	＜0.075
筛余质量分数/%	28.3	13.2	15.8	15	9.5	18.2

环氧沥青砂浆可视为环氧沥青混合料的重要组成部分，其材料特性对环氧沥青混合料的力学性能有显著影响，在悬浮密实型级配的结构中起主要承载作用[34]。相较于环氧沥青混合料，环氧沥青砂浆仍具备极高的力学强度，同时保持优异的抗变形能力、温度稳定性能、水稳定性能与抗疲劳性能。环氧沥青砂浆可以与粗集料混合形成环氧沥青混合料，经过技术改良后也可作为单一材料在土木工程领域中广泛应用。环氧沥青砂浆作为填缝类材料，常用于大跨径钢桥面铺装、高速公路沥青铺面、隧道沥青路面与机场道面裂缝等病害的修复；此外，以环氧沥青砂浆作为垫层，可设置于轨道底座与轨道板之间起刚性支撑和弹性调整的双重作用。

现阶段，环氧沥青材料的研究与应用主要集中在环氧沥青与环氧沥青混合料方面，且均取得了丰富的成果，如作为道路结构的层间黏结体系与高性能路面材料等，然而对于环氧沥青砂浆的研究与应用则较少。东南大学桥面铺装课题组率先将环氧沥青砂浆用于钢桥面铺装的修复工程，并取得了良好的修复效果。

环氧沥青砂浆的相关技术指标尚缺乏统一标准，其基本力学性能的测试同样包括抗压性能、抗弯拉性能以及间接拉伸性能等。研究环氧沥青砂浆在不同加载方式与不同温度条件下的基本力学性能，可参照《公路工程沥青及沥青混合料试验规程》(JTG E20—2011)中的试验方法，对环氧沥青砂浆的上述力学性能进行测试,获取相关指标并加以评价。环氧沥青砂浆的相关力学性能尚没有明确的指标要求,结合试验测试结果,对环氧沥青砂浆的部分性能指标进行如下要求,如表1-7所示。

表1-7　环氧沥青砂浆技术指标

技术指标	技术要求	试验方法①
抗压强度(15℃)/MPa	>20	T 0713—2000
抗弯拉强度(15℃)/MPa	>10	T 0715—2011
劈裂抗拉强度(15℃)/MPa	>5	T 0716—2011
高温稳定性/(次/mm)	>3000	T 0719—2011
低温抗裂性/$\mu\varepsilon$	>3000	T 0715—2011
水稳定性/%	>85	T 0709—2011/T 0729—2000

① 试验方法来源于《公路工程沥青及沥青混合料试验规程》(JTG E20—2011)。

1.2.3　环氧沥青混合料

环氧沥青混合料具有优良的路用性能,是正交异性钢桥面铺装和重载交通道路的理想材料,特别是对于大跨径桥梁。固化后的环氧沥青混合料具备极高的力学性能,并且对温度的敏感程度较低,但其力学性能受成型时温度、时间等因素变化的影响,对施工质量控制体系的要求相当高,并且在摊铺后必须保证有足够的养护期以确保环氧沥青混合料完成固化[35]。大量的室内试验和工程应用均表明环氧沥青混合料具有众多优点:

(1) 强度高、韧性好。

(2) 高温稳定性和低温抗裂性能均优于其他类型的沥青混合料。

(3) 具有极好的抗疲劳性能和水稳定性能。

(4) 具有很强的抵抗化学物质(包括溶剂、燃料和油)侵蚀的能力。

同时,环氧沥青混合料也存在不足,主要表现为施工中对时间和温度要求严格;采用悬浮密实结构导致表面摩擦系数较低。

参考其他国家关于环氧沥青混合料的力学控制指标,结合我国现行的高等级公路沥青混合料技术规范,钢桥面铺装要求未固化环氧沥青混合料的马歇尔稳定度不小于8.0kN,固化后环氧沥青混合料的马歇尔稳定度不小于45.0kN;流值20～50(0.1mm);孔隙率不大于3.0%;密度不小于2.49g/cm^3。钢桥面铺装用环氧沥青混合料完全固化后的技术指标要求如表1-8所示,为对比说明,表中同时列出了沥青玛蹄脂碎石混合料(SMA)改性沥青混合料的相关技术指标要求。

表 1-8 钢桥面铺装用环氧沥青混合料完全固化后的技术指标

技术指标	环氧沥青混合料技术要求	SMA 改性沥青混合料技术要求	试验方法①
孔隙率/%	≤3.0	3～4	T 0705—2011
马歇尔稳定度/kN	≥45	≥6.0	T 0709—2011
流值/(0.1mm)	20～50	—	T 0709—2011
残留稳定度/%	≥85	≥80	T 0709—2011
弯曲应变(−10℃)/$\mu\varepsilon$	$\geqslant 3\times10^{-3}$	$\geqslant 4\times10^{-3}$	T 0728—2000
动稳定度(60℃)/(次/mm)	>6000	≥4000	T 0719—2011

① 试验方法来源于《公路工程沥青及沥青混合料试验规程》(JTG E20—2011)。

由此可见，固化后环氧沥青混合料的多项技术指标均比普通沥青混合料或改性沥青混合料严格，在强度与高温稳定性方面更是显著提升。环氧沥青混合料的各项性能指标虽有所提升，但主要性能的测试技术与普通沥青混合料相同，仅是由于指标标准有所提升而需要对现有设备的量程等进行改造。总体而言，环氧沥青混合料的性能检测项目与方法主要包含以下几点。

1）强度特性

环氧沥青混合料的力学强度性能测试方法与普通沥青混合料相同，但力学控制指标显著提高，因此需要大量程的马歇尔稳定度测试设备。劈裂试验采用的试件通常为直径 101mm、高 100mm 的圆柱体试件，采用劈裂试验测试环氧沥青混合料在规定温度和不同加载速率下的力学强度性能，并确定弹性阶段下峰值时的最大荷载和最大变形以计算劈裂抗拉强度及破坏劲度模量；环氧沥青混合料单轴压缩试验所用试件通常为直径 100mm、高 100mm 的圆柱体或边长 40mm×40mm×80mm 的棱柱体，对试件按规定方法逐级加载卸载，测定试件的抗压回弹模量及单次加载至破坏时的抗压强度；环氧沥青混合料在规定温度及加载条件下的抗剪强度可采用三轴压缩试验测定，试件采用直径 100mm、高 150mm 的圆柱体，宜施加 4 级围压并按恒定加载速率施加轴向荷载，根据计算法或作图法确定抗剪强度参数。

2）高温稳定性

环氧沥青混合料的高温稳定性采用动稳定度试验进行评价，但为充分考虑环境条件与荷载状况的不利性，除 60℃规定温度外，在性能评价中也采用 70℃作为试验温度。环氧沥青混合料高温稳定性试验试件尺寸为 300mm×300mm×50mm 的长方体，试件成型后需放入恒温箱进行固化。固化后的试件以 0.7MPa 的实心橡胶轮胎作为重复荷载，确定环氧沥青混合料试件在变形稳定时期的动稳定度。

3）变形能力

环氧沥青混合料的变形性能可采用弯曲试验和弯曲蠕变试验进行评价。弯曲试验适用于测定环氧沥青混合料在规定温度和加载速率时弯曲破坏的力学性能，对小梁试件跨中位置施加集中荷载至断裂破坏，分别由破坏时的最大荷载与跨中挠度计算抗弯强度与破坏弯压应变；弯曲蠕变试验适用于测定环氧沥青混合料在规定温度和加载应力水平条件下弯曲蠕变的应变速率，以评价环氧沥青混合料的变形性能，同样对小梁试件跨中施加恒定的集中荷载，测定随时间不断增长的蠕变变形。

4）疲劳性能

环氧沥青混合料在重复荷载作用下的疲劳寿命采用三点弯曲疲劳试验进行测试，该方法适用于实验室轮碾成型的环氧沥青混合料板块或从现场路面钻取的芯样试件，切割成长度(380±5)mm、厚度(50±5)mm、宽度(63.5±5)mm 的小梁试件。

5）抗水损性能

环氧沥青混合料的抗水损性能采用冻融劈裂抗拉强度进行评价，按照《公路工程沥青及沥青混合料试验规程》(JTG E20—2011)中“沥青混合料冻融劈裂试验”(T 0729—2000)进行测试，该方法适用于规定条件下对环氧沥青混合料进行冻融循环，测定试件在受到水损前后劈裂破坏的强度比，以评价环氧沥青混合料的水稳定性。

1.3　本章小结

本章对环氧沥青及其混合料的研究与工程应用状况进行了综述。针对环氧沥青拌合温度与成型机理的差异，分别论述了热拌环氧沥青与温拌环氧沥青的力学性能指标，并介绍了环氧沥青砂浆及环氧沥青混合料材料特性。本章的主要结论总结如下：

(1) 环氧沥青材料具有悠久的研究与应用历史，广泛应用于公路和城市道路、机场道面以及交通重载等特殊铺装结构中，特别是在钢桥面铺装工程中得到较多应用。

(2) 根据拌合温度与成型机理不同，环氧沥青分为温拌环氧沥青与热拌环氧沥青两类，固化后的环氧沥青均具备较好的强度、温度稳定性以及断裂延伸率等物理力学性能。

(3) 环氧沥青砂浆的力学强度处于较高水平，变形能力优异，同时具有优良的温度稳定性、优良的水稳定性及抗疲劳能力，并且与环氧沥青混合料能形成较强的黏结力。由于环氧沥青特有的热固性，环氧沥青砂浆作为单一材料在修复工程中有重要应用价值。

(4) 环氧沥青混合料属热固性材料，其物理力学性能与普通热塑性沥青混合料有较大差异，其路用性能比普通沥青混合料优异，具有优良的强度、高温与低温稳定、抗疲劳等性能。

第2章 环氧沥青

环氧沥青属于热固性材料，但其力学性能与普通热塑性沥青材料类似，在高温条件下同样表现出黏弹性材料属性。环氧沥青的材料特征包括黏度、拉伸与蠕变等，黏度是沥青与矿质集料形成黏结强度的关键指标，环氧沥青的黏度随温度与时间变化，因此还直接影响路面施工的压实效果；环氧沥青作为结构层间黏结料时，抗拉强度、断裂延伸率与蠕变特性则是评价材料强度与变形能力的重要指标。本章从黏度、拉伸、蠕变、低温弯曲流变等方面介绍环氧沥青的材料特性，并各自通过室内试验阐述研究、测试过程；此外，对环氧沥青的物理力学模型的建立方法进行介绍。

2.1 环氧沥青黏度特征

热塑性沥青材料的黏度随着温度的不同而发生变化，其黏度-温度曲线表现形式为黏度与测试温度呈线性变化规律。作为热固性沥青材料，环氧沥青的黏度特征有别于热塑性沥青，其黏度随着测试温度和时间的变化而呈现非线性变化趋势[36]。环氧沥青的黏度-时间-温度非线性变化规律，直接影响环氧沥青混合料施工过程中拌合-摊铺-碾压工序的允许温度与时间范围[37-38]。本节根据温拌与热拌环氧沥青的技术特性对其黏度进行试验研究，采用化学流变理论分析黏度测试数据，获取环氧沥青黏度增长模型及参数，为环氧沥青混合料的施工可操作性温度与时间确定奠定基础。

2.1.1 环氧沥青结合料

环氧沥青结合料是用于与矿质集料混合，经固化反应后得到环氧沥青混合料的环氧沥青材料。依据与矿质集料拌合温度的差异，环氧沥青结合料分为温拌与热拌两类，在施工控制与技术体系上存在各自的特点。

1. 温拌环氧沥青结合料

温拌环氧沥青结合料由组分 A(环氧树脂)和组分 B(石油沥青与固化剂组成的均质合成物)分别加热至(87±5)℃与(128±5)℃后按照 100：585 的质量比混合而成(温度与比例根据型号有所差异)。组分 A 是由双酚和表氯醇经反应得到的双环氧树脂，不含稀释剂、软化剂和增塑剂；组分 B 是一种由石油沥青和环氧树脂固化剂组成的均质合成物。温拌环氧沥青结合料的养生温度为(120±1)℃，养生时间为4h。

组分A、B及温拌环氧沥青结合料技术要求与试验方法列于表2-1。

表2-1 组分A、B及温拌环氧沥青结合料技术要求与试验方法

技术指标	技术要求	试验方法
组分A		
黏度(23℃)/(Pa·s)	100～160	ASTM D 445
环氧当量(含1当量环氧基的环氧树脂克数)	185～192	ASTM D 1652
加德纳色度	≤4	ASTM D 1544
含水量/%	≤0.05	ASTM D 1744
闪点(克立夫兰敞口杯)/℃	≥200	ASTM D 92
相对密度	1.16～1.17	ASTM D 1475
外观	透明琥珀状	目视
组分B		
闪点(克立夫兰敞口杯)/℃	≥200	ASTM D 92
含水量/%	≤0.05	ASTM D 95
黏度(100℃)/(Pa·s)	>0.14	ASTM D 2983
相对密度(23℃)	0.98～1.02	ASTM D 1475
颜色	黑	目视
温拌环氧沥青结合料		
抗拉强度(23℃)/MPa	≥1.5	ASTM D 638
断裂延伸率(23℃)/%	≥200	ASTM D 638
吸水率(23℃、7d)/%	≤0.3	ASTM D 570
在荷载作用下的热挠曲温度/℃	−25～−18	ASTM D 648
120℃的黏度增加至1Pa·s的时间/min	≥50	ASTM D 2983

2. 热拌环氧沥青结合料

热拌环氧沥青结合料是由预热至60℃的组分A(环氧树脂)和组分B(固化剂)按照56∶44的质量比混合后所得到的固化产物，与加热至150℃的70号基质沥青按照1∶1的质量比混合而成。组分A和B以及未固化热拌环氧沥青的技术要求及试验方法如表2-2所示。热拌环氧沥青结合料的养生温度为(150±1)℃，养生时间为3h，或养生温度为(60±1)℃，养生时间为4d。

表 2-2　组分 A、B 及未固化热拌环氧沥青结合料技术要求与试验方法

技术指标	技术要求	试验方法
组分 A		
黏度(23℃)/(Pa・s)	1～5	ASTM D 445
环氧当量(含 1 当量环氧基的环氧树脂克数)	190～210	ASTM D 1652
闪点(克立夫兰敞口杯)/℃	≥230	ASTM D 92
相对密度(23℃)	1.00～1.20	ASTM D 1475
外观	淡黄色透明液体	目视
组分 B		
黏度(23℃)/(Pa・s)	0.1～0.8	ASTM D 2983
胺值/(mg KOH/g)	150～200	JIS K 7237
闪点(克立夫兰敞口杯)/℃	≥145	ASTM D 92
相对密度(23℃)	0.8～1.0	ASTM D 1475
外观	淡黄褐色液体	目视
固化物(A：B=56：44(质量比))		
抗拉强度(23℃)/MPa	≥2.5	ASTM D 638
断裂延伸率(23℃)/%	≥150	ASTM D 638
基质沥青		
黏度(170℃)/(Pa・s)	0.895	ASTM D 445
未固化热拌环氧沥青(固化物：基质沥青=1：1(质量比))		
相对密度(23℃)	1.00～1.05	ASTM D 1475
针入度(25℃,5s,100g)/(0.1mm)	5～20	ASTM D 5
软化点/℃	≥100	ASTM D 36
抗拉强度(23℃)/MPa	≥2.0	ASTM D 638
断裂延伸率(23℃)/%	≥100	ASTM D 638

2.1.2　环氧沥青黏结料

环氧沥青黏结料的主要作用是将不同铺装层黏结形成整体。将组分 A 与组分B(用于黏结料的沥青与固化剂混合物)分别加热至(87±3)℃与(150±3)℃,按照 100：445 的质量比混合配置成温拌环氧沥青黏结料。组分 A(环氧树脂)和组分 B(固化剂)分别加热至 50～60℃,并以 1：1 的质量比混合成热拌环氧沥青黏结料。环氧沥青黏结料主要用于层间黏结体系材料,与环氧沥青结合料相比,温拌环氧沥青黏结料与热拌环氧沥青黏结料需要具备更优的抗拉强度以确保铺装结构整体性能,其主要技术要求与试验方法如表 2-3 所示。

表 2-3 环氧沥青黏结料技术要求与试验方法

技术指标	技术要求	试验方法
抗拉强度(23℃)/MPa	≥6.0	ASTM D 638
黏结强度(与钢板,25℃)/MPa	≥3.0	—
断裂延伸率(23℃)/%	≥190	ASTM D 638
不透水性(0.3MPa,24h)	不透水	GB/T 1034—2008
吸水率(25℃,7d)/%	≤0.3	ASTM D 570
荷载作用下的热挠曲温度/℃	−25～−18	ASTM D 648
121℃的黏度增加至 1Pa·s 的时间/min	≥20	ASTM D 2983

2.1.3 环氧沥青黏度时间-温度变化规律分析

环氧沥青的黏度随着固化反应的进行而呈现出与普通沥青不同的规律,赋予了环氧沥青力学性能的特殊性。研究不同温度条件下环氧沥青黏度随时间变化的动态规律,是评估环氧沥青混合料强度增长机理的重要前提,也是确定环氧沥青结合料与集料拌合的最佳温度与时间,以及后续摊铺与碾压等施工工序的关键。环氧沥青材料的黏度性能主要按照《公路工程沥青及沥青混合料试验规程》(JTG E20—2011)中"沥青旋转黏度试验"(T 0625—2011)所规定的试验方法测定,采用图 2-1 所示的 Brookfield 黏度计,分别对温拌环氧沥青结合料以及热拌环氧沥青结合料进行黏度测试。

图 2-1 Brookfield 黏度计

1. 温拌环氧沥青结合料

根据温拌环氧沥青结合料的拌合与摊铺温度范围，确定沥青材料的试验温度分别为110℃、115℃、120℃、125℃、130℃。试验中Brookfield黏度计采用27＃转子对固化反应过程中的温拌环氧沥青结合料的黏度进行跟踪测试，不同试验温度下温拌环氧沥青结合料黏度曲线如图2-2所示。

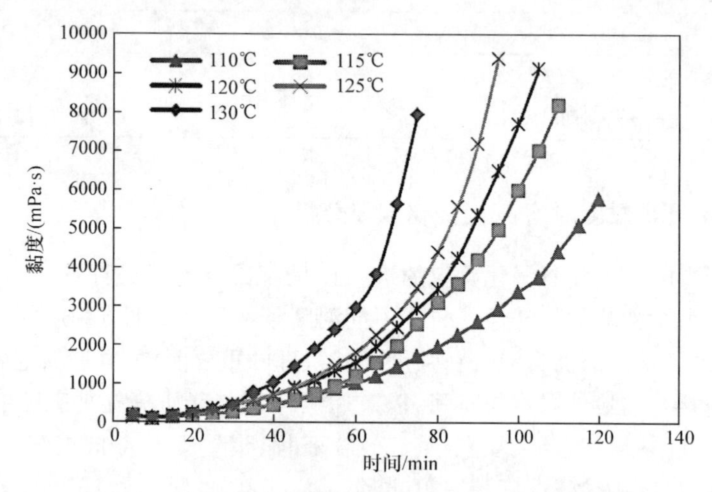

图2-2　不同温度条件下温拌环氧沥青结合料黏度曲线

图2-2中给出了温拌环氧沥青结合料的典型黏度变化曲线。随着反应时间的延长，温拌环氧沥青结合料的黏度呈现指数型上升趋势，并且温度越高，上升速率越大[39,40]。以115℃温度条件下温拌环氧沥青结合料的黏度曲线为例，在固化反应开始的60min内，温拌环氧沥青黏度增长较为平缓；当固化反应时间超过60min后，黏度增长速率显著增大。在实际施工过程中，环氧沥青结合料的黏度状况直接影响施工质量的优劣，黏度过小会致使混合料松散、离析并且无法压实成型，黏度过大又会导致混合料结团而出现摊铺、碾压困难，甚至无法卸车等现象。因此，通过黏度曲线的变化趋势可以有效地确定不同温度条件下温拌环氧沥青混合料的施工时间，避免由黏度因素引起的铺装结构施工质量缺陷。

2. 热拌环氧沥青结合料

热拌环氧沥青结合料的试验方式与温拌环氧沥青结合料相同，但试验温度分别设置为140℃、150℃、160℃、170℃、180℃。图2-3为热拌环氧沥青结合料在不同温度下的黏度曲线变化状况。与温拌环氧沥青结合料有所不同，热拌环氧沥青结合料的黏度随着固化时间的延长呈现较为稳定的增长，其幅度并未出现较大变化。随着试验温度的提高，同一时刻下的黏度数值及增加速率均较大。可以看出，热拌环氧沥青结合料具有相对宽裕的施工可操作时间，但其混合料强度的形成时间也较长。

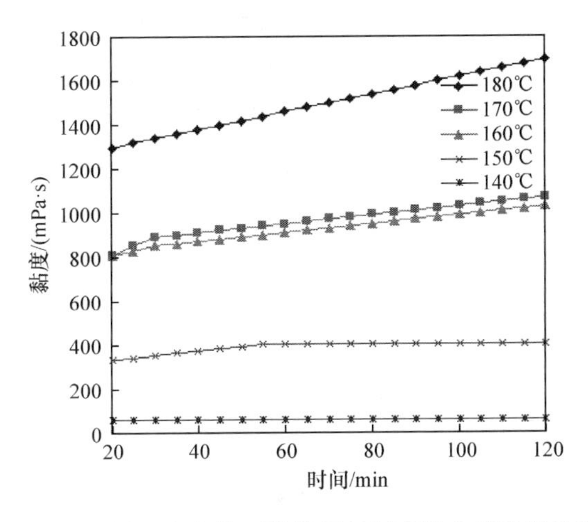

图 2-3 不同温度条件下热拌环氧沥青结合料黏度曲线

由以上温拌与热拌环氧沥青结合料的黏度曲线可以看出，环氧沥青的黏度变化特征与普通沥青存在较大差别，主要表现为同一时刻，温度越高，黏度越大，且黏度随着固化时间延长而逐渐增加。固化剂与环氧树脂混合后开始化学反应，因此需要深入研究固化反应的影响，从而制定不同温度条件下的黏度变化曲线。在环氧沥青混合料的施工控制中，根据黏度变化特征确定混合料拌合到碾压期间的时间范围，该时间范围称为容留时间[39]。环氧沥青混合料只有在容留时间内碾压完毕，才能有效地确保铺装结构的施工质量。

2.1.4 环氧沥青黏度增长模型及参数分析

环氧沥青的黏度变化具有一定的特殊性，建立环氧沥青黏度增长模型可从理论上研究黏度所遵循的变化规律，并能对环氧沥青材料的黏度进行预测。环氧沥青的黏度-温度关系可基于两类方法进行分析[41]，一种是绝对反应速率理论，另一种则是自由体积理论。由于流动机理的差异，通过两种理论确定的黏度-温度状况也存在差异。根据上述两种理论所发展出的黏度模型分别为基于绝对反应速率理论的 Roller 模型与基于相对自由体积理论的 WLF 方程。本书以温拌环氧沥青为例，采用 Roller 模型建立黏度增长模型。在一定温度下，固化进程中环氧树脂体系黏度 $\eta(t,T)$是时间 t 与温度 T 的函数[38,42]：

$$\eta(t,T)=\eta_{t0}\exp[k(T)\times t] \tag{2-1}$$

式中，η_{t0}为初始时刻的黏度，可采用公式 $\eta_{t0}=\eta_{t\infty}\exp(E_\eta/(RT))$ 确定，其中 $\eta_{t\infty}$为 Arrhenius 指前系数，E_η 为流动活化能；$k(T)$为反应速率常数，可以表示为 $k(T)=$

$K_0\exp(-E_a/(RT))$，其中，K_0 为 Arrhenius 指前因子，E_a 为反应活化能，R 为气体常数，T 为热力学温度。

将 η_{t0} 和 $k(T)$ 的表达式代入式(2-1)，可得

$$\eta(t,T)=\eta_{t\infty}\exp(E_\eta/(RT))\exp[k(T)\times t] \tag{2-2}$$

在等温固化情况下，对式(2-2)两边取对数，可得

$$\ln\eta(t,T)=\ln\eta_{t\infty}+E_\eta/(RT)+K_0 t\exp(-E_a/(RT)) \tag{2-3}$$

从式(2-3)可以看出，环氧树脂黏度的对数 $\ln\eta(t,T)$ 是固化反应时间 t 的一次函数：

$$\ln\eta(t,T)=a+bt \tag{2-4}$$

$$a=\ln\eta_{t\infty}+E_\eta/(RT) \tag{2-5}$$

$$b=K_0\exp(-E_a/(RT)) \tag{2-6}$$

式中，E_η、E_a 为反应体系固有属性，不随着外界的温度、压力等条件变化而变化。

根据式(2-4)的函数关系，将环氧沥青的黏度取对数，可得黏度对数与固化反应时间的关系，图 2-4 为在 115℃与 125℃条件下黏度对数与固化反应时间的关系。

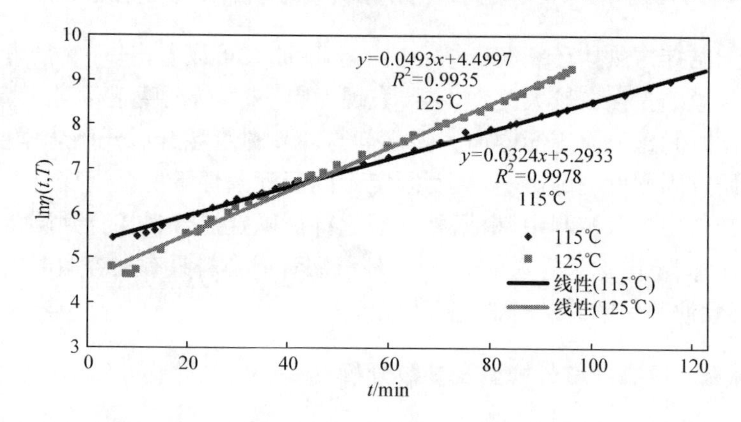

图 2-4　黏度对数与固化反应时间的关系

经过线性回归，图 2-4 中拟合直线的斜率和截距即分别为式(2-4)中的 b 和 a。根据式(2-4)～式(2-6)，并以图 2-4 为例，可得式(2-3)中的各参数值如表 2-4 所示。

表 2-4　黏度计算参数值

$\eta_{t\infty}/(10^3\text{mPa}\cdot\text{s})$	$E_\eta/(\text{kJ/mol})$	K_0/s^{-1}	$E_a/(\text{kJ/mol})$
9.787	9.485	6.156	5.017

将表 2-4 中的计算参数值代入式(2-2)，可得

$$\eta(t,T)=\exp[-4.6267+1140.8/T+6.156t\exp(-603.413/T)] \tag{2-7}$$

根据式(2-7)可计算得到110℃、120℃与130℃条件下环氧沥青黏度随时间变化的曲线,并与实测值进行对比,结果如图2-5所示。

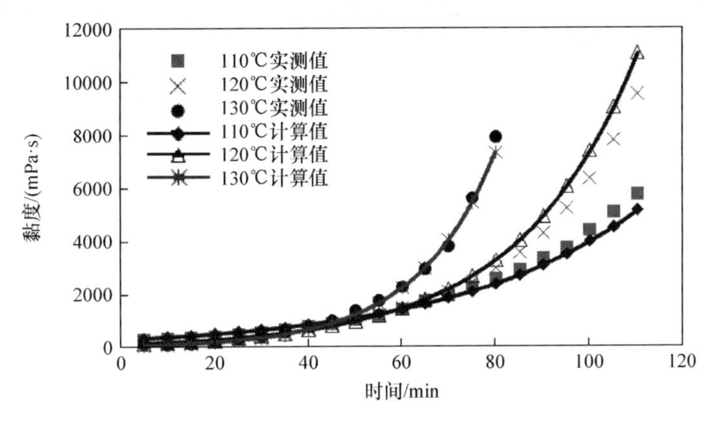

图2-5 黏度计算值与实测值对比

由图2-5可以看出,通过黏度增长模型可确定110℃、120℃与130℃下的黏度变化规律,并且环氧沥青黏度随时间变化曲线的计算值与实测值具有良好的相关性,说明通过理论模型所确定的黏度能有效代表实际情况。

2.2 环氧沥青拉伸特性

环氧沥青的抗拉强度是影响材料抗断裂性能的重要因素,特别是对于环氧沥青黏结料,其抗拉强度决定了层间黏结体系的整体性能。环氧沥青受拉破坏时的应力与应变可采用拉伸试验进行评估,测试的主要指标为环氧沥青的抗拉强度和破坏时的应变。现阶段,我国的沥青与沥青混合料试验规程中尚缺乏对拉伸试验的具体实施步骤与要求,因此参照美国材料与试验协会ASTM D 638标准进行环氧沥青的拉伸试验。

环氧沥青拉伸试验的试验设备采用电力驱动,夹具以(500±50)mm/min匀速分离。设备记录仪的精度应足够高,并确保环氧沥青试件拉伸至断裂过程中所加力的测量精度在要求范围内。若试验设备未配备记录仪,则应提供相应装置以测量张拉至断裂过程中施加的最大力,试验系统以10%的最小增量测量试件的延伸率。试验所用环氧沥青试件需经过固化反应后冷却并养护18h,使用模具将试件切割为厚度5.6mm的哑铃形试件,如图2-6所示。

环氧沥青拉伸试件的厚度对试验结果有很大的影响,精确控制试件成型厚度是确保试验有效性的重要前提。环氧沥青拉伸试件的厚度过大会导致夹具变形过大且夹持困难,因此试件的厚度应采用薄型试件,以确保试验的可操作性与试件的均匀性。

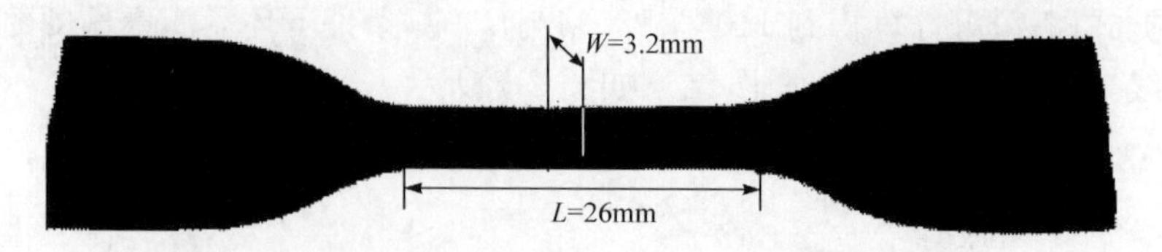

图 2-6　拉伸试验用哑铃形试件及尺寸

环氧沥青拉伸试验的标准温度设定为(23±2)℃,试件在 23℃试验温度下应至少放置 3h。仪器的拉伸速率为(500±50)mm/min。每组试验测试 6 个试件,取均值计算。图 2-7 给出了一组环氧沥青拉伸试件的测试结果。

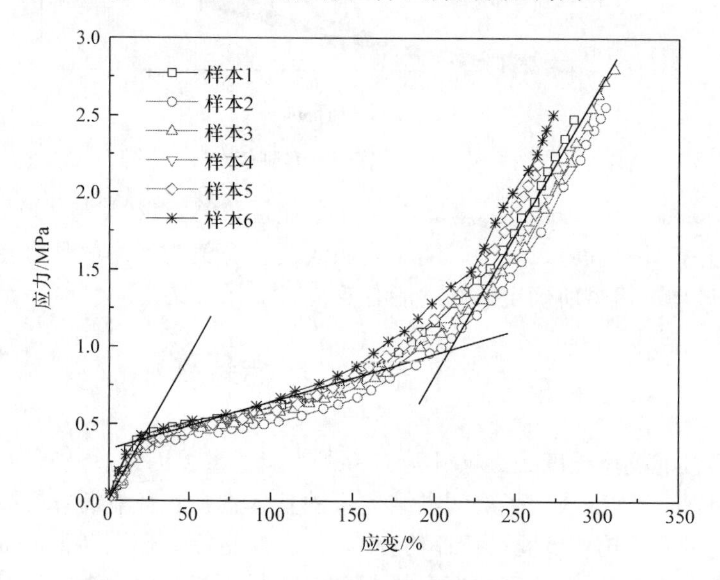

图 2-7　23℃拉伸试验中环氧沥青拉伸试件应力-应变曲线

由图 2-7 可以看出,环氧沥青属于超弹性体材料,在拉伸过程中应力-应变呈现出三段式线性变化规律。从曲线的变化规律可知,环氧沥青的应力-应变曲线没有表现出明显的屈服点和缩颈现象,断裂延伸率均在 200%以上,且抗拉强度均在 2MPa 以上,优于普通改性沥青材料。

2.3　环氧沥青黏弹性能

环氧沥青虽属于热固性材料,但同样表现出黏弹性材料的力学特征,特别是在高温条件下存在一定的塑性变形行为。环氧沥青黏弹性的测试方法与普通沥青相同,包括蠕变试验、松弛试验和动态模量试验,其中蠕变试验和松弛试验是静态试验方法,主要用于确定材料性能与时间的关系。蠕变试验是向材料施加恒定应力,其形变随时间延长而增加；松弛试验采用瞬间施加恒定形变，应力随着时间的延长而降低。应力松弛试验需要瞬时给试件施加有限的应变，并保持不变，在仪器选择、试验设计和误差控制方面都很严格；相比之下，蠕变试验采用瞬时施加有限的应力（或荷载），并保持不变，试验容易实现，并且可以利用数值计算将蠕变柔量转换为松弛模量。进行不同温度下的蠕变试验，利用时间-温度等效原理和 WLF 方程可以建立热固性环氧沥青材料的主曲线，构建材料的本构模型，进而可以分析材料在不同加载时间和温度下的力学性能。

2.3.1 压缩蠕变试验

环氧沥青的压缩蠕变试验需要在固化反应后进行。以温拌环氧沥青为例，首先在 120℃下将 A、B 组分进行充分搅拌混合，成型于 7cm×7cm×7cm 的试模中，并置于 120℃烘箱中养生 4h，取出冷却至室温，脱模后切割成 4cm×4cm×6.8cm 的试件，分别于－15℃、0℃、10℃、15℃、20℃、30℃与 40℃进行压缩蠕变试验。不同温度下压缩蠕变试验的加载应力与加载时间列于表 2-5。需要说明的是，热拌环氧沥青的压缩蠕变规律与温拌环氧沥青类似。

表 2-5 压缩蠕变应力试验

技术指标	温度/℃						
	－15	0	10	15	20	30	40
加载应力/MPa	1	0.2	0.1	0.1	0.05	0.0125/0.025	0.15/0.02
加载时间	加载 3600s	加载 5400s	分别加载 3600s 和 5400s	加载 3600s	加载 3600s	0.0125MPa 加载 1800s，0.025MPa 再加载 1800s	0.15MPa 加载 600s，0.02MPa 再加载 600s

图 2-8～图 2-14 给出了不同温度下环氧沥青的蠕变曲线。

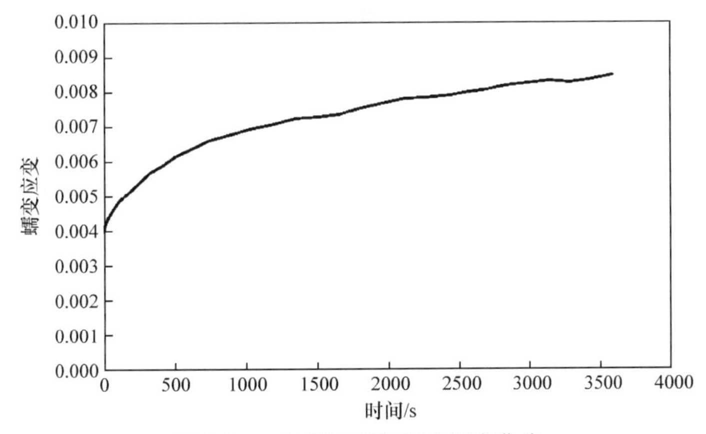

图 2-8 －15℃下环氧沥青蠕变曲线

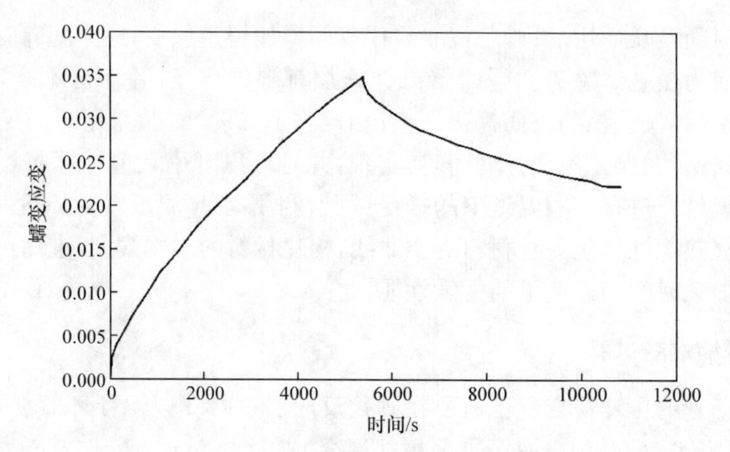

图 2-9　0℃下环氧沥青蠕变曲线(加载和卸载)

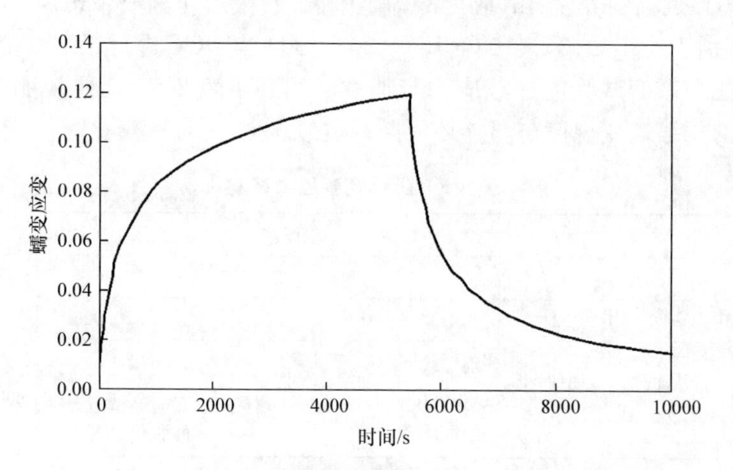

图 2-10　10℃下环氧沥青蠕变曲线(加载和卸载)

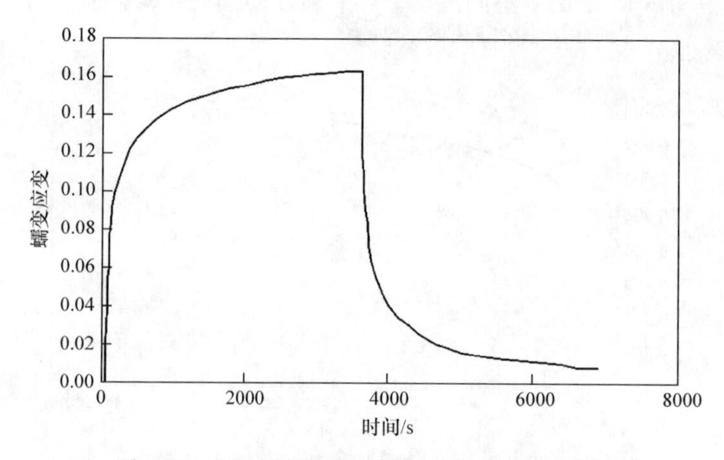

图 2-11　15℃下环氧沥青蠕变曲线(加载和卸载)

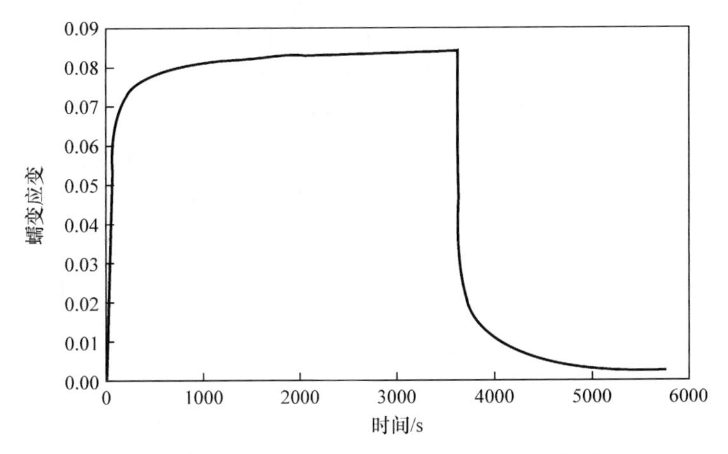

图 2-12 20℃下环氧沥青蠕变曲线(加载和卸载)

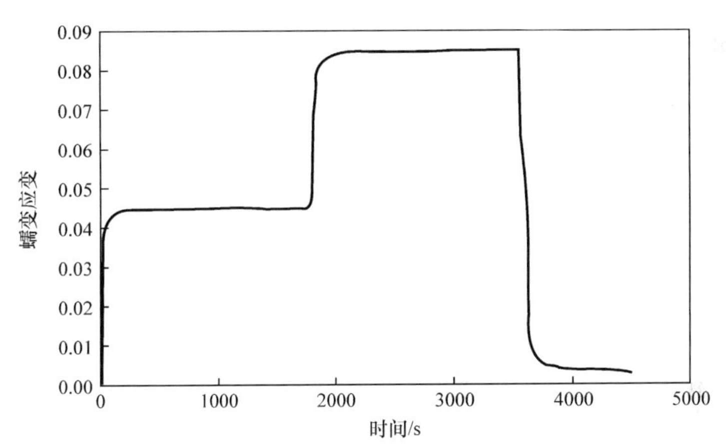

图 2-13 30℃下环氧沥青蠕变曲线(阶梯加载和卸载)

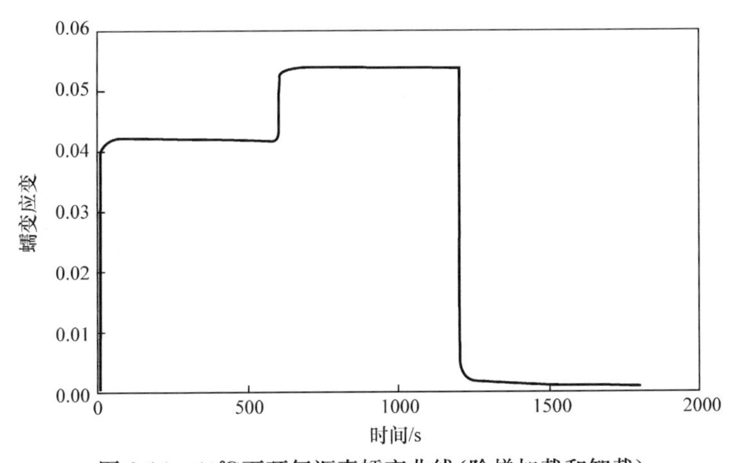

图 2-14 40℃下环氧沥青蠕变曲线(阶梯加载和卸载)

由图 2-8～图 2-14 可以看出不同温度条件下的环氧沥青蠕变曲线具有以下特征：－15℃时，在加载的瞬间，试件具有瞬间弹性形变 ε_1，随着时间的延长，形变急剧增长，进入平稳的增长阶段；0℃时，几乎没有瞬间弹性形变 ε_1，形变随着试件发展很快，主要表现为推迟弹性形变；10℃时，具有明显的瞬间弹性形变，推迟弹性形变时间较长，推迟弹性形变较大；20℃时，则具有较大的瞬间弹性形变，推迟弹性形变时间较长，在整体的形变中，弹性形变所占的比例较大；30℃时，具有较大的瞬间弹性形变，推迟弹性形变时间较短，稳定阶段形变随时间延长变化很小。

2.3.2 基于广义 Maxwell 模型的环氧沥青黏弹性行为特征

传统上认为沥青混合料的黏性流动最终决定了结构的永久形变，建立沥青混合料与结构永久形变的关系，关键需要明确有效的黏弹性力学模型与高温形变状况间的关系。针对沥青材料黏弹性的力学性质已经发展出较多的理论模型，如 Burgers 模型与广义 Maxwell 模型等，本节通过广义 Maxwell 模型描述环氧沥青黏弹性行为特征。

1. 环氧沥青黏弹性能数学模型

研究黏弹性材料的力学特征时，可将材料假设为由非均匀的质点组成。其中，部分质点视为纯黏性的黏壶，另一部分质点视为纯弹性的弹簧，质点通过不同的组配方式可以构成模拟不同黏弹性的模型。常用的黏弹性模型为一个弹性组件和一个黏性组件的串联和并联，其中，通过串联所形成的模型为 Maxwell 模型，通过并联所形成的模型为 Voigt 模型[43-44]。

假设弹性组件参数为弹性模量 E，黏性组件参数为黏性模量 η。对于 Maxwell 模型，在恒定应力作用下，其应变随时间的变化为

$$\varepsilon(t)=\frac{\sigma_0}{E}+\frac{\sigma_0}{\eta} \tag{2-8}$$

对于 Voigt 模型，在恒定应力作用下，则其应变随时间的变化为

$$\varepsilon(t)=\frac{\sigma_0}{E}(1-\mathrm{e}^{-tE/\eta}) \tag{2-9}$$

图 2-15 给出了两种基本黏弹性模型的蠕变示意图，使用简单的二单元数学模型所表征的蠕变曲线和实际蠕变曲线的变化趋势相差较大，因此必须使用更为有效的组合方案才能模拟实际材料的力学性能。力学单元的组合方式具有一定的多样性，随着引入单元数的增多，模型也越来越复杂，同时能够更准确地描述材料的力学性能。对于高聚物，最常用的组合模型就是将多个 Maxwell 模型或多个 Voigt 模型并联，称为广义 Maxwell 模型和广义 Voigt 模型[41,45]。在数学角度上，广义 Maxwell 模型和广义 Voigt 模型实质是一样的，在表达高聚物的黏弹性能时，

由于两种模型中具有多个不同 E_i 的弹簧和不同 η_i 的黏壶，因此广义Maxwell 模型和广义 Voigt 模型具有一系列不同的松弛时间 τ_i，与实际情况相符。本节采用广义 Maxwell 模型描述环氧沥青的黏弹性，其应力松弛方程为

$$E(t) = \sum_{i=1}^{n} E_i e^{-t/\tau_i} \tag{2-10}$$

式中，$\tau_i = \dfrac{E_i}{\varepsilon_i}$。

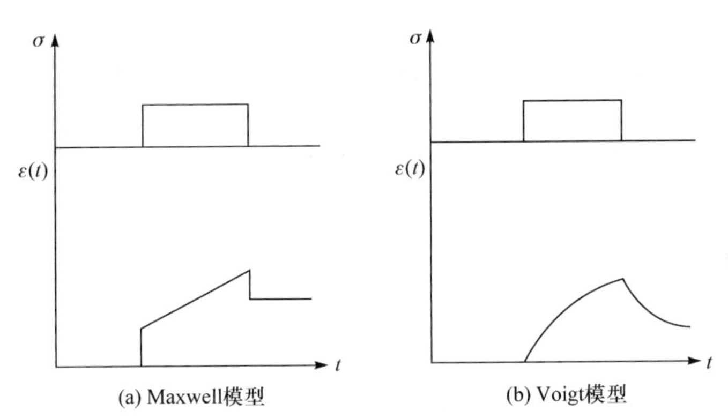

(a) Maxwell模型　　(b) Voigt模型

图 2-15　Maxwell 模型与 Voigt 模型的蠕变示意图

在上述模型中，当 τ 趋近于 $+\infty$ 时，$E(t)$ 趋近于 0。对于热固性环氧沥青这种交联的高聚物，τ 趋近于 $+\infty$，$E(t)$ 并不趋于 0，而是趋向于一个定值，因此，应对模型进行修正。将广义 Maxwell 模型中的一个 Maxwell 单元采用弹簧代替，当 τ 趋近于 $+\infty$ 时，应力不会衰减到零，以符合热固性环氧沥青的黏弹性能，该模型称为修正广义 Maxwell 模型，图 2-16 给出了广义 Maxwell 模型与修正广义Maxwell模型的示意图。

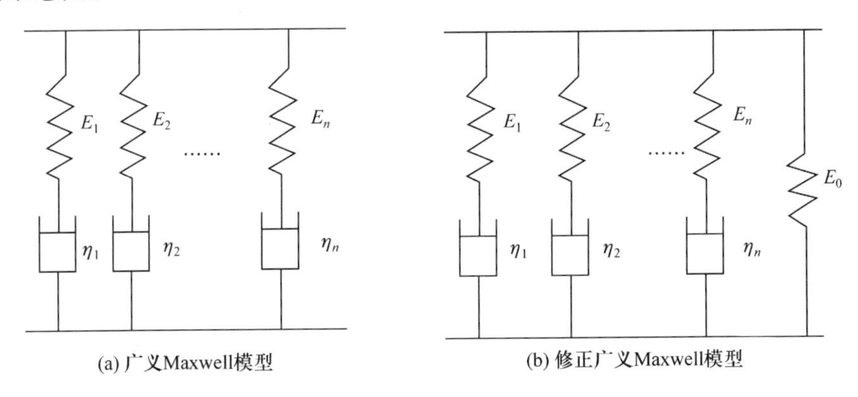

(a) 广义Maxwell模型　　(b) 修正广义Maxwell模型

图 2-16　广义 Maxwell 模型与修正广义 Maxwell 模型的示意图

对于修正广义 Maxwell 模型的应力松弛方程，只需在广义 Maxwell 模型的基础上增加弹性模量 E_0，如式(2-11)所示：

$$E(t) = E_0 + \sum_{i=1}^{n} E_i \mathrm{e}^{-t/\tau_i} \tag{2-11}$$

式中，E_0 为添加弹簧的模量。

2. WLF 方程

不同温度下环氧沥青材料的松弛模量曲线可以绘制于同一坐标系中，与普通沥青相似，若将高温条件下所得曲线进行平移，可以发现不同温度下的两组松弛模量曲线在模量相同部分能够叠合。因此，时间-温度等效原理同样适用于热固性环氧沥青材料，即升高试验温度与延长试验时间所得结果是等效的[46]。图 2-17 给出了不同试验温度下，环氧沥青松弛模量的典型曲线。

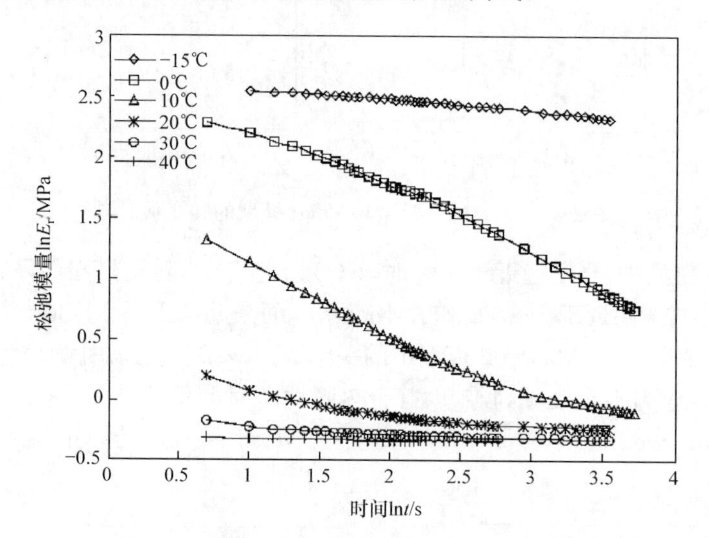

图 2-17　不同温度下热固性环氧沥青松弛模量曲线簇

根据时间-温度等效原理，松弛模量曲线进行平移后可得到一条光滑完整的模量-时间曲线，时间-温度等效原理用数学表达式可以写为

$$E(T,t)=E(T_0,t/a_{\mathrm{f}}) \tag{2-12}$$

即材料在温度 T 与时间 t 下的模量相当于 T_0 温度下与 t/a_{f} 时间下的松弛模量，其中 a_{f} 为位移因子，是时间的函数。此外，环氧沥青材料的模量不仅与温度和时间有关，而且与材料密度有关，因此式(2-12)可进一步表示为

$$E(T,t)=\frac{\rho(T_0)T_0}{\rho(T)T}E(T_0,t/a_f) \quad (2\text{-}13)$$

式中，ρ 为环氧沥青密度。

假定环氧沥青密度受温度变化的影响可以忽略，则可以不进行垂直方向的移动，其水平移动因子见表 2-6。

表 2-6 水平移动因子（基准温度 0℃）

技术指标	温度/℃				
	−15	10	20	30	40
水平移动因子	3.100	−2.138	−4.113	−5.894	−7.499

对表 2-6 中的温度与水平移动因子两个参数进行多项式回归（图 2-18），可以得到水平移动因子 α_{TH} 与温度 T 的关系式为

$$\alpha_{TH}=f(T)=0.2714^2-3.7629T+5.7663 \quad (R^2=0.943) \quad (2\text{-}14)$$

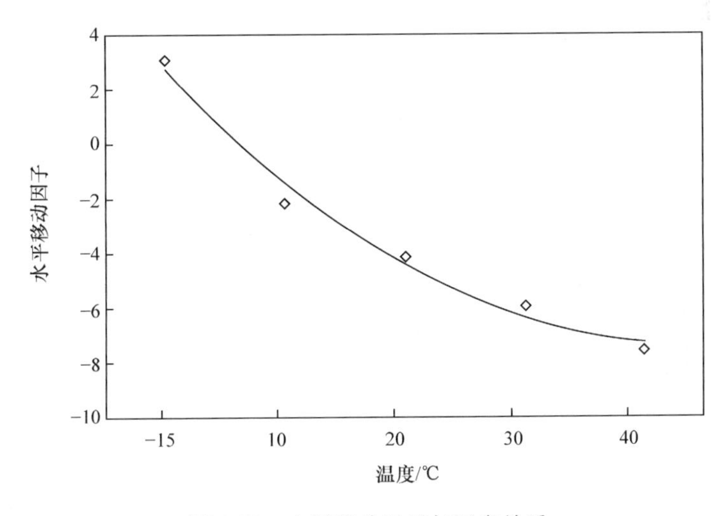

图 2-18 水平移动因子与温度关系

利用式(2-14)就可以外推得到测试温度以外的水平移动因子。

3. 环氧沥青黏弹性方程

通过上述内容得到的水平移动因子，可获得环氧沥青材料以不同温度为基准的模量叠合曲线。图 2-19 给出了以 0℃为基准温度时的热固性环氧沥青松弛模量叠合曲线，相应的模型参数如表 2-7 所示。

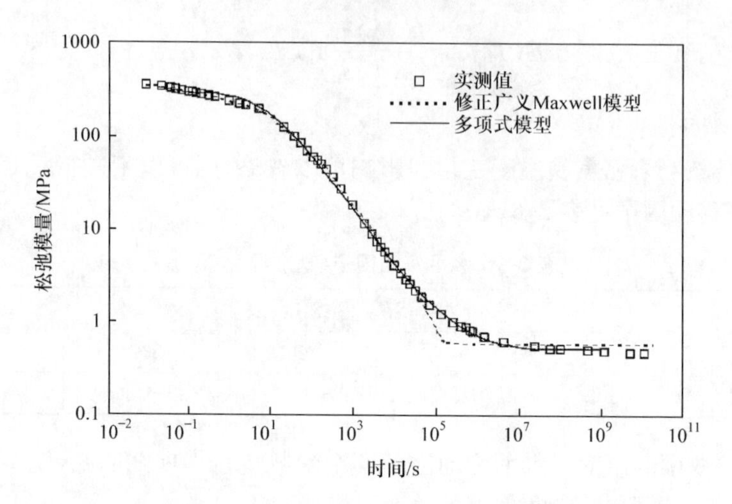

图 2-19 热固性环氧沥青材料的松弛模量叠合曲线(基准温度 0℃)

表 2-7 修正广义 Maxwell 模型参数

参数	数值/MPa	参数	数值/s
E_0	0.60845	τ_1	0.401
E_1	62.63693	τ_2	6.44896
E_2	69.14201	τ_3	1884.24648
E_3	18.32093	τ_4	30054.05548
E_4	4.59002	τ_5	0.03739
E_5	57.99377	τ_6	27.39858
E_6	40.46736	τ_7	243.30005
E_7	53.13527	τ_8	27.56669
E_8	61.51719	—	—

从图 2-19 中的实测值与修正广义 Maxwell 模型曲线可以看出，当时间小于 10^5 s 时，修正广义 Maxwell 模型具有较好的拟合效果；当时间大于 10^5 s 时，两者存在较为显著的误差。鉴于此，采用多项式模型对松弛模量的曲线进行拟合，其表达式见式(2-15)，拟合曲线同样绘制在图 2-19 中。

$$\ln E = 4.87\times10^{-7}(\ln t)^6 - 3.47\times10^{-5}(\ln t)^5 + 7.8\times10^{-4}(\ln t)^4 - 4\times10^{-3}(\ln t)^3 - 4.39\times10^{-2}(\ln t)^2 - 0.1009\ln t + 5.5886 \quad (R^2 = 0.994) \tag{2-15}$$

2.3.3 弯曲梁流变试验

为评价沥青黏结料及结合料的低温性能，美国战略公路研究计划(strategic Highway Research Program，SHRP)开发了弯曲梁流变仪试验(bending beam rheometer test)，以确定沥青材料在极低温度下的劲度模量，其原理是应用工程上梁的理论来测量沥青小梁试件在蠕变荷载作用下的抗弯拉性能。

对于环氧沥青材料，同样采用弯曲梁流变仪测试其在－20℃和－33℃(试验仪器实际所能达到的最低温度)下的低温性能，并得到相应温度下环氧沥青60s时的劲度模量和劲度模量随时间的变化率，从而评估其低温性能是否满足技术要求。

以温拌环氧沥青为例进行说明。具体测试中，将环氧沥青A、B组分加热到规定温度后，按照质量比混合搅拌，并加热到120℃倒入模具，成型模具尺寸为125mm×6.3mm×12.7mm，如图2-20所示。将模具放入120℃烘箱固化6h，得到固化反应完成后的成型试件。

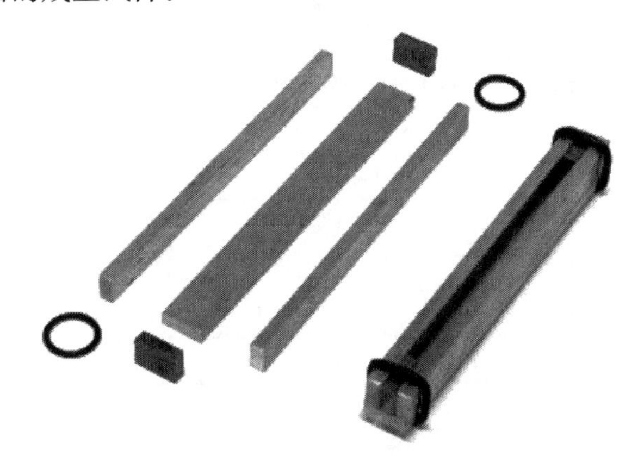

图2-20　成型模具

分别在－20℃和－33℃的试验温度条件下，采用弯曲梁流变仪对固化后的环氧沥青材料进行测试，表2-8～表2-11分别给出了一组环氧沥青结合料与环氧沥青黏结料的弯曲梁流变试验结果。

表2-8　－20℃环氧沥青结合料的弯曲梁流变试验结果

时间/s	加载力/mN	挠度/mm	实测劲度模量/MPa	计算劲度模量/MPa	差异/%	变化率
8	1011	0.089	916	912	－0.437	0.051
15	1011	0.093	877	881	0.456	0.057
30	1011	0.097	840	845	0.595	0.065
60	1013	0.101	809	806	－0.371	0.072
120	1013	0.106	771	765	－0.778	0.079
240	1016	0.114	719	722	0.417	0.086

表 2-9　−20℃环氧沥青黏结料的弯曲梁流变试验结果

时间/s	加载力/mN	挠度/mm	实测劲度模量/MPa	计算劲度模量/MPa	差异/%	变化率
8	995	0.11	729	728	−0.137	0.077
15	995	0.116	692	694	0.289	0.078
30	997	0.122	659	657	−0.303	0.079
60	996	0.129	623	622	−0.161	0.080
120	997	0.137	587	588	0.170	0.081
240	1000	0.145	556	556	0.000	0.082

表 2-10　−33℃环氧沥青结合料的弯曲梁流变试验结果

时间/s	加载力/mN	挠度/mm	实测劲度模量/MPa	计算劲度模量/MPa	差异/%	变化率
8	991	0.053	1510	1.51×10^3	0.000	0.097
15	991	0.056	1430	1.42×10^3	−0.699	0.099
30	993	0.06	1330	1.33×10^3	0.000	0.100
60	993	0.065	1230	1.24×10^3	0.813	0.102
120	997	0.070	1120	1.15×10^3	0.000	0.104
240	1000	0.075	1080	1.07×10^3	−0.926	0.106

表 2-11　−33℃环氧沥青黏结料的弯曲梁流变试验结果

时间/s	加载力/mN	挠度/mm	实测劲度模量/MPa	计算劲度模量/MPa	差异/%	变化率
8	1009	0.084	969	968	−0.103	0.126
15	1010	0.091	895	895	0.000	0.123
30	1011	0.099	823	823	0.000	0.120
60	1014	0.108	757	757	0.000	0.117
120	1016	0.117	700	700	0.000	0.114
240	1019	0.127	647	647	0.000	0.111

由不同温度下的 60s 材料劲度模量和变化率可以看出，在两种低温条件下，环氧沥青结合料与黏结料的 60s 劲度模量均大于 300MPa，而 60s 的变化率 m 值均小于 0.30，在普通沥青低温要求范围之外。

2.4 本章小结

本章首先对环氧沥青材料的黏度特征开展了研究，具体讨论了不同温度条件下温拌与热拌环氧沥青的黏度增长规律，从理论上确定了环氧沥青的黏度增长模型，并研究了环氧沥青材料的黏弹性力学特性。本章所得结论如下：

(1) 温拌环氧沥青结合料的黏度-时间-温度呈非线性变化规律。黏度随着加热温度与反应时间的延长而变化；在一定温度(如 110℃)下，黏度在最初 60min 内增长平缓，60min 后增长速率陡增。

(2) 热拌环氧沥青的黏度随着加热温度的提高而增加，主要是因为掺入的环氧固化剂在高温下使得沥青固化加快，黏度增大。在一定温度下，热拌环氧沥青的黏度随着固化时间的延长会出现小幅度线性增长，增长幅度随着温度升高而变大。

(3) 基于双 Arrhenius 固化模型，推导出环氧沥青结合料的黏度-温度-时间方程，可以有效预测环氧沥青黏度增长规律。

(4) 环氧沥青拉伸试验结果表明，环氧沥青属于超弹性体材料。利用时间-温度等效原理分析蠕变试验数据推导了环氧沥青松弛模量主曲线公式。

(5) 环氧沥青弯曲梁流变仪试验结果显示，环氧沥青的 60s 劲度模量均大于 300MPa、60s 的 m 值均小于 0.30，SHRP 标准是基于热塑性沥青材料制定的，环氧沥青材料属于热固性材料。

第3章　环氧沥青砂浆

在1.2.2节已经提到，环氧沥青砂浆是一类具有较高强度与耐久性能的材料，可独立作为工程材料应用于各种新建与养护工程中，特别是裂缝、坑槽等病害的修复以及部分特殊工程结构的建设。此外，现阶段以细观尺度研究环氧沥青混合料时，通常将其视为由沥青砂浆、粗集料与孔隙组成，因此明确沥青砂浆的影响对研究环氧沥青混合料的力学性能与病害成因起着重要作用。本章首先介绍环氧沥青砂浆的材料组成设计与相关性能试验结果，然后简述环氧沥青砂浆本构模型的建立方法，为后续环氧沥青混合料的细观结构数值模拟提供基础，最后针对环氧沥青砂浆的工程应用特点开展讨论。

3.1　环氧沥青砂浆的组成设计

环氧沥青砂浆所用的矿质集料与环氧沥青混合料相同，同样需要满足相关的技术指标要求。在对环氧沥青砂浆进行组成设计时，通常以环氧沥青混合料的级配为基础，保证相同粒径集料的百分比，并通过比表面积换算原理确定环氧沥青砂浆的油石比。

3.1.1　原材料基本性质

环氧沥青砂浆是由环氧沥青、细集料与矿粉混合而成的一种砂浆材料，环氧沥青砂浆所用的原材料均需按照环氧沥青混合料的原材料标准选取。表3-1～表3-3给出了一组温拌环氧沥青砂浆所用原材料的试验实测值。

表3-1　环氧沥青结合料性能试验

技术指标	实测值	要求值		试验方法
		温拌环氧沥青	热拌环氧沥青	
抗拉强度(23℃)/MPa	3.26	≥1.5	≥2.5	ASTM D 638
断裂延伸率(23℃)/%	242	≥200	≥150	ASTM D 638
吸水率(7d,25℃)/%	0.1	≤0.3	≤0.3	GB/T 1034—2008
热固性(300℃)	不熔化	不熔化	不熔化	小试件放置于300℃热板
黏度增至1Pa·s的时间/min	110	≥50	≥50	(JTG E20—2011) T 0625—2011

表 3-2 集料性能试验

技术指标		试验结果	技术要求	试验方法①
抗压强度/MPa		140	≥120	T 0221—2005②
洛杉矶磨耗值(C)/%		11.5	≤22.0	T 0317—2005
压碎值/%		8.9	≤12	T 0316—2005
视密度/(g/cm³)	1#	2.924	≥2.65	T 0304—2005
	2#	2.983		
	3#	2.912		
	4#	2.900		T 0328—2005
	5#	2.967		
	6#	2.803		
毛体积密度/(g/cm³)	1#	2.847	—	T 0304—2005
	2#	2.878		
吸水率/%	1#	0.93	≤1.5	T 0304—2005
	2#	1.22		
针片状含量/%	1#	0.21	≤5	T 0312—2005
	2#	0.88		
软石含量/%	1#	0	≤1	T 0320—2000
	2#	0.2		
黏附性(SK 70#)级		4	≥4	T 0616—1993③
坚固性/%	粗集料	0.6	≤5	T 0314—2000
	细集料	0.7		T 0340—2005
含泥量/%	1#	0	≤1	T 0310—2005
	2#	0	≤1	
	3#	0	≤1	
砂当量(4#)/%		83.0	≥60	T 0334—2005

① 除T 0221—2005和T 0616—1993外，其余试验方法均来自《公路工程集料试验规程》(JTG E42—2005)。

② 来自《公路工程岩石试验规程》(JTG E41—2005)。

③ 来自《公路工程沥青及沥青混合料试验规程》(JTG E20—2011)。

表 3-3 矿粉性能试验

技术指标	试验结果	技术要求	试验方法①
视密度/(g/cm³)	2.703	≥2.500	T 0352—2000
粒度范围/%	100	0.3mm:≥90	T 0351—2000
	99.6	0.075mm:≥80	
亲水系数	0.63	≤1	T 0353—2000
加热安定性	颜色无明显变化	不变质	T 0355—2000
塑性指数	3.2	≤4	T 0354—2000

① 来自《公路集料试验规程》(JTG E42—2005)。

3.1.2 环氧沥青砂浆配合比设计

级配对沥青混合料的性能极其重要，直接影响沥青混合料的孔隙率、沥青用量及内摩擦角等参数，同时还对路面成型后的表面特性有较大影响。环氧沥青砂浆的配合比以环氧沥青混合料的级配为基础，表 3-4 给出了典型环氧沥青混合料 EA-10 的配合比设计。

表 3-4 环氧沥青混合料 EA-10 配合比设计

矿料	矿料质量分数/%	通过下列筛孔(方孔筛)的质量分数/%									
		16.0mm	13.2mm	9.5mm	4.75mm	2.36mm	1.18mm	0.6mm	0.3mm	0.15mm	0.075mm
1#	3.0	100	99.8	3.3	—	—	—	—	—	—	—
2#	22.0	—	100	99.9	0.1	—	—	—	—	—	—
3#	18.0	—	—	—	100	29.1	1.8	0	—	—	—
4#	22.0	—	—	—	100	99.7	42.3	6.3	0.7	0.2	0.1
5#	27.0	—	—	—	—	—	—	100	68.4	34.2	13.1
6#	4.0	—	—	—	—	—	—	—	—	100	96.6
矿粉	4.0	—	—	—	—	—	—	—	—	100	99.6
合成级配		100	100	97.1	75.0	62.2	44.6	36.4	26.6	17.3	11.4
规范范围	下限	100	100	95	65	50	39	28	21	14	7
	上限	100	100	100	85	70	55	40	32	23	14

采用马歇尔试验确定最佳沥青用量，根据《公路沥青路面施工技术规范》(JTG F40—2004)中的最佳沥青用量确定方法，确定本级配所用环氧沥青混合料的最佳油石比为 6.6%。以环氧沥青混合料级配设计为基础，对环氧沥青砂浆的级配组成设计可分为以下两方面内容。

1) 环氧沥青砂浆级配组成

目前，国内外在进行环氧沥青砂浆研究时，一般认为环氧沥青砂浆的最大粒径为 1.18～2.36mm。考虑到环氧沥青砂浆的工程使用需要，取环氧沥青砂浆的最大粒径为 2.36mm，将沥青混合料中粒径 2.36mm 以下的细集料、矿粉与沥青的混合物视为沥青砂浆。环氧沥青砂浆的级配以环氧沥青混合料的合成级配为基础，去除粗集料部分，而细集料部分筛余质量分数保持相同的比例。以表 3-4 级配为基础，表 3-5 给出了环氧沥青砂浆矿料组成设计情况。

表 3-5 环氧沥青砂浆的矿料组成设计

技术指标	筛孔范围(方孔筛)/mm					
	1.18～2.36	0.6～1.18	0.3～0.6	0.15～0.3	0.075～0.15	<0.075
筛余质量分数/%	28.3	13.2	15.8	15	9.5	18.2

2）环氧沥青砂浆最佳油石比

沥青砂浆中沥青用量的估算方法主要有两类[47-49]：①Superpave 体积法 1 和 δ 体积修正法；②《公路沥青路面施工技术规范》（JTG F40—2004）推荐公式和 Superpave 体积法 2。两类方法的主要区别在于后者在估算过程中引入了沥青膜厚度参数。

对制备环氧沥青砂浆而言，为了更好地模拟砂浆作为环氧沥青混合料组分的情况，应使沥青砂浆中 2.36mm 以下各档矿料与沥青间的相对比例关系与原混合料中保持一致，对此目前并无十分成熟的计算方法[50]。因此，假定在沥青混合料中沥青结合料均匀地裹覆于集料以及矿粉的表面，各矿料裹覆沥青的质量与其比表面积呈正比例关系。根据参考文献中所述示例[51]，可分别计算出环氧沥青混合料和环氧沥青砂浆中集料的比表面积 SA。表 3-6 为根据表 3-5 进行比表面积换算所得结果。

表 3-6　集料的比表面积计算

技术指标	筛孔尺寸/mm										集料比表面积 SA /(m^2/kg)
	16	13.2	9.5	4.75	2.36	1.18	0.6	0.3	0.15	0.075	
表面积系数 FA_i	0.0041	—	—	0.0041	0.0082	0.0164	0.0287	0.0614	0.1229	0.3277	
混合料通过率 P_i/%	100	100	97.1	75	62.2	44.6	36.4	26.6	17.3	11.4	—
混合料比表面积 $FA_i \times P_i$/(m^2/kg)	0.41	—	—	0.3075	0.5100	0.7314	1.0447	1.6332	2.1262	3.7358	10.4988
砂浆通过率 P_i/%	—	—	—	—	100	71.7	58.5	42.7	27.7	18.2	—
砂浆比表面积 $FA_i \times P_i$/(m^2/kg)	—	—	—	—	0.82	1.1759	1.6790	2.6218	3.4043	5.9641	15.6651

由表 3-6 可知，环氧沥青混合料和环氧沥青砂浆中集料的比表面积分别为 10.4988m^2/kg 和 15.6651m^2/kg。根据前文所述，环氧沥青混合料的最佳油石比为 6.6%，基于沥青均匀分布的假定，且不考虑被集料吸收沥青的影响，确定环氧沥青砂浆的油石比为

$$P_m = \frac{15.6651}{10.4988} \times 6.6\% = 9.8\%$$

3.2　环氧沥青砂浆力学性能

环氧沥青砂浆作为环氧沥青混合料的主要组成部分，其固化后具有优异的强度与抗形变能力，理论与试验均表明，环氧沥青砂浆可作为环氧沥青混合料的主要承载体系。研究环氧沥青砂浆的各项力学性能指标，一方面可作为其应用于工程材料的基础，另一方面也是研究环氧沥青混合料力学强度特征的必要条件。

环氧沥青砂浆的基本力学性能主要包括抗压性能、抗弯拉性能以及间接拉伸性能等。环氧沥青砂浆在不同加载方式、不同温度条件下的基本力学性能可参照《公路工程沥青及沥青混合料试验规程》(JTG E20—2011)中的试验方法进行测试。试验中采用的环氧沥青砂浆试件均为标准尺寸试件，且在130℃温度条件下固化5h。结合规程推荐的试验温度，确定环氧沥青砂浆各项基本力学性能的试验温度为－10℃和15℃。

3.2.1　抗压性能

环氧沥青砂浆的抗压性能试验包括抗压强度和抗压回弹模量试验，如图3-1所示。通过抗压强度试验，可以得到低温和常温条件下环氧沥青砂浆圆柱体试件在单轴压力作用下的破坏形态。

(a) 低温抗压强度试验

(b) 常温抗压强度试验

(c) 抗压回弹模量试验

图3-1　环氧沥青砂浆抗压性能试验

图3-1显示了环氧沥青砂浆典型的单轴压缩破坏形态，在两种温度条件下，环氧沥青砂浆的抗压破坏形态有较大的差别。在低温条件下，环氧沥青砂浆主要表现为弹性，可视为脆性材料，在轴向压力作用下，圆柱体试件沿与轴线成40°～45°倾角的斜截面破坏，是典型的脆性材料破坏形式；在常温条件下，由于环氧沥青砂浆的黏弹性，在压力增大时，有一定的塑性形变，而试件的两端面由于受到摩擦力

的影响而产生约束作用，因此形变后的圆柱体试件呈鼓状，是塑性材料的典型破坏形式。

表 3-7 为不同温度下环氧沥青砂浆抗压性能试验结果，为便于对比分析，环氧沥青混合料的试验结果也列于表中。

表 3-7　环氧沥青砂浆抗压性能试验结果

材料	温度/℃	试验编号	破坏荷载/kN	抗压强度/MPa	抗压回弹模量/MPa
环氧沥青砂浆	−10	1	462	58.85	7386.41
		2	465	59.23	6805.98
		3	496	63.27	7188.35
		平均值	474	60.46	7226.91
		标准差 S	18.82	2.45	295.05
	15	1	241	30.70	930.49
		2	246	31.34	891.72
		3	245	31.21	1150.61
		平均值	244	31.08	990.94
		标准差 S	2.65	0.34	139.63
环氧沥青混合料[52]	15	平均值	347	44.18	1244.86

在处理试验数据时，当一组试件中某测定值与平均值之差的绝对值大于标准差 S 的 k 倍时，该测定值不予采用。表 3-7 所示的试验结果中，一组有效试件个数为 3，即临界值 k 取 1.15。对比表 3-7 中环氧沥青砂浆抗压性能试验结果与相应的 k 倍标准差，均符合要求。

由表 3-7 可知，对于环氧沥青砂浆，其抗压强度和抗压回弹模量均随着温度的降低而升高。试验温度为−10℃时的抗压强度约是 15℃时的 2 倍，而−10℃时的抗压回弹模量平均值却是 15℃时的 7.3 倍，有较大幅度的提升。对于环氧沥青混合料，2.36mm 粒径以上的集料颗粒占矿料总质量的 37.8%，去除这部分粗集料之后，在试验温度为 15℃时，环氧沥青砂浆的抗压强度和抗压回弹模量分别是环氧沥青混合料的 70.3%和 79.6%，这主要是由于粗集料的抗压强度较大(>120MPa)且回弹能力较弱。去除混合料中的粗集料部分之后，环氧沥青砂浆的沥青含量相对提高，抗压回弹模量得以提高，但抗压强度降低。

3.2.2　抗弯拉性能

环氧沥青砂浆的抗弯拉性能采用小梁弯曲试验进行测试，通过确定规定温度与加载速率下的弯曲破坏指标，如抗弯拉强度、破坏弯拉应变及破坏弯拉劲度模量来评估环氧沥青砂浆的抗弯拉性能。图 3-2(a)、(b)分别为小梁三点弯曲试验所用的设备与加载过程示意图。

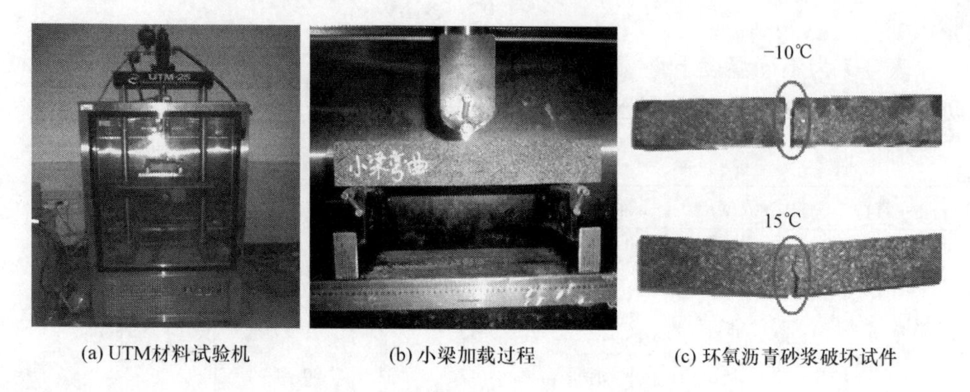

(a) UTM材料试验机　(b) 小梁加载过程　(c) 环氧沥青砂浆破坏试件

图 3-2　环氧沥青砂浆小梁三点弯曲试验

图 3-3 为环氧沥青砂浆小梁弯曲试验的荷载-跨中挠度曲线。由图中曲线可看出，－10℃和 15℃条件下，环氧沥青砂浆的荷载-跨中挠度曲线在加、卸载段及其峰值位置表现出明显的差异。在试验温度为－10℃时，AC 段压头尚未接触试件表面而呈现水平线段，随着压头的持续下降，试验开始进入加载阶段，环氧沥青砂浆在低温条件下为弹性体，因此 CD 段荷载与跨中挠度呈正比例关系，加载至峰值 D 点后，小梁达到破坏极限状态且试件脆性断裂，荷载瞬间卸载为零，即 E 点。在试验温度 15℃下，加载过程以非线性趋势发展，随着跨中挠度的进一步增大，由于环氧沥青砂浆在常温条件下表现出黏弹性，荷载增加速率变缓，直至荷载最大值 F 点后，小梁仍能承受一定的荷载作用，整个卸载过程较低温下缓慢很多，表明材料具有良好的抗变形能力。

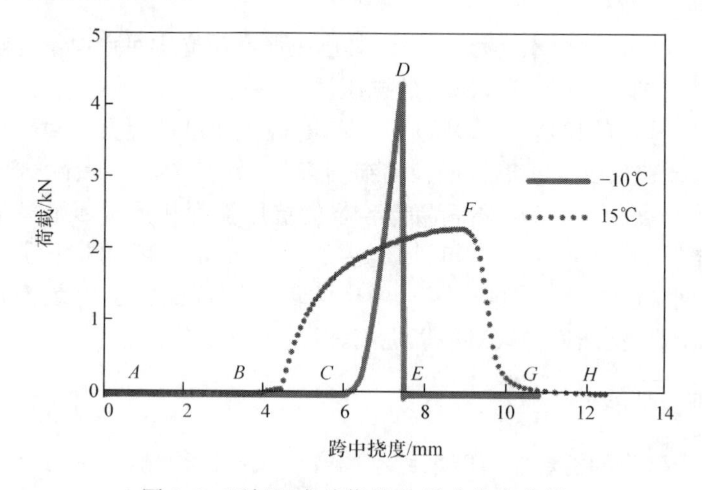

图 3-3　环氧沥青砂浆荷载-跨中挠度曲线

由上述试验与分析结果可以看出，低温条件下，环氧沥青砂浆小梁表现为脆性破坏；而在常温条件下，小梁底部开裂后，裂缝走向曲折，表现为典型黏弹性材料的破坏特征。表 3-8 中列出了一组环氧沥青砂浆小梁弯曲试验的测试结果。

表 3-8　环氧沥青砂浆小梁弯曲试验结果

材料	温度/℃	试件编号	破坏荷载/N	破坏时跨中挠度/mm	抗弯拉强度/MPa	破坏弯拉应变/(×10⁻³)	破坏劲度模量/MPa
环氧沥青砂浆	−10	1	4302.54	1.30	35.12	6.82	5149.96
		2	4363.10	1.25	35.62	6.58	5413.43
		3	4374.12	1.20	35.71	6.31	5656.29
		平均值	4346.59	1.25	35.48	6.57	5406.56
		标准差 S	38.54	0.05	0.32	0.26	253.23
	15	1	2307.03	4.64	18.83	24.37	772.85
		2	2512.93	4.51	20.51	23.69	865.93
		3	2662.49	4.72	21.73	24.77	877.47
		平均值	2494.15	4.62	20.36	24.28	838.75
		标准差 S	178.47	0.11	1.46	0.55	57.36
环氧沥青混合料[52]	−10	平均值	3859.42	0.69	31.51	3.64	8724.40
	15	平均值	1979.60	1.36	16.16	7.14	2264.65

随着温度的升高，环氧沥青砂浆会出现一定程度的软化，导致材料由弹性向塑性发展，表现出沥青的温度敏感特征，具体表现为强度降低且抗变形能力增强，因此 15℃时的环氧沥青砂浆弯曲性能与−10℃时相比，抗弯拉强度下降了 42.6%，破坏弯拉应变增加了近 2.7 倍，破坏劲度模量降低了近 84.5%。此外，由表 3-8 中环氧沥青砂浆与环氧沥青混合料的试验结果对比可知，由于前者细集料的含量明显高于后者，而沥青与细集料间的黏结力要比与粗集料间的黏结力高，有利于形成整体受力结构，因此环氧沥青砂浆的抗弯拉强度大于环氧沥青混合料；而由于粗集料刚度较大，在荷载作用下形变较小，因此前者的破坏弯拉应变明显大于后者，且随温度升高增幅明显变大。

3.2.3　间接拉伸性能

环氧沥青砂浆的间接拉伸性能采用劈裂试验进行测定，确定在规定温度和加载速率下处于弹性阶段的劈裂破坏力学性能指标。劈裂试验所采用的流程与普通沥青混合料相同，如图 3-4 所示。

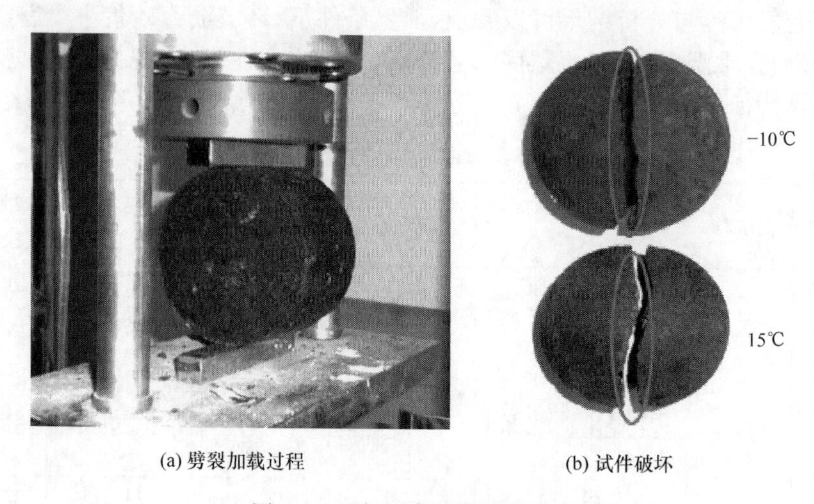

(a) 劈裂加载过程　(b) 试件破坏

图 3-4　环氧沥青砂浆劈裂试验

图 3-5 给出了一组环氧沥青砂浆的劈裂试验荷载-位移曲线，试验温度同样为－10℃和 15℃。对比环氧沥青砂浆小梁三点弯曲试验结果，低温和常温条件下环氧沥青砂浆的强度试验过程相似，在－10℃时表现出明显的弹性，而在 15℃时则转变为黏弹性。

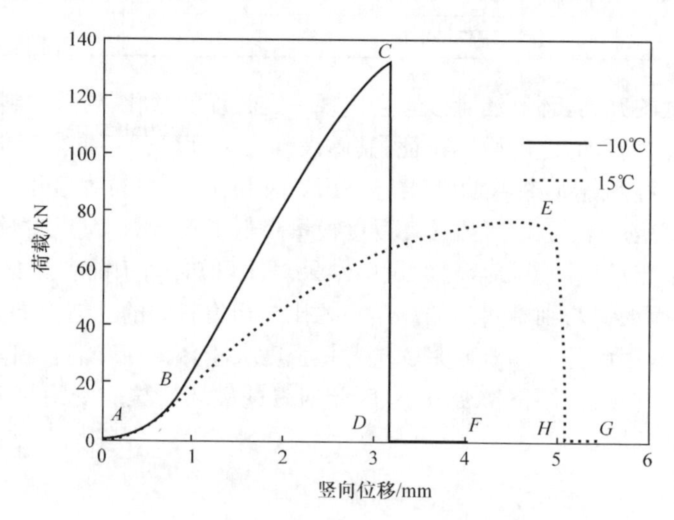

图 3-5　环氧沥青砂浆的劈裂试验荷载-位移曲线

环氧沥青砂浆的劈裂试验结果列于表 3-9 中。

表 3-9　环氧沥青砂浆劈裂试验结果

材料	温度/℃	试件编号	破坏荷载/kN	竖直方向总形变/mm	劈裂抗拉强度/MPa	破坏拉伸应变/(×10⁻³)	破坏劲度模量/MPa
环氧沥青砂浆	−10	1	134.12	3.28	12.68	9.93	2198.59
		2	126.46	2.81	12.05	8.52	2434.08
		3	125.23	3.12	11.66	9.46	2121.41
		平均值	128.60	3.07	12.13	9.30	2251.36
		标准差 S	4.82	0.24	0.51	0.72	162.88
	15	1	76.62	4.56	7.03	15.03	874.93
		2	73.18	4.70	6.77	15.49	816.70
		3	70.51	4.77	6.87	15.72	817.40
		平均值	73.44	4.68	6.89	15.41	836.34
		标准差 S	3.06	0.11	0.13	0.35	33.42
环氧沥青混合料[52]	−10	平均值	111.17	1.92	11.01	5.83	3261.43
	15	平均值	75.80	3.44	7.50	11.34	1239.69

从表 3-9 中数据可以总结得出，−10℃时环氧沥青砂浆劈裂抗拉强度约为15℃时的 1.8 倍，而 15℃的破坏拉伸应变比−10℃时增加了约 65%，模量是强度与应变的函数，−10℃下的破坏劲度模量约为 15℃下的 2.7 倍。环氧沥青砂浆相比于环氧沥青混合料，两者劈裂抗拉强度差异不明显。环氧沥青砂浆缺少粗集料，变形能力较好，低温和常温下，环氧沥青砂浆的破坏劲度模量分别是环氧沥青混合料的 69.0%、67.5%，这与混合料中环氧沥青砂浆的含量 62.5%相差不大有一定的相关性。

3.2.4　弯曲蠕变性能

在进行应力松弛试验时，需要瞬时给试件施加恒定的应变，对试验仪器设备提出了较高的要求，环氧沥青材料的应力松弛时间较长，进一步增加了试验难度。相比之下，采用蠕变试验给试件施加恒定的应力，试验简单且易于操作。现阶段环氧沥青材料广泛应用于钢桥面铺装，钢桥面正交异性板的结构特性使得铺面结构受力与普通沥青路面有较大的不同，在车轮荷载作用下，U 形肋与纵、横隔板区域铺装会受到较大的弯曲应力作用，因此采用弯曲加载模式进行蠕变试验更接近实际环氧沥青铺装结构的受力状态。

基于所述内容，可以参考《公路工程沥青及沥青混合料试验规程》(JTG E20—2011)中“沥青混合料弯曲蠕变试验”(T 0728—2000)的方法，对环氧沥青砂浆进行弯曲蠕变试验，评价其弯曲变形能力，研究其静态黏弹性性质。

1）弯曲蠕变试验方案

弯曲蠕变试验中试件的尺寸、加载设备均与小梁弯曲试验相同。为研究不同温度条件下环氧沥青砂浆的弯曲变形发展规律，分析温度变化对材料黏弹性的影响，可选用0℃、15℃、40℃和60℃四种试验温度。考虑到不同荷载应力的影响，且为保证试件不会在较短时间内断裂，通常试验中弯曲蠕变应力比设置为0.1、0.15、0.2和0.25。

2）弯曲蠕变试验结果与分析

通过小梁弯曲试验确定不同温度下环氧沥青砂浆的极限破坏荷载，并计算出各应力比下的蠕变弯拉应力，表3-10给出了一组环氧沥青砂浆的弯曲蠕变试验结果。

表3-10　不同温度下的蠕变弯拉应力

温度/℃	不同应力比时的蠕变弯拉应力/MPa			
	0.1	0.15	0.2	0.25
0	4.570	6.885	9.140	11.425
15	2.036	3.054	4.072	5.090
40	0.995	1.492	1.989	2.487
60	0.588	0.882	1.176	1.471

按表3-10所示的蠕变弯拉应力进行0℃、15℃、40℃和60℃下的环氧沥青砂浆蠕变试验，图3-6为环氧沥青砂浆在上述不同试验温度下的弯曲蠕变发展曲线。

由图中试验结果可知，在不同弯拉应力作用的1h内，各试验温度下环氧沥青砂浆的弯曲蠕变发展规律基本一致，可大致经历以下两个阶段：①蠕变迁移阶段，即当目标荷载施加于小梁跨中位置时，产生瞬间弹性应变ε_e，然后环氧沥青砂浆进入高弹性形变的发展阶段，产生延迟弹性应变ε_d和黏性应变ε_v。在此阶段内，

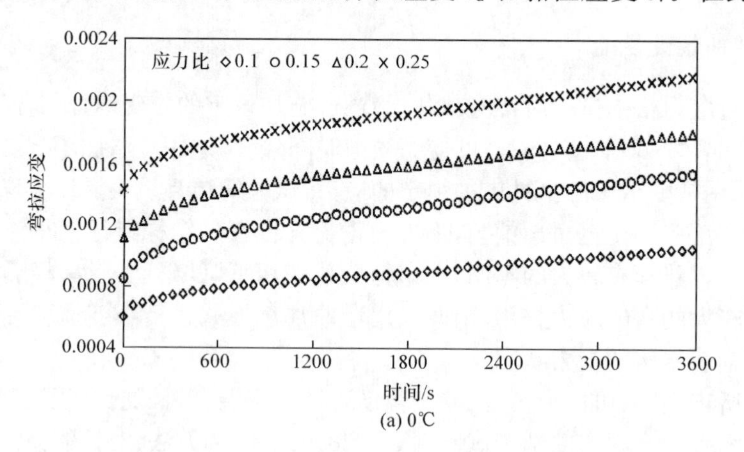

(a) 0℃

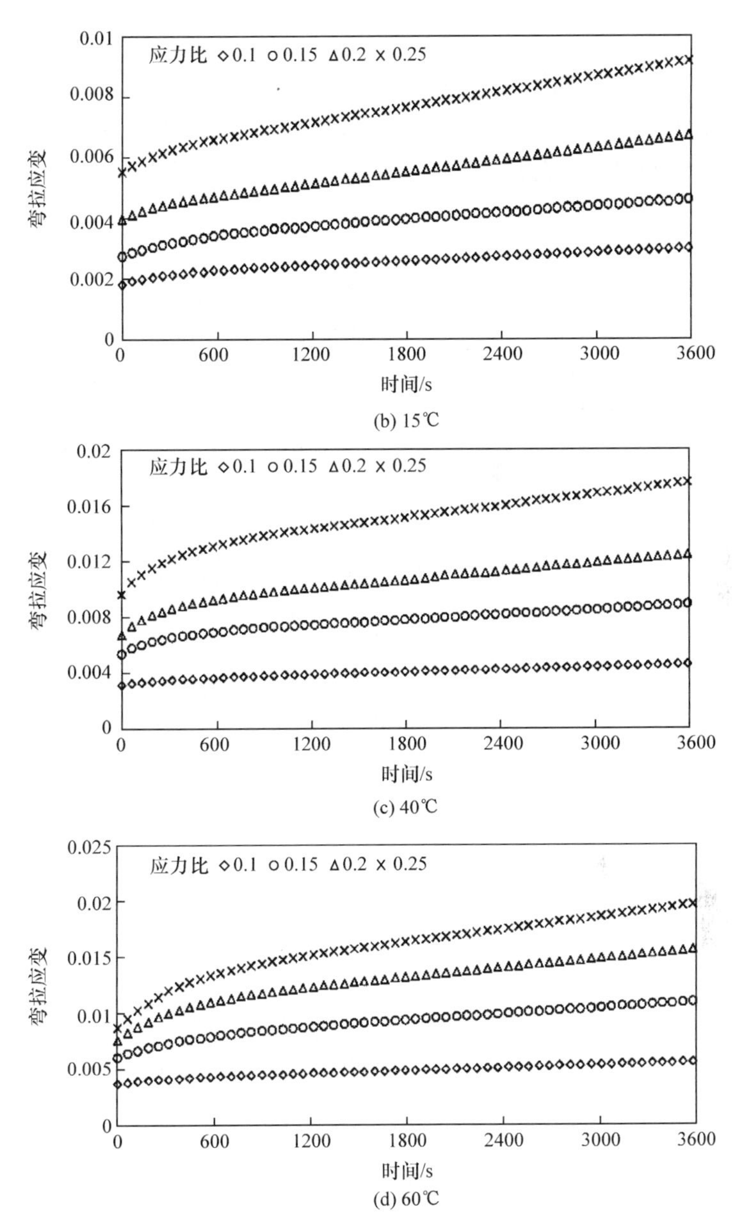

(b) 15℃

(c) 40℃

(d) 60℃

图 3-6　环氧沥青砂浆弯曲蠕变发展曲线

延迟弹性应变 ε_d 发展由快变慢，后逐渐趋于稳定，黏性应变发展平稳。②蠕变稳定阶段，即随着时间的延长，环氧沥青砂浆仅产生黏性应变，且大致呈线性增加。对比各温度下的环氧沥青砂浆弯曲蠕变发展曲线可以发现，随着应力比的增加，蠕变曲线的第一阶段逐渐明显，在观测的蠕变发展过程中，试件的弯拉应变也随之增加。

由于材料的弯曲蠕变速率与蠕变稳定阶段的应变发展趋势有关，已有学者提出以蠕变稳定阶段的弯曲蠕变速率表征沥青材料的蠕变特性，评价其在恒定外荷载作用下抵抗变形的能力[53]。根据蠕变变形的一般表达式，对沥青混合料的弯曲蠕变速率进行理论推导，结果表明，弯曲蠕变速率与蠕变弯拉应力在双对数坐标上呈线性关系，如式(3-1)所示：

$$\lg\dot{\varepsilon}_s = n\lg\sigma_0 + c \tag{3-1}$$

式中，$\dot{\varepsilon}_s$ 为弯曲蠕变速率；σ_0 为施加的蠕变弯拉应力；n 和 c 为蠕变参数。

式(3-1)曲线的斜率可反映弯曲蠕变速率受蠕变弯拉应力的影响程度。根据式(3-1)，并结合图 3-6 中环氧沥青砂浆弯曲蠕变发展曲线，拟合出各温度条件下弯曲蠕变速率与蠕变弯拉应力的关系曲线，如图 3-7 所示。为便于比较分析，普通沥青混合料的试验结果也绘于图中[54]。

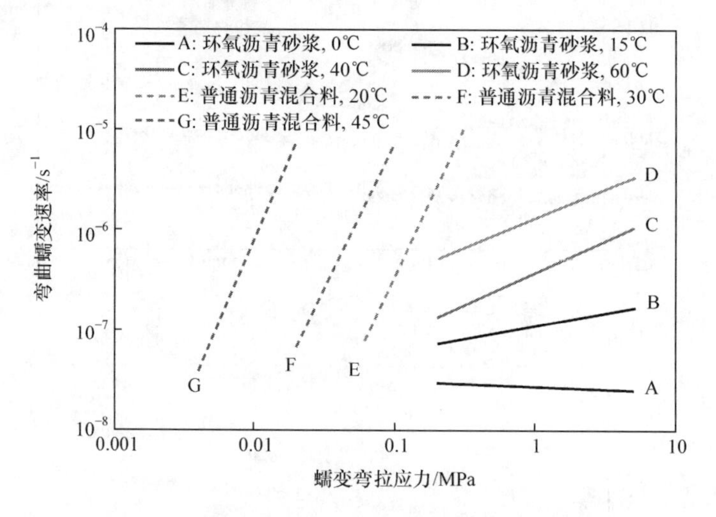

图 3-7　弯曲蠕变速率与蠕变弯拉应力关系曲线

由图 3-7 中的数据可知，环氧沥青砂浆的弯曲蠕变速率受温度因素的影响显著，在相同的弯拉应力水平下，环氧沥青砂浆的弯曲蠕变速率随着温度的升高而增加。在低温条件下，环氧沥青砂浆的弯曲蠕变速率随着蠕变弯拉应力的增大呈下降趋势；在中高温条件下，弯曲蠕变速率与蠕变弯拉应力呈正比例关系，且随着温度的升高，弯曲蠕变速率受蠕变弯拉应力的影响更加明显。与普通沥青混合料相比，环氧沥青砂浆的弯曲蠕变速率与蠕变弯拉应力的关系曲线斜率较小，表明两者间的相互影响关系不如普通环氧沥青混合料显著。当蠕变弯拉应力增加 1 倍时，普通沥青混合料的弯曲蠕变速率在 20℃、30℃、45℃下分别提高了 7.0 倍、6.7 倍、8.8 倍，而环氧沥青砂浆在更高试验温度 60℃下的弯曲蠕变速率仅增加 50%。由此可见，普通沥青混合料的弯曲蠕变速率受蠕变弯拉应力变化影响更大，而与之相比，环氧沥青砂浆的弯曲蠕变速率对蠕变弯拉应力大小不敏感。

3.3 环氧沥青砂浆的黏弹性本构关系

通过前面的分析可知，低温条件下热固性环氧沥青砂浆的蠕变特性不明显，主要表现为弹性，而在中高温条件下，表现出一定的黏弹性特征。为明确环氧沥青砂浆的黏弹性，有必要选择合适的黏弹性力学模型对其应力-应变关系进行描述，一方面能更为深入地明确环氧沥青砂浆的黏弹性，另一方面为后续的环氧沥青混合料细观数值仿真提供黏弹性本构参数。

3.3.1 环氧沥青砂浆黏弹性本构模型的选择

传统沥青材料的黏弹性模型可以用弹性元件和黏性元件通过各种串联或并联的方式得到。目前，用于沥青混合料的常用黏弹性模型主要有 Maxwell 模型、Kelvin 模型、Burgers 模型、修正的 Burgers 模型以及广义 Maxwell 模型等。研究表明，Burgers 模型单元结构合理，能够较好地模拟环氧沥青材料的力学性能，特别是能对沥青材料的蠕变特征进行定量描述[53-54]；此外，针对常温条件下环氧沥青混合料的间接劈裂试验数值模拟，对环氧沥青砂浆赋予 Burgers 黏弹性参数也能较好地反映结构断裂的过程[55]。

3.3.2 环氧沥青砂浆黏弹性本构参数回归

Burgers 模型是由 Maxwell 模型和 Kelvin 模型串联而成的四单元模型。其加载阶段的蠕变方程为

$$\varepsilon=\sigma_0\left\{\frac{1}{E_1}+\frac{t}{\eta_1}+\frac{1}{E_2}\left[1-\mathrm{e}^{-\left(\frac{E_2}{\eta_2}\right)t}\right]\right\} \tag{3-2}$$

式中，ε 为蠕变应变；σ_0 为施加的应力，MPa；t 为加载时间，s；E_1 和 E_2 为弹性模量参数，MPa；η_1 和 η_2 为黏性系数，MPa · s。

Burgers 模型通常用于对某一确定应力下的应变-时间曲线进行拟合，考虑到热固性环氧沥青材料的蠕变特性受应力水平的影响较小，为减小试验过程中的误差以及单一变量造成回归方程的扰动影响，在进行黏弹性参数回归分析时，可采用数据处理软件对多组蠕变试验曲线进行多元线性回归。图 3-8 给出了一组不同温度下环氧沥青砂浆 Burgers 模型蠕变方程拟合曲面，并且得到一组可以描述一定应力比范围内的环氧沥青砂浆黏弹性力学行为的本构方程，如表 3-11 所示。

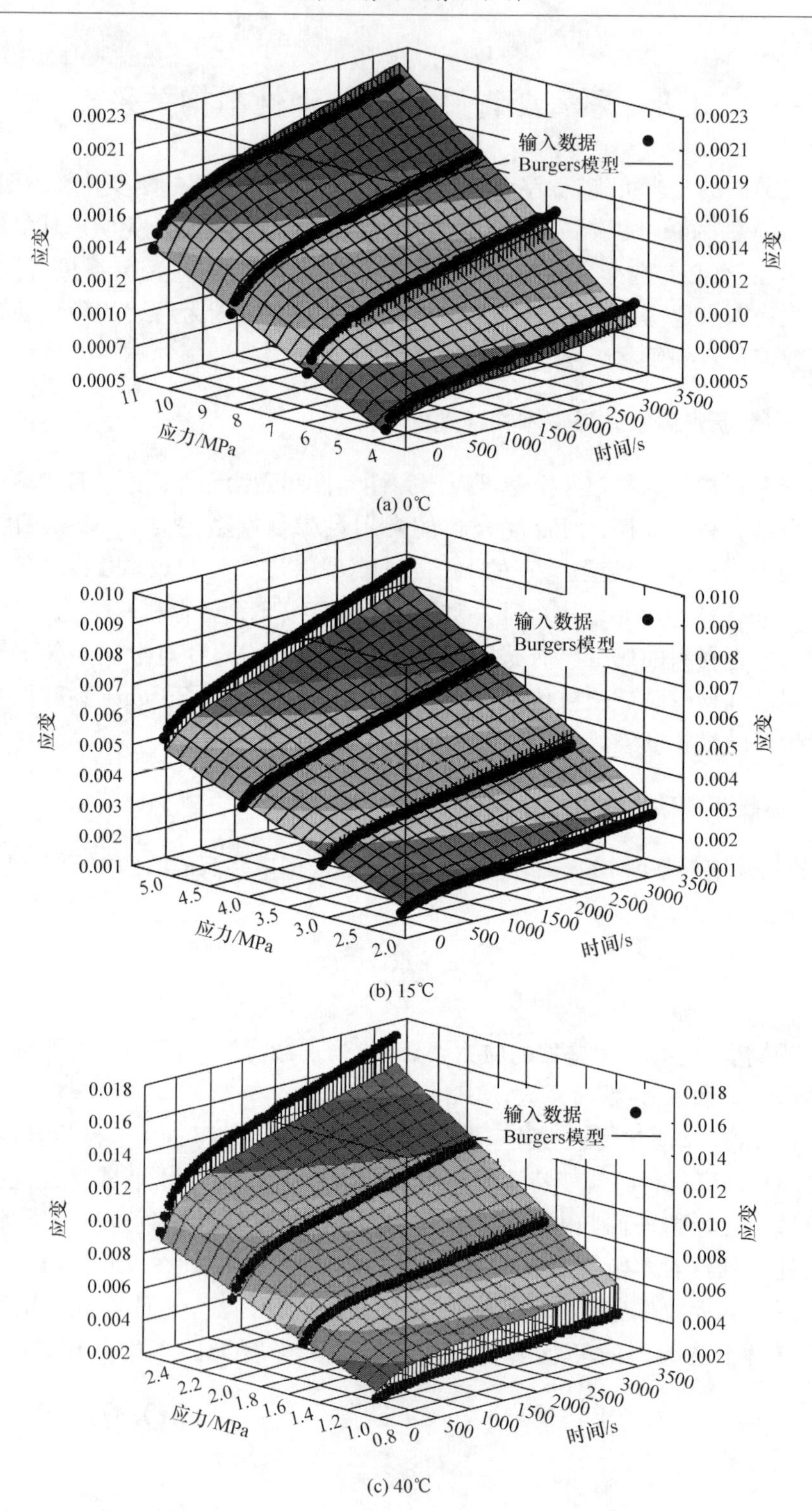

0.0023
0.0021
0.0019
0.0016
0.0014
0.0012
0.0010
0.0007
0.0005
应变
输入数据
Burgers模型
应力/MPa
11 10 9 8 7 6 5 4
0 500 1000 1500 2000 2500 3000 3500
时间/s
0.010
0.009
0.008
0.007
0.006
0.005
0.004
0.003
0.002
0.001
5.0 4.5 4.0 3.5 3.0 2.5 2.0
0.018
0.016
0.014
0.012
0.010
0.008
0.006
0.004
0.002
2.4 2.2 2.0 1.8 1.6 1.4 1.2 1.0 0.8

(a) 0℃

(b) 15℃

(c) 40℃

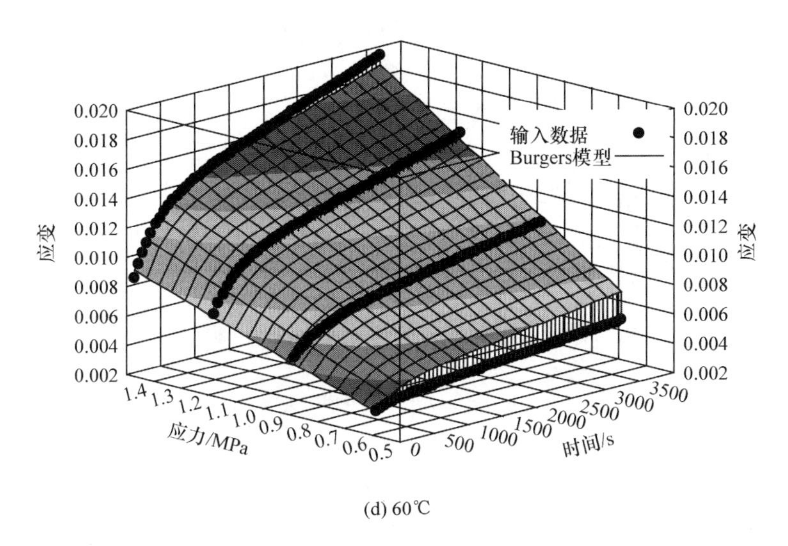

(d) 60℃

图 3-8　环氧沥青砂浆 Burgers 模型蠕变方程拟合曲面

表 3-11　各温度下的弯曲蠕变黏弹性方程

材料	温度/℃	弯曲蠕变黏弹性方程	R^2
环氧沥青砂浆	0	$\varepsilon=\sigma_0\{1/7973.2+t/728838854.7+[1-e^{-(40036.3/10432648.3)t}]/40036.3\}$ $E_1=7973.2,\ \eta_1=728838854.7,\ E_2=40036.3,\ \eta_2=10432648.3$	0.956
	15	$\varepsilon=\sigma_0\{1/1003.6+t/6452515.1+[1-e^{-(7859.3/2009065.5)t}]/7859.3\}$ $E_1=1003.6,\ \eta_1=6452515.1,\ E_2=7859.3,\ \eta_2=2009065.5$	0.965
	40	$\varepsilon=\sigma_0\{1/275.1+t/2004600.9+[1-e^{-(979.0/253800.3)t}]/979.0\}$ $E_1=275.1,\ \eta_1=2004600.9,\ E_2=979.0,\ \eta_2=253800.3$	0.939
	60	$\varepsilon=\sigma_0\{1/159.3+t/870333.8+[1-e^{-(393.5/135230.4)t}]/393.5\}$ $E_1=159.3,\ \eta_1=870333.8,\ E_2=393.5,\ \eta_2=135230.4$	0.969
普通沥青混合料	30	$\varepsilon=\sigma_0\{1/143.4+t/9.3+[1-e^{-(6.8/1.0)t}]/6.8\}$ $E_1=143.4,\ \eta_1=9.3,\ E_2=6.8,\ \eta_2=1.0$	—
	45	$\varepsilon=\sigma_0\{1/3.5+t/2.2+[1-e^{-(1.2/0.5)t}]/1.2\}$ $E_1=3.5,\ \eta_1=2.2,\ E_2=1.2,\ \eta_2=0.5$	—

由图 3-8 和表 3-11 可知，应力比为 0.1～0.25 内的环氧沥青砂浆弯曲蠕变曲线得到较好的拟合，各温度下的方程拟合精度接近 95%。但是从图 3-8 中也可以看出，对比某些应力比情况下的拟合结果与试验结果，仍有一定的差距，因此该方法也有待进一步修正。

表 3-11 数据也反映出，对于环氧沥青砂浆，随着试验温度的升高，其弹性模量

系数 E_1 和 E_2 逐渐减小，环氧沥青砂浆的温度敏感性，即黏性系数 η_1、η_2 也随之下降，表明环氧沥青砂浆的黏性比例逐渐升高。将环氧沥青砂浆在 40℃、60℃下的黏弹性模型参数与普通沥青混合料在 30℃、45℃下的黏弹性模型参数分别进行对比可见，前者所处的试验温度虽然较高，但是其黏弹性模型参数仍远大于后者。温度升高后，普通沥青混合料的黏弹性模型参数下降明显，E_1 变化尤为显著，在升高 15℃后，E_1 下降了 97.6%；而环氧沥青砂浆在温度升高 20℃后，E_1 仅下降了 42.1%，在蠕变过程中仍表现出较好的弹性性能。

3.3.3 黏弹性模型参数影响分析

Burgers 模型包含 E_1、E_2、η_1、η_2 四个黏弹性参数，为分析各模型参数对环氧沥青砂浆弯曲蠕变曲线的影响，以 60℃温度条件，应力比为 0.25 时的黏弹性模型理论值为例，缩小或放大其中一个参数，而其余参数不变，观察各参数对弯曲蠕变过程的影响。图 3-9 为分别改变其中一个黏弹性参数，其余参数固定后所得的数据曲线。

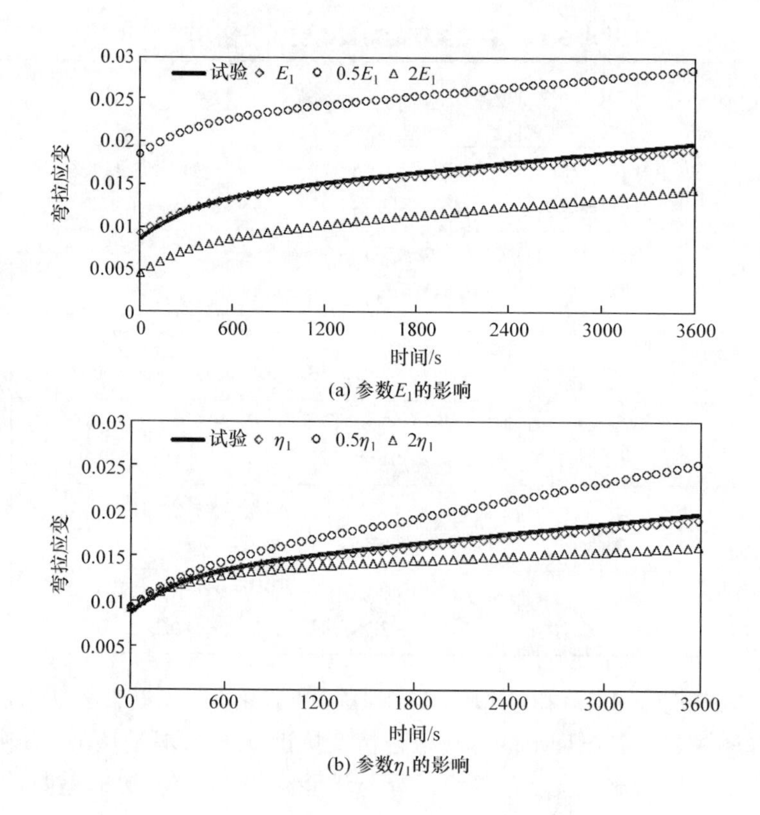

(a) 参数E_1的影响

(b) 参数η_1的影响

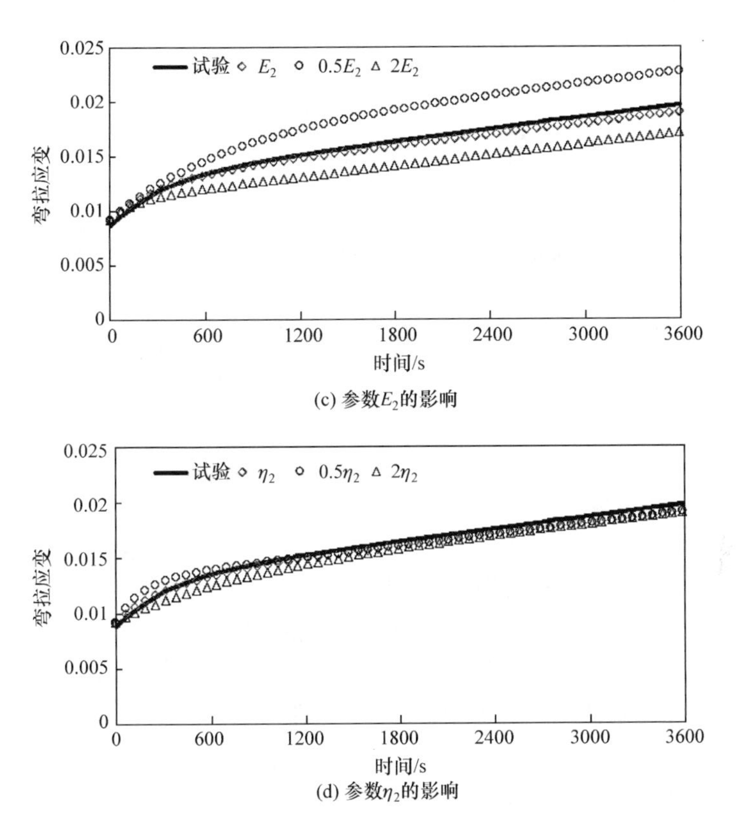

(c) 参数E_2的影响

(d) 参数η_2的影响

图 3-9　Burgers 模型参数对弯曲蠕变过程的影响

由图 3-9 中的曲线可以看出,E_1 对瞬时弹性应变有直接影响,两者呈反比例关系;参数 η_1 影响蠕变曲线第二阶段的斜率,η_1 越大,第二阶段的曲线斜率就越小,反之越大;而参数 E_2 主要对弯曲形变中的推迟弹性形变造成影响,反映在图中第一阶段的变化范围,E_2 越大,推迟弹性形变越小,从发展阶段开始曲线下移;参数 η_2 主要对蠕变曲线的第一阶段有影响,控制着蠕变曲线的发展形状,η_2 越小,蠕变曲线的弯曲程度越大,反之越平坦。

3.4　环氧沥青砂浆动态模量

与普通沥青材料相同,环氧沥青砂浆作为一种黏弹性材料,其动态性质依赖于温度、荷载以及作用时间等影响因素。在振动荷载作用下,环氧沥青砂浆的力学行为特性可用动态模量、相位角等动态黏弹性参数来表征。其中,动态模量为在施加的连续正弦或半正弦荷载下,环氧沥青砂浆的最大压应力与最大可恢复轴向应变的比值,反映其抵抗形变的能力。而相位角用于表示荷载作用下环氧沥青砂浆所产生的应变滞后于施加应力的程度，它是弹性和黏性系数的相对指标，能够反映材料的黏弹性程度。

3.4.1 动态模量试验

1）试验准备

环氧沥青砂浆的动态模量试验采用 Superpave 旋转压实仪成型试件，并进行钻芯、切割得到直径为(100±2)mm、高为(150±2.5)mm 的圆柱体标准试件。测试设备为 SPT 简单性能试验仪，静、动态的加载范围分别为 0～15kN、0～13.5kN，环境箱温度控制范围为 4～60℃，加载频率范围为 0.1～25Hz。

2）试验条件

基于 SPT 简单性能试验仪的技术要求，为探讨环氧沥青砂浆在不同温度、不同加载频率条件下动态模量、相位角等参数的变化规律，可选用 10℃、20℃、40℃、60℃作为试验温度条件，并采用 0.1Hz、0.2Hz、0.5Hz、1Hz、2Hz、5Hz、10Hz、20Hz、25Hz 的加载频率进行测试。试验中采用正弦荷载波形对试件施加轴向压应力，采用应变控制模式，控制范围为 85～115$\mu\varepsilon$。实际路面结构承受复杂的三轴应力作用，但对于环氧沥青砂浆，围压的作用影响较小，因此环氧沥青砂浆的动态模量试验仪采用单轴压缩进行测试。

3）试验步骤

根据 AASHTO TP 62-07 以及《公路工程沥青及沥青混合料试验规程》(JTG E20—2011)中“沥青混合料单轴压缩动态模量试验”(T 0738—2011)的方法，可将环氧沥青砂浆动态模量试验的步骤制定如下：

(1) 采用传感安装工具在试件侧面中部，沿圆周等间距粘贴三组传感器夹具金属块(即每组间相距 120°)，如图 3-10(a)所示；根据金属块的粘贴位置安装如图 3-10(b)所示的传感器夹具，将试件放入组合式三轴室中，安装并调试 LVDT 传感器，使其测量范围可以量测试件中部的压缩形变，如图 3-10(c)所示。

(a) 夹具金属块

(b) 传感器夹具

(c) LVDT传感器

(d) 动态模量试验

图 3-10 动态模量试验准备流程

(2) 在试件端部放置压盘和顶部钢球，保温 4～5h 直至试件内部达到试验温度后，按预定的试验参数对试件施加偏移正弦波轴向压应力开始动态模量试验，如图 3-10(d)所示，由高频 25Hz 至低频 0.1Hz 进行试验，试验采集最后五个波形的荷载形变曲线，记录施加的荷载、试件轴向可恢复形变，计算出各工况下的动态模量及相位角。

3.4.2　动态模量试验结果与分析

为研究材料黏弹性动态效应对路面力学状态的影响，国内外研究人员广泛应用动态试验方法测定动态模量、相位角和耗散能等沥青混合料的黏弹性动态参数，且研究方向主要集中于动态模量与相位角的影响因素分析、主曲线的建立[56-58]，以及混合料耗散能与疲劳寿命之间的对应关系等[59-61]。针对环氧沥青砂浆动态模量的研究，可在分析动态模量和相位角变化规律的基础上，引入能量耗散理论对耗散能这一动态黏弹性参数在各工况组合下的计算结果进行分析。

1. 沥青混合料的滞后回路与能耗分析

对于黏弹性材料，当其承受交替循环的应力时，其应变响应仍是交替循环的，但通常出现所谓的滞后现象[45]。对于材料的应力应变响应，假定

$$\begin{cases} x=\sigma\sin(\omega t) \\ y=\varepsilon\sin(\omega t+\phi) \end{cases} \tag{3-3}$$

由式(3-3)可得

$$\cos(\omega t)=\frac{1}{\sin\phi}\left(\frac{y}{\varepsilon}-\frac{x}{\sigma}\cos\phi\right) \tag{3-4}$$

由式(3-3)和式(3-4)可以推导出单个周期内不含时间参数 ω 的应力-应变滞后回路方程，即

$$\frac{x^2}{\sigma^2}+\frac{y^2}{\varepsilon^2}-\frac{2\cos\phi}{\sigma\varepsilon}xy=\sin^2\phi \tag{3-5}$$

由于塑性变形的影响，在动态试验过程中材料内部积累的能量将被消耗。这些消耗的能量未转换成应变能，而是转换成热能。每个应力或应变周期消耗的能量可以通过应力-应变滞后回路的面积来决定，即

$$W_i=\int y\mathrm{d}x=\int_0^{2\pi/\omega}\sigma_i\varepsilon_i\omega\sin(\omega t+\phi_i)\cos(\omega t)\mathrm{d}t \tag{3-6}$$

$$W_i=\pi\sigma_i\varepsilon_i\sin\phi_i \tag{3-7}$$

式中，W_i 为第 i 次荷载时的能耗；σ_i 为第 i 次荷载产生的应力振幅；ε_i 为第 i 次荷载产生的应变振幅；ϕ_i 为第 i 次荷载下应力与应变间的相位角。

2. 试验结果与分析

1）试验温度的影响

采用单轴加载模式，通过动态频率扫描，可以得到不同加载频率条件下的环氧沥青砂浆动态模量、相位角；并根据式(3-7)求解出不同工况下的耗散能。图 3-11 为各动态黏弹性参数随试验温度的变化情况。

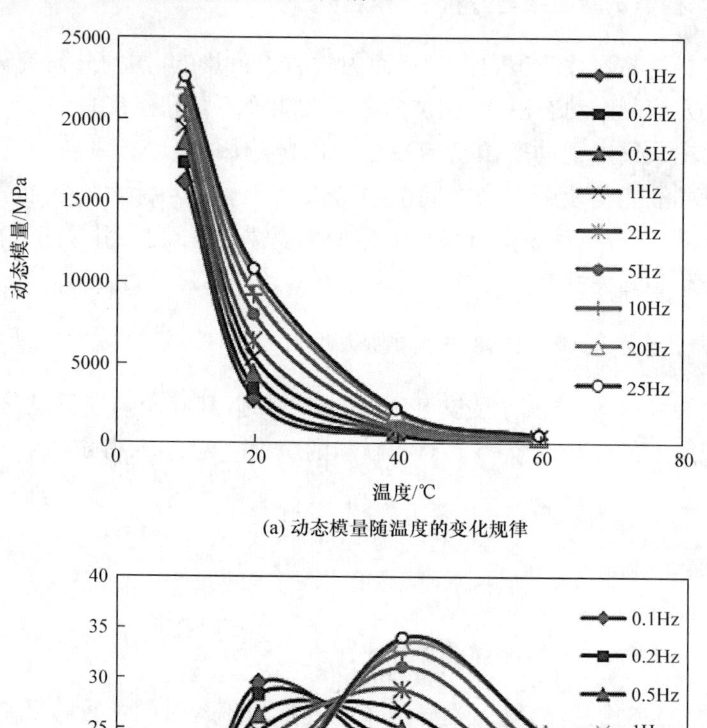

(a) 动态模量随温度的变化规律

(b) 相位角随温度的变化规律

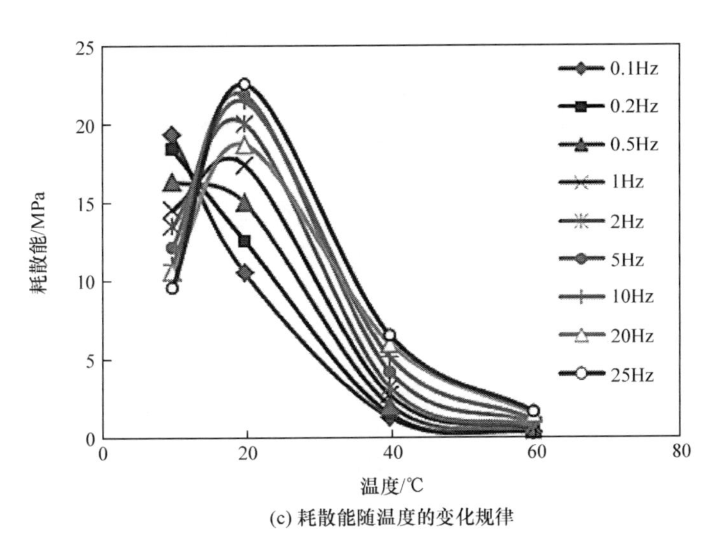

(c) 耗散能随温度的变化规律

图 3-11　不同温度条件下的动态黏弹性参数变化曲线

由图 3-11 可以获取环氧沥青砂浆的动态参数与温度的变化关系，在 0.1～25Hz 加载频率范围内，环氧沥青砂浆的动态模量均随着温度的升高而降低，且减小的趋势明显变缓。在 10～60℃温度区间内，各加载频率下的相位角随着温度的升高先增大后减小，且峰值点对应的温度随着加载频率的增加而逐渐升高。对于耗散能，在试验温度范围内，加载频率在 0.5Hz 范围内时，随着温度的升高，耗散能逐渐减小，且加载频率越高，减小的趋势越缓，当加载频率大于 1Hz 后，耗散能呈先增大后减小的趋势，且在 20℃温度条件下出现最大值。

环氧沥青结合料的组分之一基质沥青随着温度的升高逐渐软化，黏结能力减弱，致使环氧沥青砂浆由弹性向塑性转换，在荷载作用下，环氧沥青砂浆回弹能力减弱，而黏性增大，表现为动态模量降低，相位角增大。随着温度的不断上升，相比于结合料间的黏结力，矿料间的嵌挤力显著增加，对环氧沥青砂浆的弹性成分影响变大。因为矿料属于弹性材料，其相位角约为零，且模量受温度影响较小，所以当温度升高到一定程度时，动态模量持续减小，而相位角由增大转变为减小的变化趋势。对耗散能而言，由式(3-7)可知，其与应力、应变及相位角有关，而动态模量为应力幅值与应变幅值的比值，因此当应变一定时，耗散能数值与动态模量和相位角相关。在较低温度条件下，环氧沥青砂浆动态模量较大而相位角较小，而在高温条件下，其动态模量较小但相位角较大，且在不同的加载频率下，动态模量与相位角随温度变化的幅度也不同，因而会出现图 3-11(c)所示的变化规律。

2) 加载频率的影响

除试验温度外，试验中荷载的加载频率也是影响环氧沥青砂浆动态黏弹性参数的重要因素。图 3-12 给出了各黏弹性参数随加载频率的变化趋势。

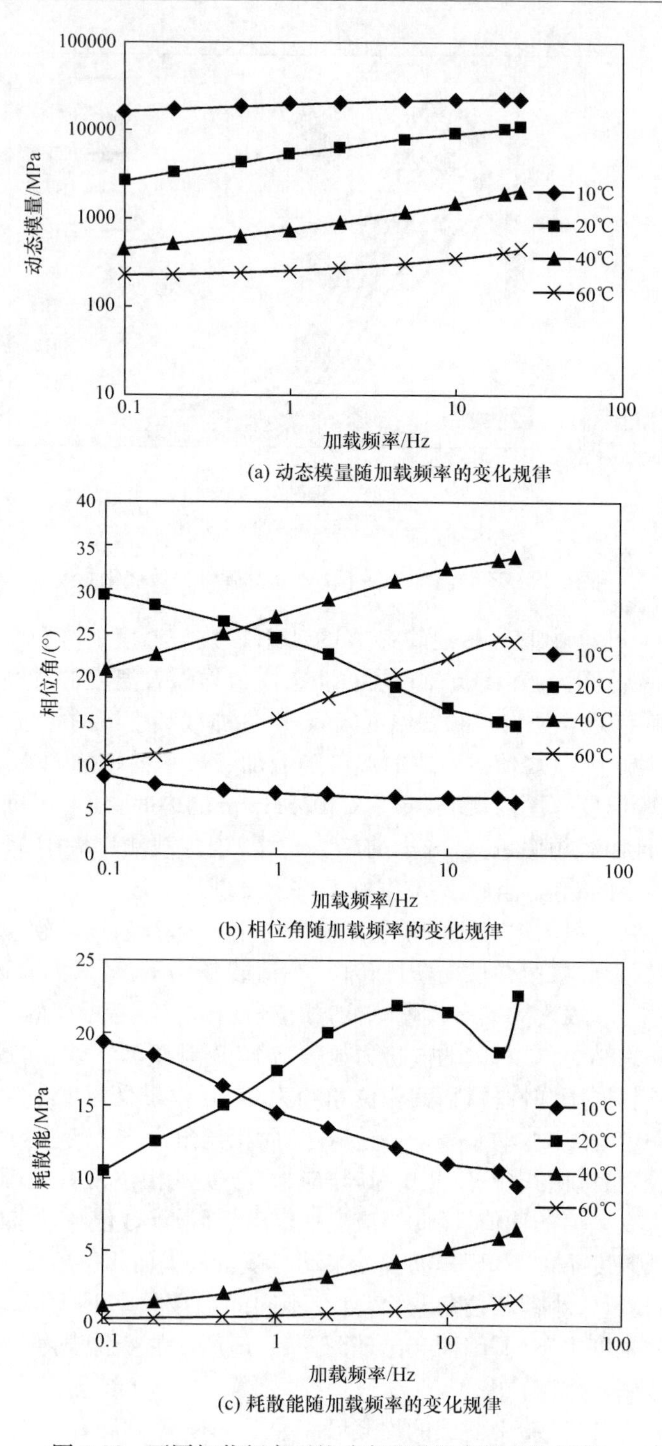

(a) 动态模量随加载频率的变化规律

(b) 相位角随加载频率的变化规律

(c) 耗散能随加载频率的变化规律

图 3-12 不同加载频率下的动态黏弹性参数变化规律

由图 3-12 中的数据可以得出如下结论：在四种温度条件下，环氧沥青砂浆的动态模量均随着加载频率的升高而增大。相位角的变化情况与所处的温度状况有关，当试验温度为 10℃和 20℃时，相位角随加载频率的升高而减小，40℃变化规律则与之相反，当试验温度上升到 60℃时，较低频率下的相位角变化规律与 40℃时相同，而频率升高至 25Hz 时，相位角出现回落现象。耗散能与加载频率的关系比较复杂，随着加载频率的升高，试验温度为 10℃时的环氧沥青砂浆能量损耗逐渐减小；20℃时的耗散能先增大后减小，然后再次增大；而 40℃和 60℃时的耗散能均呈增长趋势。

与普通沥青材料类似，环氧沥青砂浆对荷载的响应存在滞后过程，加载时既不会完全瞬时压缩，卸载时也不会完全瞬时回弹，加载应力蓄积的能量不能瞬间释放。因此，加载频率越高，蓄积的能量就越大，材料弹性特征也就越明显，表现为模量增加。而相位角变化规律的原因是在低温条件下，沥青结合料的弹性特征随着频率的升高表现显著，因此相位角随之减小；在较高温度条件下，加载频率较小时，荷载由沥青结合料和矿料共同承担，当加载频率增大时，由于基质沥青的黏弹性，荷载还未完全传递到矿料就已经卸载，因此沥青结合料承担着较大的荷载作用，材料黏塑性特征逐渐明显，即相位角增大；此外，相位角的回落现象是由于在高温高频工况下，随着沥青结合料的进一步软化，矿料的影响超过了沥青黏性的影响，矿料为弹性材料，因此相位角出现下降趋势。由于环氧沥青砂浆耗散能数值正比于动态模量和相位角（小于 45°时），根据图 3-12(a)、(b)中不同温度下的动态模量、相位角与频率的关系，由式(3-7)即可得到不同温度条件下耗散能随频率的变化规律。

3）与环氧沥青混合料动态黏弹性参数的对比

从级配结构角度，环氧沥青砂浆可视为环氧沥青混合料去除粗集料后的结构，因此两者间动态黏弹性的差异受粗集料的影响显著。针对粗集料颗粒对环氧沥青砂浆黏弹性的影响特征，可将环氧沥青砂浆与环氧沥青混合料的动态模量、相位角及耗散能等动态黏弹性参数进行列表对比，表 3-12～表 3-14 给出了一组环氧沥青砂浆与环氧沥青混合料的典型数据情况。

表 3-12　动态模量比较　（单位：MPa）

材料	温度/℃	加载频率/Hz								
		0.1	0.2	0.5	1	2	5	10	20	25
环氧沥青砂浆	10	16043	17195	18500	19370	20174	21142	21788	22361	22546
	20	2683	3297	4308	5230	6264	7837	9051	10154	10711
	40	463.1	525.9	632.6	745.5	899.3	1185	1490	1888	2067
	60	225.5	229.4	240.9	253.9	271.3	314.2	353.1	404.5	460.3

续表

材料	温度/℃	加载频率/Hz								
		0.1	0.2	0.5	1	2	5	10	20	25
环氧沥青混合料	10	9933	13339	16526	18479	20123	21978	23315	24523	25240
	20	7280	8775	10889	12591	14299	16446	17992	19481	19922
	40	946.4	1087	1332	1594	1988	2691	3410	4349	4687
	60	304.6	333.3	392.8	453.6	535.5	697.6	872.7	1113	1200

表 3-13　相位角比较　（单位：(°)）

材料	温度/℃	加载频率/Hz								
		0.1	0.2	0.5	1	2	5	10	20	25
环氧沥青砂浆	10	8.75	7.96	7.26	6.85	6.71	6.47	6.32	6.51	5.94
	20	29.35	28.24	26.28	24.48	22.72	18.97	16.57	15.1	14.64
	40	20.98	22.68	24.91	26.84	28.78	31.03	32.48	33.34	33.90
	60	10.24	11.31	13.34	15.37	17.69	20.25	22.29	24.41	24.12
环氧沥青混合料	10	19.58	15.79	12.55	10.72	9.33	7.85	6.98	6.33	6.04
	20	23.30	22.14	19.90	17.99	15.99	13.43	11.61	9.67	9.86
	40	20.42	21.98	24.02	25.49	27.26	28.97	29.93	29.85	30.75
	60	16.32	18.74	21.57	23.81	25.43	27.86	29.27	30.54	31.84

表 3-14　耗散能比较　（单位：MPa）

材料	温度/℃	加载频率/Hz								
		0.1	0.2	0.5	1	2	5	10	20	25
环氧沥青砂浆	10	19.36	18.45	16.41	14.57	13.52	12.16	11.03	10.64	9.61
	20	10.54	12.60	15.05	17.44	20.08	21.93	21.51	18.76	22.63
	40	1.30	1.53	2.09	2.74	3.24	4.23	5.17	6.02	6.56
	60	0.34	0.38	0.48	0.59	0.74	0.95	1.16	1.49	1.67
环氧沥青混合料	10	31.07	30.57	28.69	25.87	20.67	15.85	12.87	10.44	9.39
	20	21.78	25.21	28.21	30.42	31.21	30.51	28.19	22.77	28.4
	40	2.25	2.81	3.83	4.87	6.24	8.11	11.56	14.2	15.25
	60	0.69	0.84	1.20	1.47	1.93	2.3	3.11	4.05	4.35

由表 3-12～表 3-14 可以看出，环氧沥青混合料动态黏弹性参数随温度、加载频率的变化规律与环氧沥青砂浆大致相同。与环氧沥青砂浆相比，由于粗集料含量的增加，环氧沥青混合料抵抗变形能力增强，除低温低频试验条件外，在其他试

验条件下其动态模量均大于环氧沥青砂浆，且增加的幅度随温度和加载频率的升高逐渐增大。对于相位角，在低温和高温条件下，由于环氧沥青砂浆的弹性更为显著，因而其相位角小于环氧沥青混合料，在常温条件下，环氧沥青混合料的黏性表现明显，环氧沥青砂浆的相位角大于环氧沥青混合料。耗散能变化规律是动态模量和相位角变化的综合，由表 3-14 可知，环氧沥青混合料的耗散能一般比环氧沥青砂浆大，在较低温度下，两者的差值随着加载频率的升高而减小，而当温度升高后，两者的差值变化规律相反。

3.4.3　环氧沥青砂浆动态模量主曲线

1）动态模量主曲线

环氧沥青砂浆的力学性能依赖于时间和温度的影响。对于黏弹性材料，在一定时间范围内，改变试验温度，可以得到不同温度条件下黏弹性特征函数随时间的变化曲线。根据时间-温度换算法则，不同温度条件下的变化曲线根据某一参考温度移动后合成的黏弹性特征曲线，通常称为该特征函数的主曲线[62]。当测定函数为动态模量时，即称为动态模量主曲线。

一般地，黏弹性特征函数的试验方法均受限于一定的时间与温度范围。由于黏弹性材料的使用范围比较广泛，采用试验手段较难完成全部的测定工作。而运用时间-温度换算法建立特征函数主曲线是解决此类问题的有效方法。对于动态模量，采用主曲线为更广域频率范围内的材料动态模量预测构建研究平台，为分析其黏弹性力学行为提供了理论依据。

2）时间-温度等效原理

荷载作用时间和温度是影响材料黏弹性的重要参数。第 2 章关于环氧沥青原材料的黏弹特征研究中已经应用了时间-温度等效原理，在一定的温度范围内，温度升高会加速松弛或蠕变的进程。对于松弛现象，温度越高，松弛时间越短。相同力学松弛现象既可以在较低温度下通过较长的时间观察，也可以在较高温度下用较短的时间获得。同理，某一蠕变现象也可以通过适当提高温度的方法在较短的负荷时间内表现出来。因此，改变温度尺度和改变时间尺度是等效的，简称时间-温度等效原理[63]。

基于时间-温度等效原理，环氧沥青砂浆动态模量曲线可以用不同温度下的模量-频率曲线沿着频率轴平移而叠合在一起。通常，在某一温度 T_1 下，只能得出一定频率范围内的动态模量曲线，即主曲线的一部分，若要继续得到 T_1 温度下的动态模量-加载频率关系，需要进行低频或高频下的动态模量试验，但试验条件无法满足。如果升高温度，在温度 T_2 下，可以得到另一条曲线，以 T_1 为参考温度，将此曲线移位到左侧低频段，可以发现 T_1 和 T_2 下的两端曲线在动态模量相同部分完全重叠。也就是说，T_2 温度下的动态模量为 T_1 温度下低频（较长时间）激励的结果。同理,小于 T_1 温度时测定的动态模量曲线是 T_1 温度下高频(较短时间)呈现的结果。

3) 移位因子的算法

建立环氧沥青砂浆动态模量主曲线,需要定量地求出对于某一基准温度 T_0 时,不同温度条件下的曲线移位因子 $\lg\alpha_T$。目前,具有理论依据且依赖于试验测定结果的半理论半经验 WLF 公式广泛应用于确定沥青及沥青混合料的移位因子,如式(3-8)所示。

$$\lg\alpha_T=\frac{-C_1(T-T_0)}{C_2+T-T_0} \tag{3-8}$$

式中,C_1 与 C_2 为材料常数;T_0 为基准温度;T 为试验温度。

按照经验方法,在使用式(3-8)时,首先假定 $C_1=8.86$,$C_2=101.6$[56,62],在此假定条件下反算出依赖试验结果的温度 T_s 作为基准温度,并记式(3-8)为

$$\lg\alpha_T=\frac{-8.86(T-T_s)}{101.6+T-T_s} \tag{3-9}$$

由于基准温度 T_s 未知,而试验温度条件可能并未包含这一基准温度 T_s。为此选择某试验温度 T_0 作为参考温度,由其他温度 T 对于参考温度 T_0 的移位因子 $\lg\alpha_T$,按式(3-10)~式(3-12)求解出 T_s。

$$\lg\alpha_{T_0}=\frac{-C_1(T_0-T_s)}{C_2+T_0-T_s} \tag{3-10}$$

$$\lg\alpha_T=\frac{-C_1(T-T_s)}{C_2+T-T_s} \tag{3-11}$$

$$\lg\alpha'_{T_0}=\lg\alpha_T-\lg\alpha_{T_0}=-C_1C_2\,\frac{T-T_0}{(C_2+T-T_s)(C_2+T_0-T_s)} \tag{3-12}$$

式中,$\lg\alpha'_{T0}$ 由试验结果确定,只有一个未知数 T_s,求解该一元二次方程,即可得出对应于 $T\sim T_0$ 的基准温度 T_s。作为实例,本节选取环氧沥青砂浆的参考温度 T_0 为 40℃,按照经验公式(3-9)与式(3-12),计算出基准温度 T_s 的值,结果如表 3-15 所示。

表 3-15 环氧沥青砂浆的基准温度 T_s(参考温度 40℃)

温度/℃	移位因子 $\lg\alpha'_{T_0}$	T_{s1}/℃	T_{s2}/℃
10	5.94	66.14	187.06
20	2.92	52.45	210.76
40	0	—	—
60	−2.40	64.39	238.35

基准温度 T_s 与玻璃化温度 T_g 之间的近似关系大致为[54]

$$T_s=T_g+50\pm5(℃) \tag{3-13}$$

沥青材料的玻璃化温度一般都比较低[45]，结合式(3-13)和表中数据可以确定 T_{s1} 为有效解，进而对各试验温度下的 T_{s1} 取平均值，确定 $T_s=60.99$℃。

4）动态模量主曲线的建立

环氧沥青砂浆的动态模量主曲线可采用非线性 S 型函数（Sigmoid 函数）表示[58,64,65]，如式(3-14)所示：

$$\lg|E^*|=\delta+\frac{\alpha}{1+e^{\beta+\gamma\lg\omega_\gamma}} \tag{3-14}$$

式中，δ 为动态模量的最小值对数；$\delta+\alpha$ 为动态模量的最大值对数；β 和 γ 为 S 型函数曲线的形状参数，取决于沥青结合料的特性和参数 δ、α 的大小；δ 和 α 取决于沥青混合料级配、沥青饱和度和孔隙率；ω_γ 为参考温度下的缩减频率。

以 20℃为参考温度，基于 WLF 公式分别求出不同温度时的移位因子 $\lg\alpha_T$，如图 3-13 所示。

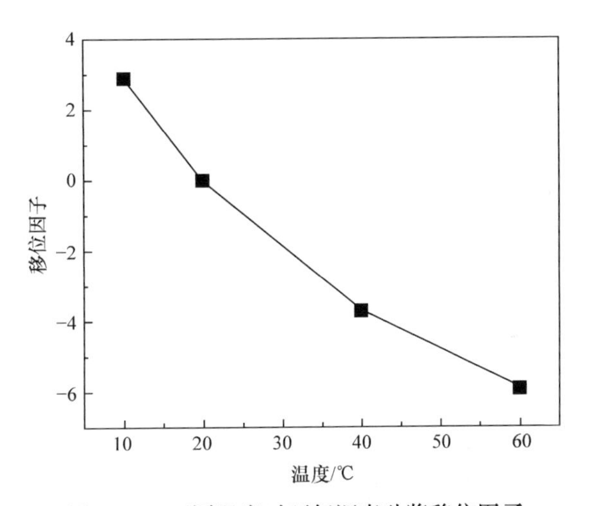

图 3-13　不同温度时环氧沥青砂浆移位因子

图 3-13 给出了环氧沥青砂浆在不同温度时的移位因子，以非线性 S 型函数为目标函数，基于 Levenberg-Marquardt 方法与通用全局优化算法，对环氧沥青砂浆在 4 种温度和 9 种频率条件下的动态模量试验数据进行非线性回归，拟合得到了以参考温度为 20℃时的环氧沥青砂浆动态模量主曲线方程，如式(3-15)所示，相应的主曲线绘制于图 3-14。

$$\lg|E^*|=4.446+\frac{2.258}{1+e^{0.752+0.595\lg\omega_\gamma}} \tag{3-15}$$

由图 3-14 可知，环氧沥青砂浆的动态模量主曲线能够很好地拟合试验数据，反映出环氧沥青砂浆的黏弹性。利用动态模量主曲线可以突破试验条件的限制，了解全频范围内材料的动态模量数值及变化规律。

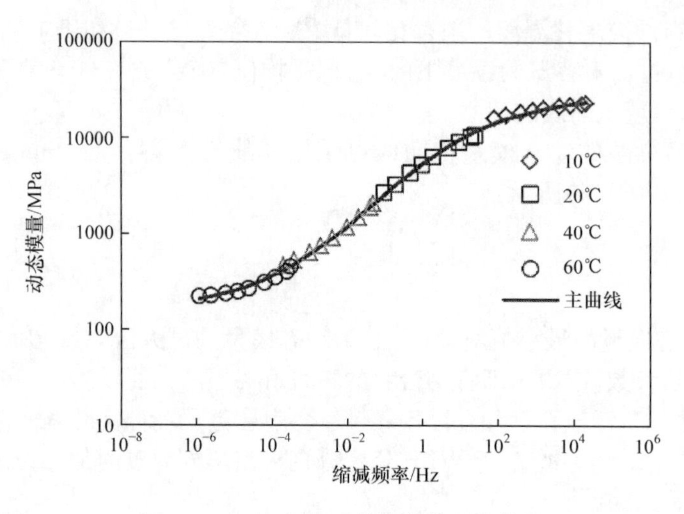

图 3-14　环氧沥青砂浆动态模量主曲线

3.5　环氧沥青砂浆路用性能研究

3.2 节已经提到，环氧沥青砂浆本身具有优异的力学性能，因此，除作为环氧沥青混合料的重要组成部分外，环氧沥青砂浆本身也可以单独作为一种工程材料应用于道路结构建设与修复工程中。本节主要针对常用路用性能指标，开展环氧沥青砂浆相关性能的测试与讨论，以此作为后续环氧沥青砂浆材料在道路结构中适用性的评估基础。

3.5.1　高温稳定性能

沥青路面的高温稳定性能是指沥青铺面材料在荷载作用下抵抗永久形变的能力。高温季节沥青路面的温度可达 60℃，而受力条件更为复杂的钢桥面铺装层的最高温度可达 70℃及以上，故对铺装材料的高温稳定性提出了较高的要求。为考察环氧沥青砂浆的高温抗车辙性能，参照《公路工程沥青及沥青混合料试验规程》(JTG E20—2011)中“沥青混合料车辙试验”(T 0719—2011)的方法对完全固化后的环氧沥青砂浆高温稳定性进行研究，如图 3-15 所示。车辙试件由轮碾法成型，尺寸为长 300mm、宽 300mm、厚 50mm，试验中施加的轮压为 0.7MPa。在规程推荐温度 60℃的基础上，可增加试验温度 70℃进行车辙试验。环氧沥青砂浆车辙试验后的板状试件如图 3-16 所示。车辙试验结果列于表 3-16，为进行对比分析，环氧沥青混合料的车辙试验结果也列于表中[66]。

图 3-15　环氧沥青砂浆车辙试验

图 3-16　车辙试验后的环氧沥青砂浆板状试件

表 3-16　环氧沥青砂浆与混合料车辙试验结果

材料	60℃动稳定度/(次/mm)	70℃动稳定度/(次/mm)
环氧沥青砂浆	15782	14370
环氧沥青混合料	18000	17531

由表 3-16 的数据可以看出,在 60℃和 70℃温度条件下,环氧沥青砂浆和混合料的动稳定度均大于 14000 次/mm,远高于规范要求的指标 3000 次/mm[51];相比于环氧沥青混合料,环氧沥青砂浆由于缺少粗集料骨架体系,其动稳定度略有下降。从图 3-16 也可看出环氧沥青砂浆的形变量十分微小,具有优异的高温稳定性。

3.5.2　低温抗裂性能

低温抗裂性能是评价沥青混合料温度稳定性的重要组成部分。3.2.2 节中已讨论了应用小梁三点弯曲试验测定−10℃下环氧沥青砂浆的弯拉性能,抗弯拉强度为 35.48MPa,破坏弯拉应变为 6570$\mu\varepsilon$,而相同试验条件下环氧沥青混合料的抗弯拉强度为 31.51MPa,破坏弯拉应变为 3640$\mu\varepsilon$。由此可见,在−10℃温度条件下,与环氧沥青混合料相比,环氧沥青砂浆的抗弯拉强度略有增加,变形能力有较大提高,优于《公路沥青路面施工技术规范》(JTG F40—2004)中改性沥青混合料破坏应变不应小于 3000$\mu\varepsilon$ 的标准,表现出较好的低温抗裂性能。

3.5.3　水稳定性能

沥青路面的水稳定性能,是指其抵抗由水分侵蚀逐渐产生沥青膜剥离、掉粒、松散、坑槽而破坏的能力。无论在冰冻地区还是南方多雨地区，沥青路面的水损害都是主要的病害形式。特别是对于铺设于钢板上的沥青混合料，为防止雨水渗入而影响黏结料与钢板间的黏结性能，对其水稳定性提出了更高的要求。

沥青路面材料的水稳定性能评价方法主要分为两类：①通过沥青与粗集料的黏附性试验评定集料的抗水剥离能力；②使用马歇尔击实试件，在浸水条件下，对沥青路面材料的力学性能进行评估。

针对环氧沥青砂浆水稳定性能的评价，可分别采用浸水马歇尔试验和冻融劈裂试验进行测试，表 3-17 和表 3-18 分别给出了环氧沥青砂浆浸水马歇尔试验及冻融循环试验的测试结果。

表 3-17　环氧沥青砂浆浸水马歇尔试验结果

<table>
<tr><th>试件编号</th><th>孔隙率/%</th><th>浸泡稳定度/kN</th><th>未浸泡稳定度/kN</th><th>残留稳定度/%</th></tr>
<tr><td>1</td><td>1.8</td><td>50.35</td><td rowspan="4">57.80</td><td>87.11</td></tr>
<tr><td>2</td><td>1.5</td><td>53.42</td><td>92.43</td></tr>
<tr><td>3</td><td>2.1</td><td>51.09</td><td>88.39</td></tr>
<tr><td>平均值</td><td>1.8</td><td>51.62</td><td>89.31</td></tr>
<tr><td>标准差 S</td><td>0.3</td><td>1.60</td><td>—</td><td>2.78</td></tr>
</table>

表 3-18　环氧沥青砂浆冻融循环试验结果

<table>
<tr><th>试件编号</th><th>冻融后劈裂抗拉强度/MPa</th><th>未冻融劈裂抗拉强度/MPa</th><th>冻融劈裂抗拉强度比/%</th></tr>
<tr><td>1</td><td>5.47</td><td rowspan="4">5.71</td><td>95.79</td></tr>
<tr><td>2</td><td>4.12</td><td>72.15</td></tr>
<tr><td>3</td><td>4.95</td><td>86.69</td></tr>
<tr><td>平均值</td><td>4.85</td><td>84.88</td></tr>
<tr><td>标准差 S</td><td>0.68</td><td>—</td><td>11.92</td></tr>
</table>

由表 3-17 中试验结果可以看出，环氧沥青砂浆马歇尔试件的孔隙率小于 3%，密实性较好，可用于钢桥面等有防水性要求的铺装结构。浸水 48h 后的稳定度相比于标准马歇尔试验结果有所降低，但仍表现出很高的强度特征，平均残留稳定度接近 90%，高于规范中改性沥青混合料残留稳定度不低于 85%的最高技术要求。表 3-18 中的试验数据表明，环氧沥青砂浆经历冻融循环后，其间接抗拉强度仍处于较高的水平，冻融劈裂抗拉强度比约为 85%，而规范中对改性沥青混合料残留强度比最高要求为不得小于 80%，结合浸水马歇尔试验结果，可确定环氧沥青砂浆具备良好的水稳定性能。

3.6　环氧沥青砂浆的应用及评价

凭借优良的力学性能，环氧沥青砂浆已经成为有效的道路用工程材料，特别是在病害修复工程中发挥了重要作用。本节以钢桥面沥青铺装的坑槽病害修复为例，阐述环氧沥青砂浆在道路结构病害中的应用技术，并对其修复后结构的力学性能开展讨论。

3.6.1　环氧沥青砂浆修复材料

用以评价修复效果的试验应尽可能地与实际铺装条件（如受力方式、约束条件以及铺装结构和材料）相吻合，且完全考虑修复部位的差异。钢桥面铺装坑槽修复按尺寸大致可分为大面积、狭长型等修复类型，如图 3-17 所示。

(a) 大面积修复

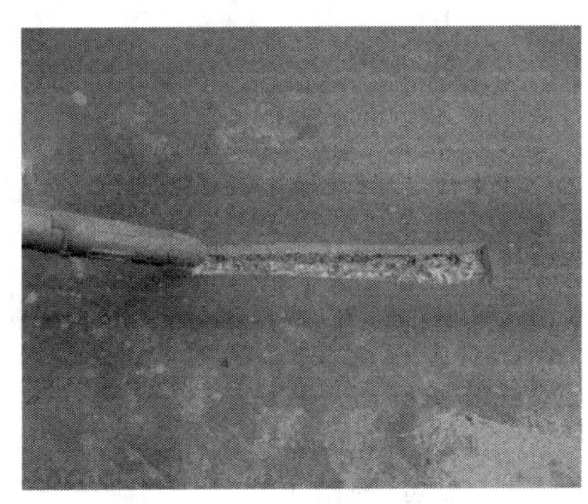
(b) 狭长型修复

图 3-17　钢桥面铺装坑槽修复类型

根据图 3-17 中的修复类型，从图 3-17(a)中提取出三种试件种类，第Ⅰ类表征完好的铺装结构，第Ⅱ类是上面层损坏而下面层完好的铺装结构，第Ⅲ类试件选定为评价修复界面的安全性。若进行修复的坑槽宽度较小，如图 3-17(b)所示，则可提取第Ⅳ类修复评价试件。图 3-18 给出了四类结构的具体形式与尺寸。

考虑到钢桥面环氧沥青铺装层一般为双层结构且厚度为 50～60mm[61]，可确定待修复的铺装结构为“25mm 环氧沥青混合料＋25mm 环氧沥青混合料”，坑槽修复材料选用环氧沥青砂浆和环氧树脂黏结料。

四种修复效果评价铺装结构均采用长 300mm、宽 300mm、厚 50mm 车辙板试模分层碾压而成。钢桥面铺装的裂缝、坑洞等病害易产生于铺装上面层[67]，因此可假定铺装结构的坑槽深度为 2.5cm，采用混合料碾压前异物填充、碾压完毕后取

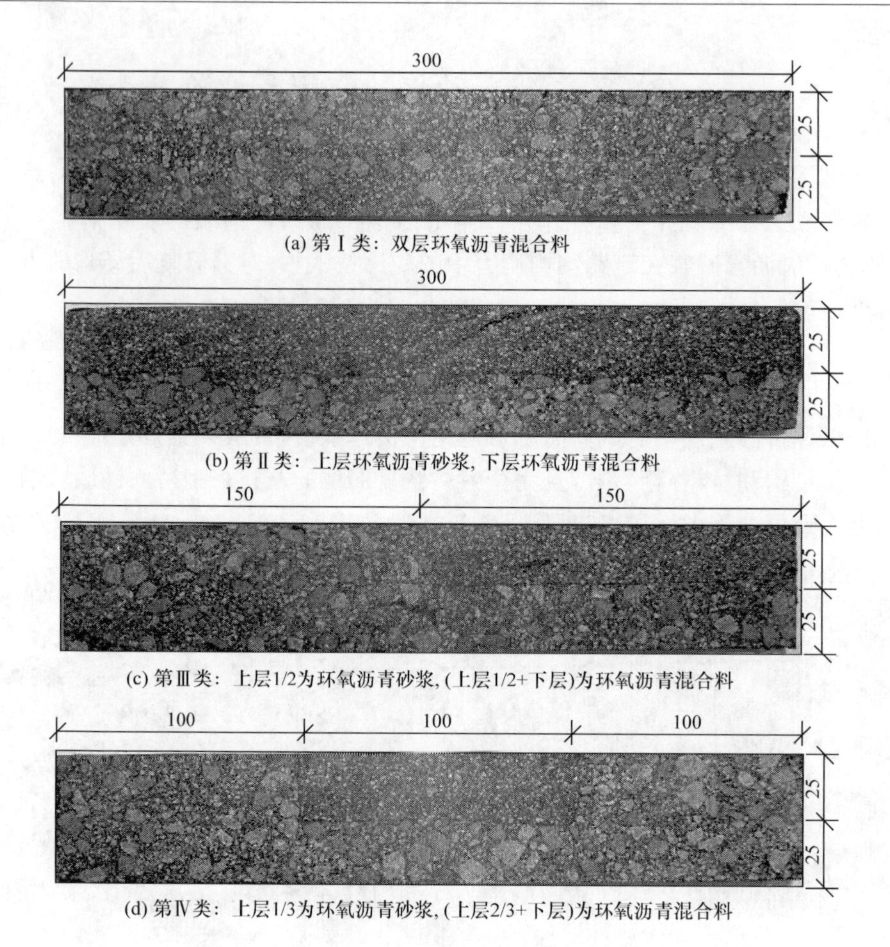

图 3-18　坑槽修复评价试件的类型(尺寸单位：mm)

出的方式制成。以第Ⅳ类试件为例，对环氧沥青砂浆修复坑槽的具体流程进行描述。首先用铁凿等工具对坑槽基面进行清理，将剥落的混合料剔除，进而采用软毛刷或小扫帚清除干净，再用吹风机对表面除尘；然后在处理好的基面涂刷拌合好的环氧树脂黏结料，涂布的黏结层应均匀、连续、用量准确，涂布量为 0.45L/m^2，涂布超量、漏涂或少涂的地方应及时修正；在黏结料涂布后立即或至少在黏结层固化之前将已拌合好的环氧沥青砂浆材料填于修复区，采用碾压设备进行压实处理后，在烘箱中养生固化后备用，如图 3-19(a)～(f)所示。

3.6.2　环氧沥青砂浆应用评价

1. 修复后水稳定性评价

目前，浸水车辙试验作为一种评价沥青混合料水稳定性能的试验方法仍在探

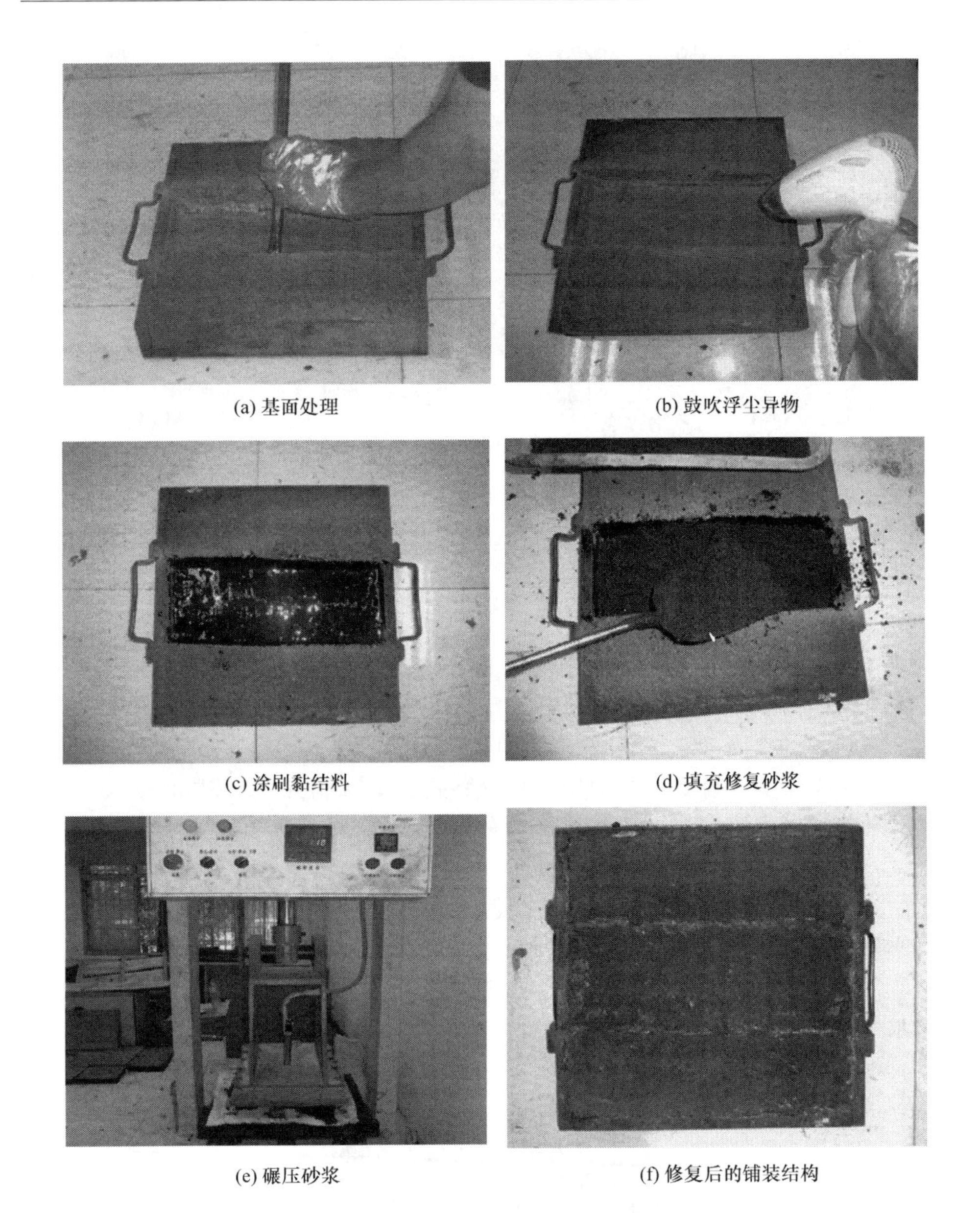
(a) 基面处理
(b) 鼓吹浮尘异物
(c) 涂刷黏结料
(d) 填充修复砂浆
(e) 碾压砂浆
(f) 修复后的铺装结构

图 3-19　钢桥面铺装坑槽环氧沥青砂浆室内修复过程

索中，尚未有统一的试验标准。针对沥青砂浆结构的水稳定性能测试，先将试件在60℃的空气中保温 6h，再放入 60℃的水浴中进行车辙试验，如图 3-20 所示[26]。表 3-19 为修复后铺装结构的浸水车辙试验结果。

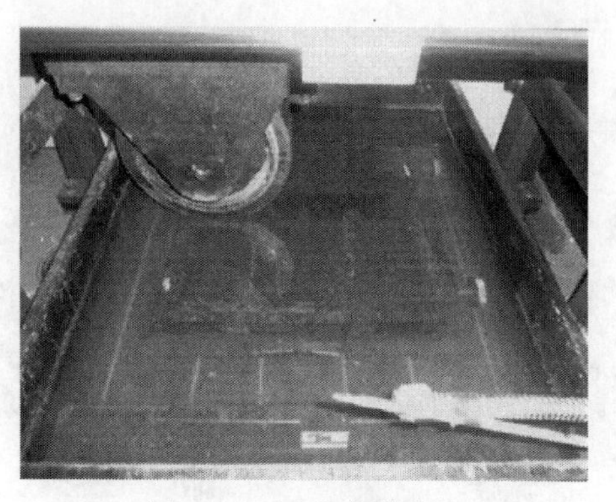

图 3-20 浸水车辙试验

表 3-19 修复后铺装结构浸水车辙试验结果

试件类型	未浸水条件动稳定度/(次/mm)	浸水条件动稳定度/(次/mm)	动稳定度比值/%	浸水条件下剥落率/%
Ⅰ	18304	17538	95.82	0.34
Ⅱ	17531	17325	98.82	0.29
Ⅲ	18000	17496	97.20	0.41
Ⅳ	18349	17721	96.58	0.36

环氧沥青的热固性赋予砂浆、混合料优良的高温稳定性与水稳定性，因此浸水条件下四种类型的复合铺装结构均具有较好的抗车辙能力，浸水与非浸水条件下得出的动稳定度比值也都大于95%。此外，作为黏结料的环氧树脂材料力学性能优异，与界面的黏结效果较好，而环氧沥青结合料与集料又有较强的黏附作用，该作用力相比于热塑性沥青要高出几倍至数十倍，足以抵抗水对沥青的置换作用，因此浸水条件下各板状试件的剥落量均很小。图3-21为浸水车辙试验后的第Ⅳ类试件，可见表面平整完好，没有明显的松散、剥落现象，表明修复后的环氧沥青铺装结构水稳定性良好。

图 3-21 浸水车辙试验后的试件(第Ⅳ类)

2. 修复后强度特性评价

根据材料力学理论中关于荷载作用下的矩形截面简支梁，当跨长与截面高度之比大于5时，横截面上的最大正应力按纯弯曲公式计算，其误差不超过1%[55]。由此可确定修复评价棱柱体复合梁试件尺寸为长300mm、宽40mm、高50mm，有效跨径为250mm，由板状试件切割而成。强度特性评价试验可以按《公路工程沥青及沥青混合料试验规程》(JTG E20—2011)中的“沥青混合料弯曲试验”(T 0715—2011)方法进行，试验温度采用15℃，加载速率取50mm/min，表3-20列出了经过环氧沥青砂浆修复后的复合结构小梁弯曲试验结果。

表3-20 修复后复合结构小梁弯曲试验结果(15℃)

试件类型	抗弯拉强度/MPa	破坏弯拉应变/($\times10^{-3}$)	破坏劲度模量/MPa	破坏位置	强度修复率/%
Ⅰ	26.35	8.97	2935.76	小梁中央	100.00
Ⅱ	30.21	21.25	1437.93	小梁中央	114.65
Ⅲ	16.00	6.98	2339.97	小梁中央	60.72
Ⅳ	28.34/17.01	6.43	2644.78	小梁中央或界面	64.55

从表3-20中复合结构小梁的弯曲试验结果可以看出，环氧沥青砂浆的抗弯拉强度大于环氧沥青混合料，因此采用砂浆修复的第Ⅱ类试件的强度修复率为114.65%，修复效果较好。第Ⅲ类试件上面层跨中位置为混合料-砂浆界面，而界面的黏结强度相对于砂浆和混合料的抗弯拉强度较低，致使其抗弯拉强度仅为第Ⅰ类试件的60.72%。对于第Ⅳ类试件，当荷载达到约7.60kN时，跨中环氧沥青砂浆所受的最大弯拉应力为28.34MPa，接近第Ⅱ类试件的抗弯拉强度30.21MPa，而此时界面的弯拉应力已达到17.01MPa，与第Ⅲ类试件的跨中抗弯拉强度(即混合料-砂浆界面强度极限值)相差也不大，考虑到沥青混合料的非均质特性与试验的离散性，此类复合结构小梁在中央以及界面位置均可能发生断裂。

3. 修复后疲劳性能评价

钢桥面铺装坑槽用环氧沥青砂浆修复后，其疲劳性能一般采用复合结构小梁疲劳试验进行评价。试验设备可选用图3-22所示的计算机控制沥青混合料动态疲劳试验机，加载模式为控制应力，综合环氧沥青材料的疲劳特性与国内外的研究经验[63,68]，确定应力比为0.3、0.4、0.5、0.6。试验温度为15℃，加载波形选用半正弦波，加载频率为10Hz[69-70]。复合结构小梁类型和尺寸与强度特性评价试验相同，如图3-23所示。

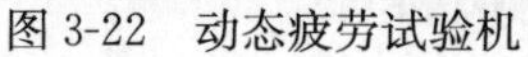
图 3-22　动态疲劳试验机

图 3-23　复合结构小梁疲劳试件

根据表 3-20 确定的各类复合结构小梁抗弯拉强度，按照试验应力比要求，对试件进行各荷载水平下的疲劳试验，结果绘于图 3-24。

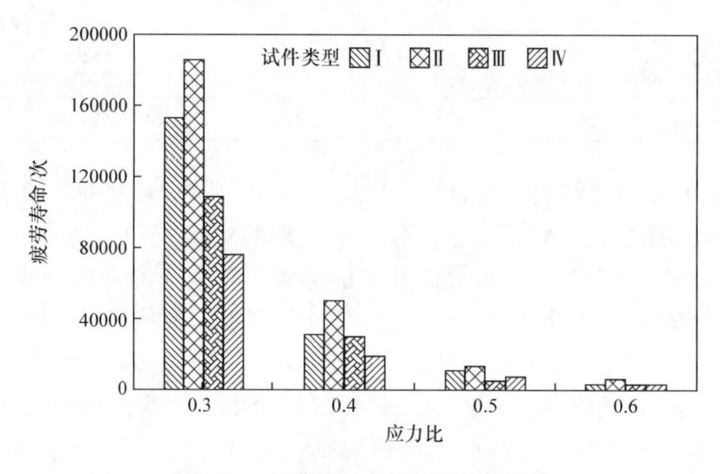

图 3-24　复合结构小梁疲劳试验结果

由图 3-24 可以发现，各类复合结构小梁的疲劳寿命均随着应力比的增大显著减小。在各应力比条件下，第Ⅱ类小梁破坏时的疲劳寿命均为最大。由此可见，环氧沥青砂浆的疲劳性能优于环氧沥青混合料，修复后的第Ⅱ类小梁具有优良的抗疲劳能力。对于第Ⅲ类和第Ⅳ类小梁，以应力比取 0.3 为例，疲劳修复率分别为 71.69%和 49.89%，当应力比增大时，疲劳修复率虽有一定程度的提高，但疲劳性能仍不及完好的小梁，因此可以判断界面位置疲劳性能薄弱，在界面黏结料与施工工艺方面应重点考虑。

应用现象学法进行疲劳试验研究时，对于控制应力加载模式，国内外广泛采用的沥青混合料疲劳力学模型可表示为[16-17]

$$N_f = K\left(\frac{1}{\sigma}\right)^n \tag{3-16}$$

对等式两边分别取对数，可得

$$\lg N_f = K' - n\lg\sigma \tag{3-17}$$

式中，N_f 为试件破坏时的重复荷载作用次数；σ 为施加的常量应力最大幅值，MPa；n、K'为试验回归系数，其中 $K' = \lg K$。

根据疲劳方程(3-17)，对各类复合结构小梁的疲劳寿命与应力水平关系进行双对数线性回归分析，如图 3-25 所示。

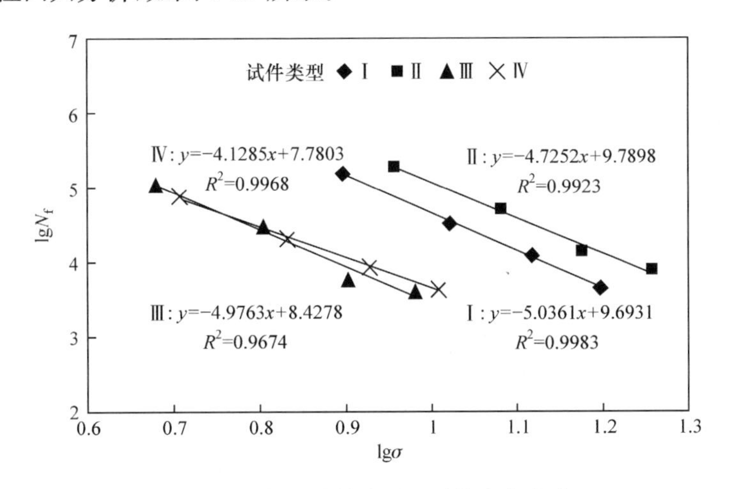

图 3-25　复合结构小梁双对数疲劳曲线

从图 3-25 可以看出，第Ⅰ类和第Ⅱ类试件的双对数疲劳曲线几乎平行，且第Ⅱ类试件的疲劳曲线位于第Ⅰ类试件的上方，再次验证了第Ⅱ类试件的疲劳性能良好。第Ⅲ类与第Ⅳ类试件均存在修复界面，两者疲劳曲线也较为吻合，差异不大。

在实际钢桥面铺装中，对于修复后的不同复合结构，其在外力作用下的响应也可能相同，为评价四种复合结构小梁在相同应力状态下的疲劳性能，可根据铺装结构实际所受的应力值对回归出的各疲劳曲线进行延长处理，以图中 $\lg\sigma = 0.9 \sim 1$，即 $\sigma = 7.94 \sim 10$MPa 为例，可以得出，当 $\lg\sigma$ 一定时，四种复合小梁结构的疲劳性能排名为Ⅱ＞Ⅰ＞Ⅳ＞Ⅲ。

由第Ⅳ类试件弯曲及疲劳试验结果可知，对于狭长型坑槽，为减小界面所受的应力，提高其疲劳寿命，开凿后的坑槽宽度不宜过小。此外，在车辆荷载作用下，钢桥面 U 形肋与纵、横隔板顶部区域会产生应力集中现象，为避免界面位置受到附加的应力作用而增加二次破坏的概率，修复时界面应避免设置在上述区域。

通过对试验结果进行回归分析，整理得到的四种复合结构小梁的疲劳方程，见

表 3-21。

表 3-21　各类修复结构小梁疲劳方程

试件类型	疲劳方程	R^2
Ⅰ	$\lg N_f=-5.0361\lg\sigma+9.6931$	0.9983
Ⅱ	$\lg N_f=-4.7252\lg\sigma+9.7898$	0.9923
Ⅲ	$\lg N_f=-4.9763\lg\sigma+8.4278$	0.9674
Ⅳ	$\lg N_f=-4.1285\lg\sigma+7.7803$	0.9968

根据表 3-21 中所列的疲劳方程，一方面可对各类修复结构在全应力水平范围下的疲劳寿命进行预测，另一方面也可对环氧沥青铺装在破坏前及修复后的疲劳性能进行对比分析。

3.7　本章小结

本章在环氧沥青混合料配合比设计的基础上，提出了环氧沥青砂浆的组成设计方法，对环氧沥青砂浆的抗压、弯拉、间接拉伸性能进行了试验评价。采用小梁弯曲蠕变和动态模量试验两种方法深入认知环氧沥青砂浆的力学特性，分析了环氧沥青砂浆弯曲蠕变的变化特点，拟合出各温度条件下环氧沥青砂浆的黏弹性方程，探讨了试验温度、加载频率对环氧沥青砂浆动态模量、相位角和耗散能的影响。将优选出的环氧沥青砂浆进行路用性能研究，对其用于钢桥面环氧沥青铺装坑槽修复效果进行评价。本章得到的主要结论如下：

(1) 环氧沥青砂浆的弯拉应变随着应力比的增加而增大；其弯曲蠕变速率也受弯拉应力的影响，且两者在双对数坐标上呈线性关系。拟合出了各温度条件下的黏弹性本构方程的一般表达式，并分析了模型参数对弯曲蠕变过程的影响。

(2) 环氧沥青砂浆动态模量均随温度的升高而降低，随加载频率的升高而增大。而相位角随着温度的升高先增大后减小，且峰值点对应的温度随着加载频率的提高而逐渐增大。沥青混合料的耗散能与动态模量及相位角相关。

(3) 基于 WLF 公式，求出了不同温度间的移位因子，并采用非线性 S 型函数建立了环氧沥青砂浆的动态模量主曲线方程。

(4) 基于钢桥面铺装坑槽特征提取出了四类复合结构试件，修复评价试验表明，采用环氧沥青砂浆修复后的铺装结构仍具有良好的水稳定性、强度特性以及疲劳性能。根据试验得出的疲劳方程可对各类复合结构的疲劳寿命进行预估。

第4章　环氧沥青混合料

环氧沥青混合料的性能特征有别于普通沥青混合料或普通改性沥青混合料，固化后的环氧沥青混合料具有极高的强度与温度稳定性，常规的评价指标并不完全适用于环氧沥青混合料。为全面评价环氧沥青混合料性能，作者所在课题组依据《公路工程沥青及沥青混合料试验规程》(JTG E20—2011)、《公路沥青路面设计规范》(JTG D50—2017)和美国ASTM等国内外规程，结合多年的环氧沥青混合料研究、设计与施工经验[1]，制定了环氧沥青混合料的力学强度与路用性能指标。本章首先通过对环氧沥青混合料、改性沥青AC混合料和改性沥青SMA混合料性能对比分析，详细介绍环氧沥青混合料路用性能的优缺点；然后开展环氧沥青混合料的材料属性研究，通过试验技术测定静、动态材料力学特征；最后对环氧沥青混合料的疲劳特性进行详细介绍。

4.1　环氧沥青混合料的材料组成设计

环氧沥青混合料的级配类型属于悬浮密实型，其最佳沥青用量采用马歇尔试验方法进行确定。环氧沥青混合料的矿料级配首先需要满足《公路沥青路面施工技术规范》(JTG F40—2004)对于高速公路用沥青混合料的所有要求，同时满足洛杉矶磨耗值、针片状含量以及矿料密度等关键指标的标准要求。

4.1.1　环氧沥青混合料配合比设计

1) 级配设计

环氧沥青混合料的矿质集料采用坚硬、耐磨的矿料，表面100%为破碎面，配合比设计中采用最大公称粒径为10mm左右的较细级配(EA-10)，典型级配如表3-4所示。

2) 最佳油石比

环氧沥青混合料的最佳沥青用量采用马歇尔试验确定，采用油石比为6.0%～7.2%，以0.3%的增量递增，拌制五种不同油石比的环氧沥青混合料。制备试件时温拌环氧沥青混合料的拌合温度为110～130℃(热拌环氧沥青混合料的拌合温度为170～190℃)，并在此温度条件下容留30min，采用马歇尔击实仪双面击实75次后，放入120℃烘箱中固化养生不短于5h(热拌环氧沥青混合料为放入60℃烘箱中固化养生不少于4天)，待其冷却后测定其物理指标及马歇尔稳定度、流值。

根据《公路沥青路面施工技术规范》(JTG F40—2004)中的最佳沥青用量确定方法，确定环氧沥青混合料的最佳油石比为6.6%。

4.1.2 马歇尔稳定度

作为传统的混合料试验设计方法，马歇尔试验不仅用于确定环氧沥青混合料的最佳油石比，也是环氧沥青混合料的强度性能指标之一。研究采用《公路工程沥青及沥青混合料试验规程》(JTG E20—2011)中规定的“沥青混合料马歇尔稳定度试验”(T 0709—2011)对环氧沥青混合料稳定度进行测试，如图4-1所示，但需要注意测试需采用100kN的大量程设备。表4-1给出了一组试验的测试数据以供参考，每组4个试件，取平均值进行分析。为对比分析，表中同时列出温拌环氧沥青混合料、热拌环氧沥青混合料、改性沥青AC-13混合料和改性沥青SMA-13混合料的马歇尔试验结果。

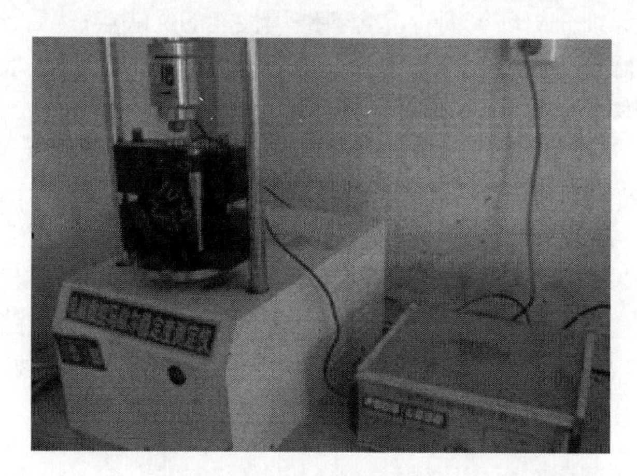

图4-1　环氧沥青混合料马歇尔稳定度试验加载图

表4-1　不同类型沥青混合料马歇尔稳定度对比表

沥青混合料类型	密度/(g/cm³)	孔隙率/%	稳定度/kN	流值/(0.1mm)
温拌环氧沥青混合料	2.57	2.6	63.7	34.2
热拌环氧沥青混合料	2.56	2.3	69.0	31.0
改性沥青AC-13混合料	2.55	4.6	8.8	31.5
改性沥青SMA-13混合料	2.50	3.5	7.9	36.1

由表4-1中的试验数据可以发现，温拌与热拌环氧沥青混合料的马歇尔稳定度均在60kN以上，远高于改性沥青AC-13混合料和改性沥青SMA-13混合料。其中，热拌环氧沥青混合料的马歇尔稳定度最高，达到69.0kN左右，相较于温拌

环氧沥青混合料的马歇尔稳定度有略微增加，但总体而言，两者均表现出极高的强度性能，能够有效地保证路面结构承受超重荷载的作用。

4.1.3　劈裂抗拉强度

沥青混合料的劈裂抗拉强度是温度和加载速率的函数，随着温度的下降和加载速率的增大而提高。环氧沥青混合料的劈裂抗拉强度按照《公路工程沥青及沥青混合料试验规程》(JTG E20—2011)中“沥青混合料劈裂试验”(T 0716—2011)试验方法进行测试，试验温度采用试验规程推荐的(15±0.5)℃，试验的加载速率为50mm/min。试验仪器为具有位移传感器的自动马歇尔仪，且配置有测定荷载和试件形变的记录装置，试验中施加垂直方向的压力，并通过传感器测定水平方向形变，如图 4-2 所示。不同类型沥青混合料的试验结果如表 4-2 所示。

图 4-2　环氧沥青混合料劈裂试验加载图

表 4-2　不同类型沥青混合料劈裂试验结果对比

沥青混合料类型	劈裂抗拉强度/MPa	最大荷载时水平形变/mm	破坏劲度模量/MPa
温拌环氧沥青混合料	6.01	0.56	1113.6
热拌环氧沥青混合料	5.12	0.44	1054.8
改性沥青 AC-13 混合料	1.62	0.34	494.9
改性沥青 SMA-13 混合料	1.21	0.23	500.4

分析表 4-2 中数据可知，两类环氧沥青混合料的劈裂抗拉强度明显高于改性沥青 AC-13 混合料和改性沥青 SMA-13 混合料，并且最大荷载时水平形变和破坏劲度模量也明显大于改性沥青 AC-13 混合料和改性沥青 SMA-13 混合料。与热拌环氧沥青混合料相比，温拌环氧沥青混合料的劈裂抗拉强度和最大荷载时水平

形变分别提高17.4%和27.3%。说明与热拌环氧沥青混合料相比，温拌环氧沥青混合料在具有更高劈裂抗拉强度的同时也具有较好的变形能力。

4.1.4　抗弯拉强度

环氧沥青混合料弯曲强度试验按照《公路工程沥青及沥青混合料试验规程》(JTG E20—2011)中规定的“沥青混合料弯曲试验”(T 0715—2011)进行。试件采用轮碾法成型，并切割成棱柱体小梁试件，试件长(250±2.0)mm，宽(30±2.0)mm，高(35±2.0)mm，跨径(200±0.5)mm。试验温度(15±0.5)℃，加载速率50mm/min，如图4-3所示。相关的试验结果列于表4-3。

图4-3　环氧沥青混合料小梁弯曲试验加载图

表4-3　不同类型沥青混合料弯曲试验结果((15±0.5)℃)

沥青混合料类型	抗弯拉强度/MPa	最大弯拉应变/($\times10^{-3}$)	弯拉劲度模量/MPa
温拌环氧沥青混合料	16.44	6.37	2585
热拌环氧沥青混合料	18.66	6.94	2713
改性沥青AC-13混合料	5.95	10.56	492
改性沥青SMA-13混合料	4.73	13.25	418

分析表4-3数据可知，与普通改性沥青混合料相比，环氧沥青混合料的抗弯拉强度要明显高出很多，最大弯拉应变要低于改性沥青AC-13混合料和改性沥青SMA-13混合料。热拌环氧沥青混合料的抗弯拉强度与最大弯拉应变均略大于温拌环氧沥青混合料。可见，与其他铺装材料相比，环氧沥青混合料拥有很好的抗弯拉强度。

4.1.5　抗压强度

单轴压缩试验可以用来检测或验算沥青混合料的抗压强度、评价沥青混合料的抗压性能。环氧沥青混合料抗压强度试验采用《公路工程沥青及沥青混合料试验规程》(JTG E20—2011)中规定的"沥青混合料单轴压缩试验(圆柱体法)"(T 0713—2000)进行,试验采用直径(100±2.0)mm、高(100±2.0)mm 的圆柱体试件,试验温度(15±0.5)℃,加载速率 2mm/min,如图 4-4 所示,试验结果如表 4-4 所示。

图 4-4　环氧沥青混合料单轴压缩试验加载图

表 4-4　不同类型沥青混合料抗压强度试验结果表((15±0.5)℃)

沥青混合料类型	最大破坏荷载/kN	抗压强度/MPa
温拌环氧沥青混合料	308.8	40.1
热拌环氧沥青混合料	336.4	46.5
改性沥青 AC-13 混合料	70.3	6.5
改性沥青 SMA-13 混合料	86.7	7.1

由表 4-4 可知,环氧沥青混合料具有十分优异的抗压强度,远高于改性沥青 AC-13 混合料与改性沥青 SMA-13 混合料。相对而言,热拌环氧沥青混合料的抗压强度性能略优于温拌环氧沥青混合料。

4.2　环氧沥青混合料路用性能研究

1.3 节已经提到,环氧沥青混合料可用于承受重载的路面及钢桥面铺装等受力环境严峻的工程结构,因此其必须具备优良的路用性能。本章主要评价环氧沥青混合料的温度稳定性、水稳定性及耐腐蚀性能,并与普通改性沥青混合料的相关性能指标进行对比,通过试验测试与分析说明环氧沥青混合料的路用性能优势[30,71]。

4.2.1　高温稳定性能

高温季节道路结构的温度可以达到60℃以上，钢桥面铺装层的最高温度甚至可达70℃以上，因此对沥青混合料的高温稳定性提出了很高的要求。采用《公路工程沥青及沥青混合料试验规程》(JTG E20—2011)中规定的“沥青混合料车辙试验”(T 0719—2011)对环氧沥青混合料的高温稳定性能进行研究，如图4-5所示。试验试件同样采用轮碾法成型，尺寸为长300mm、宽300mm、厚50mm，并确保环氧沥青混合料试件完全固化。试验中施加的轮压为(0.7±0.05)MPa。试验温度为(60±2)℃，并且考虑到钢桥面铺装环境状况，增加环氧沥青混合料在(70±2)℃温度条件下车辙试验，试验结果如表4-5所示。

图4-5　环氧沥青混合料车辙试验加载图

表4-5　不同类型沥青混合料60℃及70℃车辙试验结果

沥青混合料类型	60℃动稳定度/(次/mm)	70℃动稳定度/(次/mm)
温拌环氧沥青混合料	18373	17685
热拌环氧沥青混合料	19523	17531
改性沥青AC-13混合料	3233	—
改性沥青SMA-13混合料	4152	—

表4-5表明，60℃和70℃温度条件下环氧沥青混合料动稳定度均大于17000次/mm，且两者差异较小，远高于技术要求的3000次/mm，表明环氧沥青混合料在高温条件下形变量十分微小，具有优异的高温稳定性能。温拌环氧沥青混合料高温稳定性与热拌环氧沥青混合料相差无几，均远高于改性沥青AC-13混合料和改性沥青SMA-13混合料。

4.2.2　低温稳定性能

实际工程经验表明，裂缝是环氧沥青混合料铺装最常见的病害类型，因此对环氧沥青混合料低温稳定性的评价对其工程性能尤为重要。环氧沥青混合料的低温稳定性能可采用《公路工程沥青及沥青混合料试验规程》(JTG E20—2011)中规定的"沥青混合料弯曲试验"(T 0715—2011)进行评价。试件采用轮碾法成型,并切割为棱柱体小梁试件,试件长(250±2.0)mm,宽(30±2.0)mm,高(35±2.0)mm,跨径(200±0.5)mm。试验温度为(−15±0.5)℃,加载速率 50mm/min。低温弯曲试验结果如表 4-6 所示。

表 4-6　不同类型沥青混合料−15℃小梁弯曲试验结果

沥青混合料类型	抗弯拉强度/MPa	最大弯拉应变/($\times10^{-3}$)	弯拉劲度模量/MPa
温拌环氧沥青混合料	25.3	2.16	11630
热拌环氧沥青混合料	20.4	1.57	13367
改性沥青 AC-13 混合料	8.9	0.83	10705
改性沥青 SMA-13 混合料	7.5	0.74	10172

分析表 4-6 中试验数据可知,与改性沥青 AC-13 混合料和改性沥青 SMA-13 混合料相比,温拌与热拌环氧沥青混合料均具有极高的抗弯拉强度和较好的低温形变能力。与 15℃时沥青混合料弯曲试验结果(表 4-3)对比可以看出,温度降低至−15℃时,改性沥青 AC-13 混合料与改性沥青 SMA-13 混合料的最大弯拉应变降低两个数量级,减小明显;环氧沥青混合料的破坏应变也有所降低,但与常温时相比仍然处于同一数量级。低温条件下热拌环氧沥青混合料的抗弯拉强度与最大弯拉应变均低于温拌环氧沥青混合料。

4.2.3　水稳定性能

沥青混合料的水稳定性能,是指混合料抵抗受水侵蚀逐渐产生沥青膜剥离、掉粒、松散、坑槽而破坏的能力。对用于钢桥面铺装的沥青混合料,防水性能要求更高,以防止水分渗入,影响钢板和黏结层之间的黏结性能。采用《公路工程沥青及沥青混合料试验规程》(JTG E20—2011)中规定的"沥青混合料马歇尔稳定度试验"(T 0709—2011)和"沥青混合料冻融劈裂试验"(T 0729—2000)评价环氧沥青混合料的水稳定性能。

1) 浸水马歇尔试验

浸水马歇尔试验方法除规定试件在恒温水槽中的保温时间为 48h 和 96h 外,其余均与标准马歇尔试验方法相同。计算浸泡 48h 和 96h 后试件的马歇尔稳定度与标准试件的马歇尔稳定度的比值,得到浸水马歇尔试验残留稳定度,试验结果如表 4-7 所示。

表 4-7　不同沥青混合料浸水马歇尔试验结果

沥青混合料类型	浸泡 48h 残留稳定度/%	浸泡 96h 残留稳定度/%
温拌环氧沥青混合料	91.1	90.7
热拌环氧沥青混合料	90.2	89.2
改性沥青 AC-13 混合料	87.9	—
改性沥青 SMA-13 混合料	86.6	—

分析表 4-7 的试验结果可以得出，温拌环氧沥青混合料在浸水 48h、96h 后的残留稳定度相对热拌环氧沥青混合料略微提高，随着浸泡时间延长，环氧沥青混合料的残留稳定度仅小幅下降，表明其具有优良的水稳定性能。通过与普通改性沥青混合料的对比可见，两者的残留稳定度均高于改性沥青 AC-13 混合料与改性沥青 SMA-13 混合料。

2）冻融劈裂试验

冻融劈裂试验中采用的试件为马歇尔试件，环氧沥青混合料试件也均为完全固化后的试件。冻融循环过程包括真空饱水、低温冻融和高温水浴三个过程，用以模拟冬季沥青混合料铺装的实际工作状况。冻融劈裂试验时，试件先在 25℃下浸水 20min，接着以 0.09MPa 浸水抽真空 15min，随后在 −18℃低温箱中放置 16h，60℃水浴中恒温 24h，再在 25℃水中浸泡 2h 后进行劈裂试验，测试劈裂抗拉强度。通过计算经冻融循环的试件劈裂抗拉强度与未经冻融循环的试件劈裂抗拉强度的比值，得到冻融劈裂抗拉强度比（TSR），以评价沥青混合料的抗水损坏能力。环氧沥青混合料、改性沥青 AC-13 混合料和改性沥青 SMA-13 混合料冻融劈裂试验结果如表 4-8 所示。

表 4-8　不同类型沥青混合料冻融劈裂试验结果

沥青混合料类型	未冻融劈裂抗拉强度/MPa	冻融劈裂抗拉强度/MPa	TSR/%
温拌环氧沥青混合料	6.01	5.45	90.7
热拌环氧沥青混合料	5.12	4.57	89.3
改性沥青 AC-13 混合料	1.62	1.43	88.3
改性沥青 SMA-13 混合料	1.21	1.01	83.8

分析表 4-8 数据可知，环氧沥青混合料具有优异的冻融劈裂抗拉强度，且冻融劈裂抗拉强度比也高于改性沥青 AC-13 混合料与改性沥青 SMA-13 混合料，这一方面是由于环氧沥青混合料自身具有较好的强度，另一方面由于其孔隙率较小，能有效减少水分的进入。温拌环氧沥青混合料与热拌环氧沥青混合料的试验数值差异较小，表明两者均具备较为优秀的水稳定性能。

4.2.4　耐燃油腐蚀稳定性

车辆在行驶过程中滴落在沥青路面上的燃油会腐蚀沥青路面，使沥青混合料失去黏结力而松散。这种破坏如果发生在桥面上,会影响铺装的使用寿命。例如,国内某桥面铺装出现早期破坏的原因之一就是在施工过程中缆索和车辆在铺装表面留下了较多油污。为研究燃油对环氧沥青混合料的影响,对环氧沥青混合料的耐燃油腐蚀稳定性进行试验研究。由于现行的试验规范中缺乏该方面的具体方法,本研究根据国内外沥青混合料试验规程,结合钢桥面铺装混合料设计经验,设计环氧沥青混合料耐燃油腐蚀稳定性试验。试验方法为:将标准马歇尔试件称重后放入柴油中浸泡48h,油分完全浸没试件,浸泡温度为室温(23±2)℃。浸泡期满后取出试件在室内沥干48h,除去表面松散物质,再次称重并观察试件外观状态。按照《公路工程沥青及沥青混合料试验规程》(JTG E20—2011)中规定的"沥青混合料马歇尔稳定度试验"(T 0709—2011)检测浸泡后试件的残留稳定度。通过浸泡前后的质量损失和残留稳定度来反映混合料的耐油腐蚀稳定性。对温拌与热拌环氧混合料的耐燃油腐蚀性能进行测试,试验结果列于表4-9。

表4-9 不同环氧沥青混合料耐燃油腐蚀稳定性试验结果

沥青混合料类型	试样编号	浸泡48h后质量损失/%	浸泡48h残留稳定度/%
温拌环氧沥青混合料	1	0.04	99.0
	2	0.06	94.6
	3	−0.02	96.3
	平均值	0.03	96.6
热拌环氧沥青混合料	1	0.05	97.1
	2	−0.03	99.3
	3	0.02	94.8
	平均值	0.01	97.1

分析表4-9中试验结果可知,两种环氧沥青混合料试件在柴油中浸泡48h后质量没有明显减小,甚至有两个数据还出现了负值,说明浸泡后质量还略有增加。这主要是由于环氧沥青混合料试件基本未受腐蚀,而渗入试件内部的柴油经48h沥干过程还未完全沥除。在柴油中浸泡48h后的两种环氧沥青混合料试件的残留稳定度大多在95%以上。试验结果说明,环氧沥青混合料具有非常好的耐燃油腐蚀稳定性,并且温拌环氧沥青混合料与热拌环氧沥青混合料在耐燃油腐蚀稳定性方面无明显差异。

4.3 环氧沥青混合料静态力学参数

环氧沥青混合料的材料参数是进行结构力学分析与计算的重要参数,材料的各种力学性能是构成结构整体性能的根本,结构的设计归根结底要归结到材料的设计。材料模量表征材料刚度特性的指标，常用的压缩、劈裂、弯拉试验都可作为测定材料模量和强度的方法。设计方法中采用何种模量值，应考虑下列因素[72]：

(1) 测试方法简便，测试结果比较稳定。

(2) 测得的模量和强度能较好地反映各种铺面材料的真实力学性能。

(3) 模量和强度运用于厚度计算时，能使材料设计参数与设计方法相匹配，计算厚度与实际使用经验相吻合。

静态模量是指在加载速率比较慢，相当于静态条件的情况下，根据材料所受应力和产生的相应应变计算模量，即弹性力学中的杨氏弹性模量。相应的计算公式为

$$E_S = \sigma / \varepsilon \tag{4-1}$$

本节以温拌环氧沥青混合料为例，简述环氧沥青混合料的静态抗压回弹模量、弯拉劲度模量和劈裂劲度模量。抗压回弹模量是我国沥青混合料路面的主要设计参数，在采用路表弯沉值作为设计或验算指标时，设计参数采用 20℃时所测定的抗压回弹模量。此外，无论路面还是桥面铺装结构设计，层底弯拉应力都是一个重要的控制指标，弯拉劲度模量和劈裂劲度模量则分别采用不同的试验方法对沥青混合料的抗折性能和拉伸性能进行评价[73-75]。

4.3.1 环氧沥青混合料抗压回弹模量

环氧沥青混合料的抗压回弹模量试验按照《公路工程沥青及沥青混合料试验规程》(JTG E20—2011)中的“沥青混合料单轴压缩试验(圆柱体法)”(T 0713—2000)的要求进行。采用旋转压实仪成型马歇尔试件，再钻芯、切割成直径100mm、高 100mm 的圆柱体试件，如图 4-6 所示。试验采用万能材料试验机，加载速率2mm/min，分别测定了 15℃和 20℃的抗压回弹模量，如图 4-7 所示。

图 4-6 抗压回弹模量试件

图 4-7 抗压回弹模量测试系统

试验测得的不同温度下环氧沥青混合料的抗压强度和抗压回弹模量如表 4-10 所示。

表 4-10　环氧沥青混合料抗压强度和抗压回弹模量试验结果

试验温度/℃	试件编号	抗压强度/MPa	抗压回弹模量/MPa
15	15-1	42.29	1013.40
	15-2	45.36	1184.19
	15-3	44.88	1536.99
	平均值	44.18	1244.86
	标准差 S	1.65	267.01
20	20-1	39.97	1230.35
	20-2	38.54	752.89
	20-3	44.66	947.35
	平均值	41.06	976.86
	标准差 S	3.20	240.10

采用 30＃、70＃和 SBS 改性沥青为结合料的普通沥青混合料，20℃时的抗压强度平均值分别为 9.423MPa、8.246MPa 和 9.035MPa。通过比较可看出，环氧沥青混合料的抗压强度远大于普通沥青混合料的抗压强度，其数值约为普通沥青混合料抗压强度的 4 倍。

按照《公路工程沥青及沥青混合料试验规程》(JTG E20—2011)中的规定，抗压回弹模量的测定值与平均值之差的绝对值应小于标准差的 k 倍。表 4-10 中 15℃和 20℃的 k 倍标准差分别为 307.06MPa 和 276.11MPa，对比表中数据可知抗压回弹模量的测定符合要求。此外，由表 4-10 中不同温度下环氧沥青混合料抗压回弹模量的测试结果可以看出，与普通沥青混合料相同，环氧沥青混合料抗压回弹模量的数值也随温度的升高而降低。

4.3.2　环氧沥青混合料弯拉劲度模量

前述章节中提到采用环氧沥青混合料小梁的弯曲试验来评价沥青混合料抗弯拉强度特性和弹性性能，同样采用该方法也能得到环氧沥青混合料的弯拉劲度模量。试验按照《公路工程沥青及沥青混合料试验规程》(JTG E20—2011)中“沥青混合料弯曲试验”(T 0715—2011)的方法进行。试验中所用的试件采用轮碾法成型，并锯制成 250mm×30mm×35mm 的小梁，试验仪器采用 UTM 材料试验机，试验温度选取－10℃与 15℃，采用三点弯曲的方式以 50mm/min 加载速率在跨径中央施以集中荷载，直至试件破坏，如图 4-8 所示。

环氧沥青混合料及其他类型沥青混合料的小梁三点弯曲试验结果列于表 4-11 中。

图 4-8 小梁三点弯曲试验系统

表 4-11 −10℃和 15℃下不同类型沥青混合料小梁三点弯曲试验结果

温度/℃	材料	抗弯拉强度/MPa	最大弯拉应变	弯拉劲度模量/MPa
−10	环氧沥青混合料	28.25	4.39×10^{-3}	6430
15	环氧沥青混合料	12.85	1.82×10^{-2}	708
	改性沥青 AC-13 混合料	4.24	2.16×10^{-2}	196
	改性沥青 SMA-13 混合料	5.23	1.96×10^{-2}	267

表 4-11 给出了环氧沥青混合料在−10℃与 15℃条件下的三点弯曲试验结果，同时给出了 15℃时改性沥青 AC-13 混合料与改性沥青 SMA-13 混合料的测试结果。由表 4-11 可知，环氧沥青混合料的抗弯拉强度远高于改性沥青 AC-13 混合料和改性沥青 SMA-13 混合料，但破坏时的形变小于这两种材料，说明环氧沥青混合料具有高强度低变形的性能。

近年来试验研究表明，在跨中位置进行单点加载并采用挠度法反算的测量误差较小，因此《公路工程沥青及沥青混合料试验规程》(JTG E20—2011)采用该方法测定结构的形变及反算弯拉劲度模量。在结构弯拉性能的测试方法中，四点弯曲试验也是常用的技术之一，本节设计了小梁四点弯曲试验，试件同样采用轮碾法成型，并锯制成 400mm×65mm×50mm 的小梁，如图 4-9 所示。试验仪器采用带有荷载和位移传感器的万能材料试验机，如图 4-10 所示，与试验规程相同，采用挠度法测定形变反算弯拉劲度模量，其加载示意图如图 4-11 所示。

按照双点加载法进行小梁四点弯曲试验时，抗弯拉强度和最大弯拉应变分别按照式(4-2)与式(4-3)进行计算：

$$R_{\mathrm{B}}=\frac{3L_{\mathrm{b}}P_{\mathrm{B}}}{bh^{2}} \tag{4-2}$$

$$\varepsilon_{\mathrm{B}}=\frac{3hdL_{\mathrm{b}}}{L_{\mathrm{a}}^{2}(3L-4L_{\mathrm{a}})} \tag{4-3}$$

图 4-9　四点弯曲小梁试件

图 4-10　小梁四点弯曲试验系统

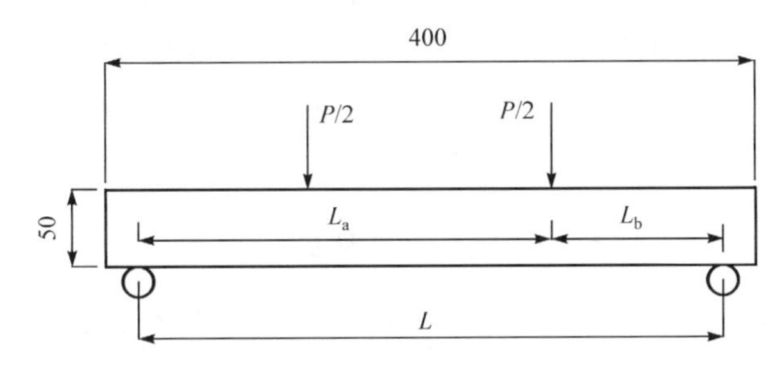

图 4-11　小梁四点弯曲试验加载示意图(尺寸单位:mm)

式中,L_a 与 L_b 分别为荷载作用点到支承点的距离,如图 4-11 所示;变量 h 为试件高度;b 为试件厚度;d 为试件破坏时的跨中挠度。

弯拉劲度模量的计算按照式(4-4)进行计算,即

$$S_B=\frac{R_B}{\varepsilon_B} \tag{4-4}$$

按照以上公式可以计算所对应的环氧沥青混合料小梁的抗弯拉强度、最大弯拉应变和弯拉劲度模量,表 4-12 为一组环氧沥青混合料小梁四点弯曲试验的结果。

表 4-12　环氧沥青混合料小梁四点弯曲试验结果

温度/℃	试件编号	抗弯拉强度/MPa	最大弯拉应变	弯拉劲度模量/MPa
−10	1	26.62	3.28×10^{-3}	8111.16
	2	28.40	4.04×10^{-3}	7035.18
	3	25.31	2.93×10^{-3}	8624.17
	平均值	26.78	3.42×10^{-3}	7923.50

续表

温度/℃	试件编号	抗弯拉强度/MPa	最大弯拉应变	弯拉劲度模量/MPa
15	1	16.95	2.39×10^{-2}	709.94
	2	18.20	2.54×10^{-2}	718.00
	3	18.21	2.12×10^{-2}	859.52
	平均值	17.79	2.35×10^{-2}	762.49

从表4-12中数据可以看出,与表4-11中三点弯曲小梁试件的试验结果相比,四点弯曲小梁试件的弯拉劲度模量偏高,15℃时四点弯曲试验的弯拉劲度模量较三点弯曲试验结果高约7%,但15℃时由四点弯曲试验的三个试件测得的弯拉劲度模量的最大值约比最小值高17%,由此可见在考虑试验各种误差的情况下,不同加载方式所引起的弯曲试验结果偏差可以忽略。不同温度下小梁弯曲试验结果表明,与普通沥青混合料相同,在−10~15℃,环氧沥青混合料弯拉劲度模量随温度升高而降低。

4.3.3 环氧沥青混合料劈裂劲度模量试验研究

为了解环氧沥青混合料不同工作条件下的间接拉伸性能,本节分别进行了15℃、0℃和−15℃条件下的劈裂试验。根据《公路工程沥青及沥青混合料试验规程》(JTG E20—2011)中的规定,采用标准的马歇尔试件,试件为直径(101.6±0.25)mm、高(63.5±1.03)mm的圆柱体。试验温度15℃时的加载速率为50mm/min,0℃和−15℃的加载速率为1mm/min。试验仪器为具有位移传感器的自动马歇尔仪,且配置有荷载和试件形变的测定记录装置。试验中压力施加为垂直方向,并通过传感器测定水平方向形变。试验结果如表4-13所示。

表4-13 环氧沥青混合料劈裂试验结果

试验温度/℃	试件编号	最大荷载时水平形变/mm	最大荷载/kN	孔隙率/%	劈裂抗拉强度/MPa	破坏劲度模量/MPa
15	1	0.51	73.5	2.63	7.28	1293.65
	2	0.59	78.3	2.58	7.75	1191.27
	3	0.55	75.6	2.67	7.48	1233.84
	平均值	0.55	75.8	2.63	7.50	1239.59
0	1	0.28	98.3	2.53	9.73	2874.92
	2	0.32	100.2	2.61	9.92	2564.17
	3	0.26	97.4	2.63	9.64	3067.72
	平均值	0.29	98.5	2.59	9.77	2835.60

续表

试验温度/℃	试件编号	最大荷载时水平形变/mm	最大荷载/kN	孔隙率/%	劈裂抗拉强度/MPa	破坏劲度模量/MPa
−15	1	0.31	143.3	2.56	14.19	3785.42
	2	0.25	140.2	2.66	13.88	4592.38
	3	0.28	141.6	2.61	14.02	4141.28
	平均值	0.28	141.7	2.61	14.03	4173.03

从表4-13中的数据可以看出，与环氧沥青混合料的其他静态模量相同，在−15～15℃温度范围内，环氧沥青混合料的劈裂破坏劲度模量也随着温度的升高而降低。

4.4　环氧沥青混合料动态模量

长期以来，我国沥青路面设计中一直采用静态试验方法测定沥青混合料的模量参数。然而，静态模量与路面材料的实际使用状态存在明显的偏差。因此，近年来国内外学者对沥青混合料模量的研究逐渐由静态转到了动态。本节以温拌环氧沥青为例，通过小梁四点弯曲试验介绍环氧沥青混合料动态模量的测试过程与结果，根据时间-温度等效原理与基因遗传算法对试验结果进行拟合，推导环氧沥青混合料的动态模量主曲线。

4.4.1　试件成型及选取

基于四点弯曲试验的环氧沥青混合料动态模量测试试件尺寸为380mm×63mm×50mm，试件成型及选取过程如下。

1）钢轮碾压压实

四点弯曲试验试件可采用轮碾仪或小型钢轮压路机在成型钢模中进行碾压成型。采用钢轮碾压法成型试件需要保证试件的孔隙率，在试件碾压前，按照试件的目标孔隙率（环氧沥青混合料的目标孔隙率定为2%），按式(4-5)计算得出成型所需的松散混合料的质量。

$$M=\rho_t V(1-\mathrm{AV}')+L \tag{4-5}$$

式中，M为碾压所需的松散混合料质量；ρ_t为环氧沥青混合料最大理论密度；AV'为试件目标孔隙率；L为碾压过程混合料损失量，一般取0.11kg。

根据上述规定的模具尺寸、混合料目标孔隙率和计算公式，称取相应质量的环氧沥青混合料放入121℃烘箱保温30min后，放入相应的模具中碾压50次且保证碾压结束时试件表面温度不低于65℃。

2）试件固化与切割

待上述碾压完成后的试件表面温度稳定至外界环境温度后，环氧沥青混合料试件在121℃温度条件下固化4h，并冷却至环境温度将试件板切割成试验所用标准小梁试件，如图4-12所示。

图4-12 切割成型后的小梁试件

3）试件选取

为避免试件尺寸和孔隙率差异对环氧沥青混合料动态频率扫描试验结果的影响，应对小梁试件的尺寸和孔隙率进行量测，选出尺寸合理、孔隙率符合要求的小梁试件进行动态频率扫描试验。标准小梁试件尺寸为380mm×63mm×50mm（长×宽×高），其允许的误差范围为：长度方向±6mm，宽度方向±2mm。根据环氧沥青混合料的级配设计要求，孔隙率均控制在2%以内。

4.4.2 动态频率扫描试验原理及参数

1）试验设备及原理

动态频率扫描试验所采用的四点小梁弯曲试验机包含加载系统、温度控制系统、气浴系统和操作面板等部分，具备成套的封闭伺服控制系统与数据自动采集系统，如图4-13所示。通过试验过程中采集的加载力、控制点位移和温度换算得出所需的劲度模量、相位角与加载次数的关系曲线。

动态频率扫描试验采用的是图4-14所示的小梁中心点位移控制方式，其中小梁试件中心点加载位移为半正弦波形，如式(4-6)所示：

$$d=d_a \cdot \frac{1}{2}[\sin(2\pi ft)+1] \tag{4-6}$$

式中，d_a为竖向位移的振幅，向下方向为正值；f为加载频率，Hz；t为时间。

当试验加载开始稳定后，加载力呈正弦波变化，且与位移波形间存在相位角δ，其公式如下所示：

$$P=P_a\sin(2\pi ft+\delta) \tag{4-7}$$

依据Euler-Bernoulli梁理论，小梁试件的最大拉应力和应变公式为

图 4-13　动态频率扫描试验设备

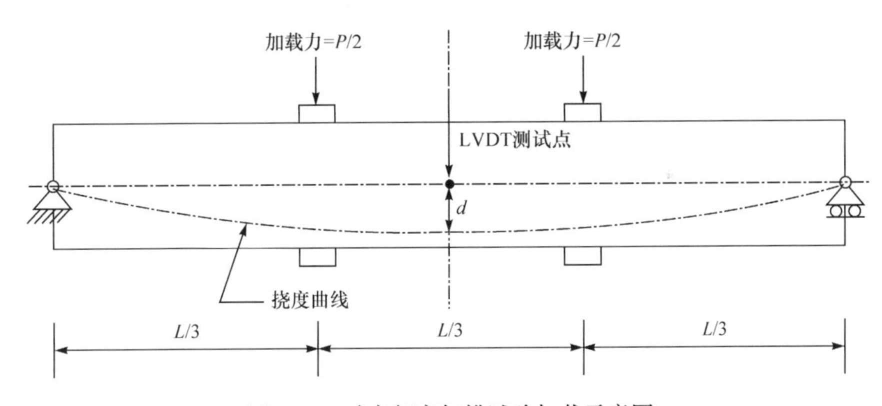

图 4-14　动态频率扫描试验加载示意图

$$\sigma_a = \frac{3a}{bh^2} P_a \tag{4-8}$$

$$\varepsilon_a = \frac{12h}{3L^2 - 4a^2} d_a \tag{4-9}$$

式中，b 为小梁试件的宽度；h 为小梁试件的高度；$a = L/3$ 为荷载加载点到小梁试件固定端的距离。

根据式(4-8)和式(4-9)可以得出环氧沥青混合料的动态模量计算公式为

$$E^{*}=\frac{\sigma_a}{\varepsilon_a} \tag{4-10}$$

2）试验参数

环氧沥青混合料的动态频率扫描试验的加载方式为应变控制，加载应变为100$\mu\varepsilon$，试验温度分别选取10℃、20℃、30℃三组，每组试验加载频率为0.01Hz、0.02Hz、0.05Hz、0.1Hz、0.2Hz、0.5Hz、1Hz、2Hz、5Hz、10Hz和15Hz。

4.4.3 动态模量测试分析

1）动态模量

通过动态频率扫描试验可得到不同温度下环氧沥青混合料的试验结果，图4-15给出了不同温度条件下，环氧沥青混合料动态模量与加载频率间的关系，相同试验条件下进行了两组平行试验。

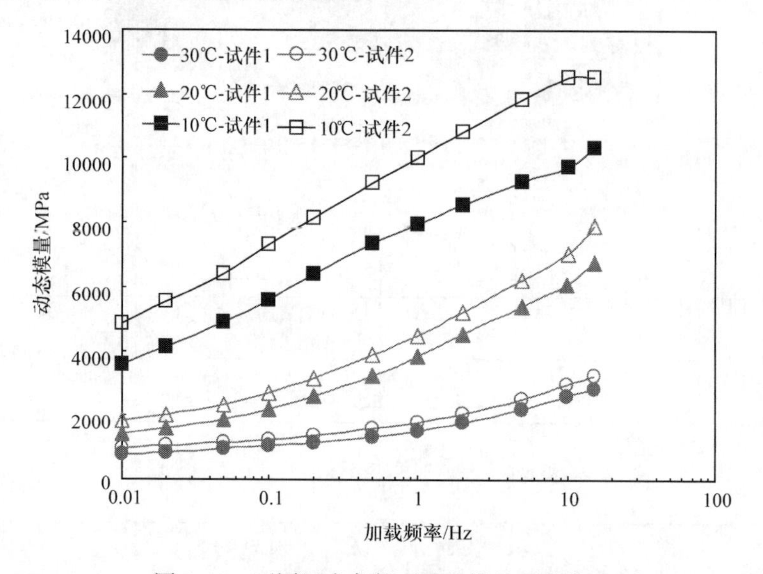

图4-15　不同温度条件下动态模量试验结果

总体而言，环氧沥青混合料的动态模量均随着温度的升高而降低。这主要是因为随着温度的升高，环氧沥青结合料发生软化，黏结能力减弱，导致环氧沥青混合料逐渐由弹性向塑性转变，动态模量降低；在相同温度条件下，环氧沥青混合料的动态模量数值随荷载作用频率的增大而变大。其原因是环氧沥青混合料在荷载作用下，加载时既不会完全瞬时压缩，卸载时也不会完全瞬时回弹，即其应变较小，在力学性质上的表现为具有更大的强度和模量，而且随着加载频率的逐渐增加，对荷载响应的滞后现象更为明显，即加载频率越高，模量越大；随着试验温度的升高，环氧沥青混合料动态模量随荷载作用频率增大的速率变缓。

2）相位角

不同温度条件下，环氧沥青混合料相位角与加载频率间的关系如图 4-16 所示。由图 4-16 可以看出，试验温度为 10℃时，环氧沥青混合料的相位角随加载频率的增大而减小；试验温度为 20℃时，环氧沥青混合料的相位角随加载频率的增大呈现先增大后减小的趋势；试验温度为 30℃时，环氧沥青混合料的相位角随加载频率的增大而增大。其主要原因可以解释为温度较低时，混合料呈现弹性特性，内摩擦阻力大，荷载作用频率越低越能促进高分子链段的运动，相位角越大；温度较高时，环氧沥青混合料呈现黏弹性，内摩擦阻力较小，在高的荷载频率作用下，高分子链段的运动与外力的变化相符，随着频率的降低，滞后现象减弱，相位角减小；温度介于最高温度和最低温度之间时，相位角随着频率的降低先升高后降低。

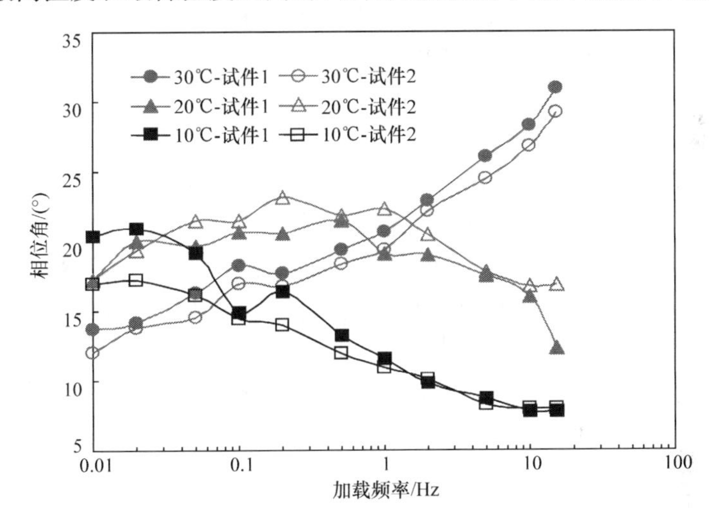

图 4-16　不同温度条件下环氧沥青混合料相位角变化图

4.4.4　环氧沥青混合料动态模量主曲线

弯曲频率扫描试验所得的动态模量主曲线能有效表征荷载作用频率和温度对沥青混合料初始模量的影响。动态模量主曲线数学表达式，即混合料初始模量是荷载作用频率和温度的函数式，可以有效地运用于路面设计中。环氧沥青混合料的性质受温度和荷载作用时间的影响很大。传统沥青材料的黏弹性性能随温度发生变化，常温下没有明显蠕变的材料，在较高温度时会产生显著的形变与流动，即使温度变化不大，也会改变材料的力学性能。对于黏弹性材料，采用时间-温度等效原理把所有的不同加载时间和温度下的沥青混合料的模量，通过平移后形成一条在参考温度下的主曲线。

利用主曲线，可以对黏弹性材料的长期力学性能进行预测，而不必进行长时间的试验。同样，对于该材料在很短荷载作用时间(或很高频率)时的力学性能，由于仪器设备的限制，不可能从试验中得到，但利用主曲线就可以确定[45,76]。主曲线描述了沥青与沥青混合料力学性能的全过程，具有全面性，而且它以黏弹性力学为理论基础。动态模量主曲线可以说明温度和加载频率对沥青混合料的影响，从而全面地反映沥青混合料的力学性能。

1) 基本原理与方法

3.4.3节已经对黏弹性材料的时间-温度等效原理进行了简要说明，本节采用基于基因遗传算法的原理建立环氧沥青混合料的动态模量主曲线。基因遗传算法是一种可以快速地从非最优的、组合优化问题中鉴别出最优解的搜索算法，该方法基于基因科学和自然选择过程原理，一般包括三个过程：最优解的选择—杂交—突变；在试验中使用这个算法，选择合适的杂交和突变参数，不仅可以有效地避免最终结果收敛于局部最优解，而且可以得到不在求解区间内的最优解；应用基因遗传算法处理不同温度下环氧沥青混合料动态模量试验数据，可以得到环氧沥青混合料动态模量主曲线，其运算方法如下：

(1) 定义问题。在进行基因遗传算法分析之前，应该首先定义回归函数形式和参数。基因遗传算法的目标是找到参数的最优解，使得回归函数表达式最逼近目标形式。简而言之，差值平方和最小(最小二乘法)是最好的表现形式。

(2) 生成 N 组基因起始序列(N 为偶数)。在定义问题过程中，最初的 p 个参数($t_1, t_2, t_3, \cdots, t_p$)被挑选作为一组起始基因序列，并确定每个参数的数值取值范围，然后通过均匀分布取值方式对每个参数在特定数值范围内选取此参数数值，组成由 p 个参数数值$\{S_{t1}^{(i)}, S_{t2}^{(i)}, S_{t3}^{(i)}, \cdots, S_{tp}^{(i)}\}$组成的基因组 Λ_i。最后，由 N 个基因组形成的基因组序列$\{\Lambda_1, \Lambda_2, \cdots, \Lambda_N\}$被确定。

$$\text{基因 } 1: \Lambda_1 = \{S_{t1}^{(1)}, S_{t2}^{(1)}, S_{t3}^{(1)}, \cdots, S_{tp}^{(1)}\}$$
$$\text{基因 } 2: \Lambda_2 = \{S_{t1}^{(2)}, S_{t2}^{(2)}, S_{t3}^{(2)}, \cdots, S_{tp}^{(2)}\}$$
$$\cdots$$
$$\text{基因 } N: \Lambda_N = \{S_{t1}^{(N)}, S_{t2}^{(N)}, S_{t3}^{(N)}, \cdots, S_{tp}^{(N)}\}$$

(3) 利用回归函数 $\Pi(\Lambda_i)$对每组基因序列的适合度进行计算，此处回归函数采用最小二乘法函数形式。

(4) 按照计算出的适合度对原基因序列进行等级排序形成新序列：Λ_1^*，Λ_2^*，$\cdots$，Λ_N^*。

(5) 将排序后最靠近的两组序列进行两两配对(因此，步骤(2)中的基因起始序列 N 必须为偶数)，利用线性组合函数产生新的后代序列 Θ_i：

$$\Theta_1 = \Phi^{(1)} \Lambda_1^* + [1 - \Phi^{(1)}] \Lambda_2^*$$
$$\Theta_2 = \Phi^{(2)} \Lambda_1^* + [1 - \Phi^{(2)}] \Lambda_2^*$$
$$\Theta_{N-1} = \Phi^{(N-1)} \Lambda_{N-1}^* + [1 - \Phi^{(N-1)}] \Lambda_N^*$$
$$\Theta_N = \Phi^{(N)} \Lambda_{N-1}^* + [1 - \Phi^{(N)}] \Lambda_N^*$$

式中，$\Phi^{(i)}=A\phi^{(i)}$，$\phi^{(i)}$ 为[0，1]区间中按均匀分布方式选取的一个随机数值，$A=\sqrt{2}$。

(6) 检验取值(约束)范围：$S_{t1}^{-}\leqslant S_{t1}^{(i)}\leqslant S_{t1}^{+}$，…，$S_{tp}^{-}\leqslant S_{tp}^{(i)}\leqslant S_{tp}^{+}$，其中 S_{ti}^{-} 为左约束条件，S_{ti}^{+} 为右约束条件。如果变量值超出约束范围，将其取为相应的约束值。

(7) 弃除排序后底部不良的 M 组基因。

(8) 将余下 $N-M$ 组优良基因序列再加上 M 组新基因序列组成新的基因序列，重复上述步骤进行计算至规定次数后结束。

2) 环氧沥青混合料动态模量曲线的建立

基于上述时间-温度等效原理及基因遗传算法，以 20℃为基准温度，对 10℃和 30℃环氧沥青混合料的动态模量进行移位分析计算。

首先求出每个试验温度下的动态模量平均值，然后在自然对数坐标轴下作出动态模量与加载频率的变化关系图，如图 4-17 所示。通过量测，得出 30℃和 10℃下的动态模量曲线移至 20℃时的初步移位因子分别为 $S_1=5.0$，$S_2=-4.0$，其中以右方向为正。然后采用基因遗传算法对移位因子进行逼近运算得出最佳移位因子。对环氧沥青混合料动态模量试验数据采用最小二乘法定义问题的回归函数为

$$\mathrm{RSS}=\sum(y_i-\hat{y}_i)^2=\min$$

式中，RSS(residual sum of squares)为差值平方和；y_i 为试验测出的动态模量；$\hat{y}_i$ 为拟合出的动态模量。

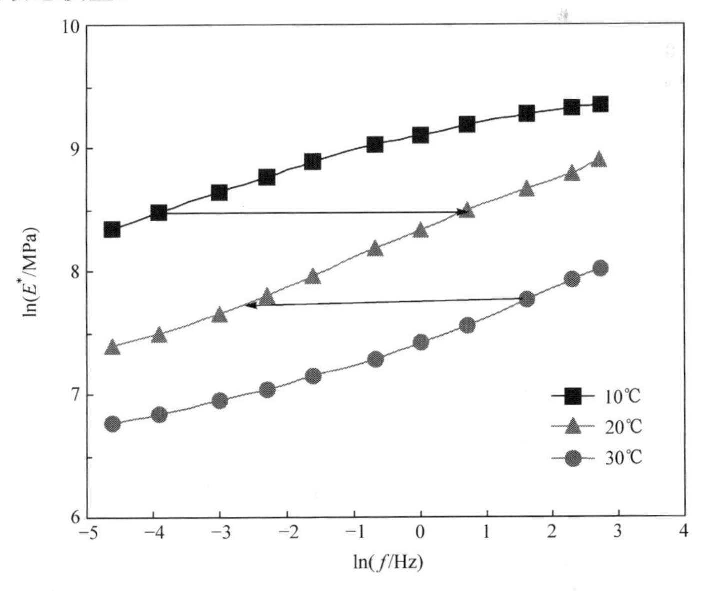

图 4-17 环氧沥青混合料动态模量与加载频率的对数关系图

参数水平移位因子 S_1 和 S_2 的确定如下。

利用自编的算法计算程序，经过 50 次遗传计算(每次遗传计算中产生 100 组基因)，由最优参数序列{5.002256，－3.990583}生成了一条差值平方和为 0.04123616 的拟合曲线，如图 4-18 所示，不同温度之间的移位因子关系如图 4-19 所示。

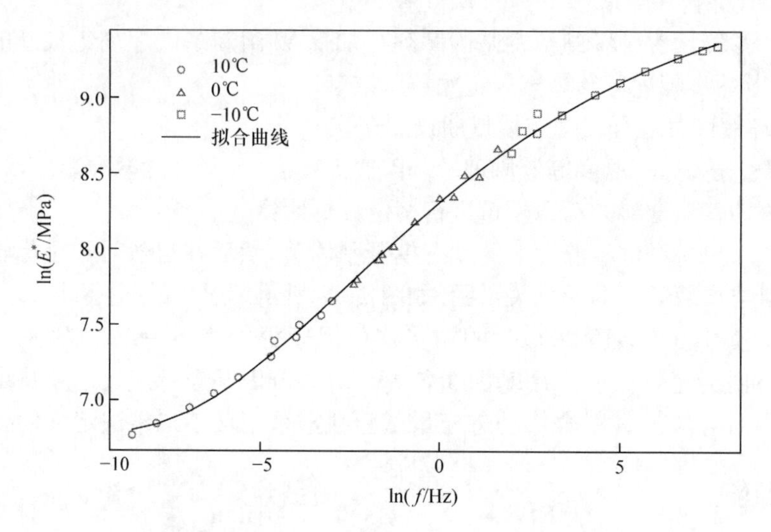

图 4-18　20℃环氧沥青混合料动态模量主曲线

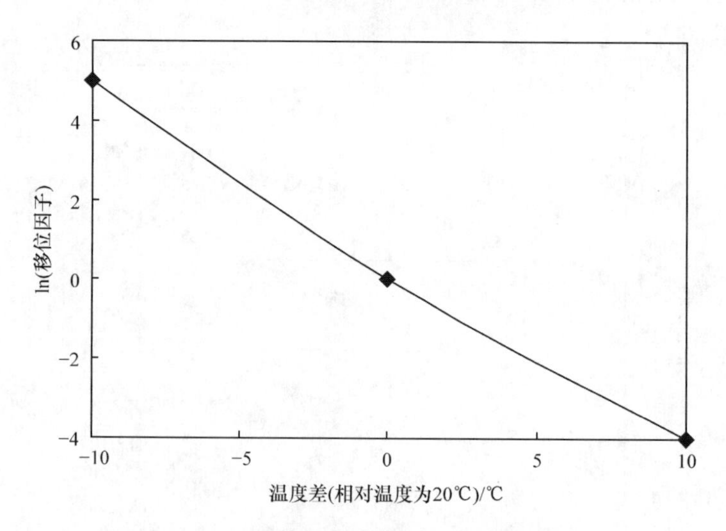

图 4-19　不同温度的移位因子关系图

为便于在路面设计程序和路面结构受力计算中准确快速地输入环氧沥青混合料的动态模量材料参数函数，针对图 4-18 中的拟合曲线，采用 γ 分布函数来进行非线性回归分析，γ 分布函数表达式如式(4-11)所示：

$$y=F(x)=\begin{cases}1-\exp\left(\frac{-x}{\beta}\right)\sum_{m=0}^{n-1}\frac{x^m}{\beta^m m!}, & x\geqslant 0\\ 0, & x<0\end{cases} \tag{4-11}$$

式中，$F(x)$为 γ 分布函数；m 为指标数；n 为形状参数；β 为扩展参数(scale parameter)。

γ 分布函数的 y 数值应在 0～1，且随 x 的渐近增加至 1。

γ 分布函数的上述特点能很好地应用于环氧沥青混合料动态模量的非线性拟合，拟合步骤如下：

(1) 对加载频率和复合模量取自然对数，即 $\ln\omega$ 和 $\ln E^*$。

(2) 为使加载频率和复合模量都从 0 开始，在二维坐标中以最小加载频率及其对应的复合模量为基础点，移动复合模量，即 $\ln\omega^*=\ln\omega-\ln\omega_0$ 和 $\ln(E^*)^*=\ln E^*-\ln E_0^*$。

(3) 按照以下公式进行非线性拟合：

$$\ln E^*=\ln(E^*)^*+\hat{A}\cdot\left[1-\exp\left(\frac{-\ln\omega^*}{\beta}\right)\cdot\sum_{m=0}^{n-1}\frac{(\ln\omega^*)^m}{\beta^m m!}\right]$$

式中，$\hat{A}$ 为振幅。

(4) 得到满意的拟合结果后，回归到原坐标体系，回归公式如下：

$$\ln E^*=\ln E_0^*+\hat{A}\cdot\left[1-\exp\left(\frac{-\ln\omega^*}{\hat{\beta}}\right)\cdot\sum_{m=0}^{n-1}\frac{(\ln\omega^*)^m}{\hat{\beta}^m m!}\right]$$

按照上述拟合步骤，采用统计分析软件进行分析，可以得出环氧沥青混合料三个不同试验温度(10℃、20℃和 30℃)的动态模量移位至 20℃温度条件，其动态模量主曲线方程为

$$\ln E^*=\ln E_0^*+A\times\left(1-\exp\left[\frac{-\ln(\omega x)}{\beta}\right]\times\left\{1+\frac{\ln(\omega x)}{\beta}+\frac{[\ln(\omega x)]^2}{2\beta^2}\right\}\right) \tag{4-12}$$

式中，$\ln E_0^*=6.788$，$A=2.999$，$\beta=3.651$，$\ln(\omega x)=\ln f+9.882$。

根据遗传算法研究计算所得的环氧沥青混合料 10℃和 30℃移位到 20℃的移位因子分别为 $S_1=5.002256$，$S_2=-3.990583$，对移位因子拟合曲线进行回归分析，可以得出不同温度下环氧沥青混合料动态模量对应于 20℃的移位因子表达式为

$$\ln\alpha_T=-19.732\times(1-e^{-\frac{T-20}{44.257}}) \tag{4-13}$$

式中，α_T 为移位因子；T 为试验温度。

4.5 环氧沥青混合料疲劳特性

沥青混合料的疲劳试验应结合具体使用环境进行研究，尽可能地反映出路面结构的实际受力状态。本节进行环氧沥青混合料的疲劳性能试验，试验中以钢桥面铺装结构为研究对象，采用四点弯曲疲劳试验对环氧沥青混合料的小梁试件结构进行测试。本节采用的小梁试件成型方法与4.1节相同，此处不再重复介绍。

4.5.1 疲劳试验准备

环氧沥青混合料的疲劳性能试验采用四点弯曲疲劳试验机，需具备通过数据采集系统对加载力、控制点位移和温度进行自动采集的功能，以便换算得出所需的劲度模量、相位角、单位耗能、累积耗能与加载次数的关系曲线。试验采用应变控制方式，并设定疲劳试验机作用500万次后自动停机。研究表明，试验频率对沥青混合料疲劳试验的结果有较大影响[77-79]，例如，对于密级配沥青混合料，常温下按常应力控制进行疲劳试验时，加载频率在3～30r/min范围内，对疲劳寿命影响不大；当加载频率从30r/min增加到100r/min时，混合料疲劳寿命将减少20%。这是因为当荷载频率较大时，沥青混合料缺少必要的强度“愈合”时间，导致疲劳性能降低。英国路面疲劳简化设计法使用了图解法，按车速和沥青层厚度直接查出加载时间。有关行车速度与疲劳试验加载时间关系的研究成果如表4-14所示。

表4-14 行车车速与路面受荷时间(频率)关系表

国家	研究者	车速 V/(km/h)	加载时间 t/s(或频率 f/Hz)
英国	A. G. Klmp	80	$t=1/[2\pi(0.4V)]=0.004974$
	P. S. Pell	V	$t=1/V$
美国	R. I. Kingham	V	$V=3.298f$
	M. J. Kenis	V	$t=0.706\delta x/V$
丹麦	O. T. Bohn	V	$f=0.33V$
	P. R. Ullidtz	V	$t=(2\delta+h)/V$
意大利	F. R. Giannini	V	$f=0.4V$
日本	三浦裕二	4～80	$t=0.04\sim1.0$

注：δ为轮胎接触圆半径(cm)；x为轮胎个数；h为沥青层厚度(cm)。

对于室内试验，车轮荷载的加载时间可以由Vander Poel公式确定：

$$t=1/(2\pi f) \tag{4-14}$$

式中，t 为车轮荷载加载时间；f 为车轮荷载加载频率。

国内外沥青路面疲劳试验研究成果表明，小梁疲劳试验的加载频率多采用 10Hz，根据式(4-14)可以得出 10Hz 相对应的车轮加载时间为

$$t=1/(2\pi f)=0.016\mathrm{s} \tag{4-15}$$

0.016s 的加载时间对沥青路面表面大致相当于 60～65km/h 的行车速度。《公路工程技术标准》(JTG B01—2014)规定的汽车专用公路计算行车速度范围为 40～120km/h。可见 0.016s 的加载时间能够较好地模拟交通荷载对路面结构的作用。所以选取 10Hz 作为环氧沥青混合料疲劳试验的加载频率，加载波形为正弦波。

4.5.2　试验温度

在低温季节，环氧沥青混合料铺装层的病害主要以低温温缩裂缝的形式出现，且有关环氧沥青混合料低温性能研究结果显示，环氧沥青混合料在 0℃和－15℃时的弯拉模量分别达到 11100MPa 和 11400MPa 以上，表明环氧沥青混合料在－15～10℃温度范围内材料性能比较近似，因此试验选取 10℃作为研究低温下环氧沥青混合料疲劳性能的试验温度[80]。结合疲劳试验设备的允许温度范围，本节小梁四点弯曲疲劳试验的试验温度采用 10℃、20℃和 30℃三组温度，分别代表低温、中温、高温情况。

4.5.3　应变水平

对于应变控制的沥青混合料四点弯曲疲劳试验，应变水平直接反映了试件发生弯曲变形的程度。而针对实际铺装结构层，铺装层的变形程度反映了车轮荷载作用力的大小，铺装层受车载作用的变形程度直接影响实际铺装层的疲劳寿命。实验室内疲劳试验应变水平在一定程度上代表了实际铺装所承受的车辆荷载作用大小[81-82]。现阶段，环氧沥青混合料主要用于钢桥面铺装，为确保疲劳试验能真实反映实际钢桥面环氧沥青混合料铺装层的疲劳性能，采用有限元软件模拟钢桥面环氧沥青混合料铺装层在不同温度条件下与不同车辆荷载作用下的应变情况，作为疲劳试验应变选取的主要依据。

1) 计算模型及尺寸参数

选取图 4-20 所示的正交异性桥面板局部梁端作为研究对象。桥面沿横向取七个梯形加劲肋，沿纵桥向取三跨，包括四块横隔板。计算模型的基本尺寸如表 4-15 所示。

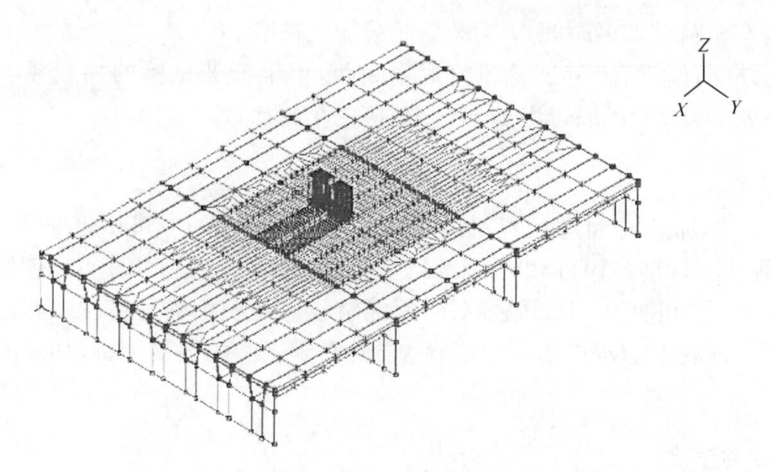

图 4-20　钢桥面环氧沥青混合料铺装有限元局部模型

表 4-15　计算模型尺寸汇总　　(单位:mm)

<table>
<tr><th colspan="2">参数</th><th>尺寸</th><th colspan="2">参数</th><th>尺寸</th></tr>
<tr><td colspan="2">顶板板厚</td><td>12</td><td colspan="2">底板及斜腹板板厚</td><td>10</td></tr>
<tr><td colspan="2">横隔板板厚</td><td>10</td><td colspan="2">横隔板间距</td><td>3200</td></tr>
<tr><td rowspan="5">顶板 U 形加劲肋</td><td>上口宽</td><td>300</td><td rowspan="5">底板 U 形加劲肋</td><td>上口宽</td><td>500</td></tr>
<tr><td>下口宽</td><td>170</td><td>下口宽</td><td>180</td></tr>
<tr><td>高</td><td>280</td><td>高</td><td>250</td></tr>
<tr><td>间距</td><td>600</td><td>间距</td><td>990</td></tr>
<tr><td>板厚</td><td>6</td><td>板厚</td><td>6</td></tr>
</table>

2) 计算荷载

行车荷载取最不利荷位,即双轮荷载间隙中心落在加劲肋侧肋中心正上方,如图 4-20 所示。行车荷载的胎压,参照某桥某天 24h 载重汽车轴重与胎压调查结果(表 4-16)分析确定。

表 4-16　某桥过桥载重汽车轴重与胎压调查的统计结果

<table>
<tr><th colspan="2" rowspan="2">统计项目</th><th colspan="4">载重汽车轴数</th></tr>
<tr><th>两轴</th><th>三轴</th><th>四轴</th><th>五轴及以上</th></tr>
<tr><td colspan="2">实际调查车辆数/辆</td><td>65</td><td>11</td><td>45</td><td>5</td></tr>
<tr><td colspan="2">单轴重>100kN 的车轴数/轴</td><td>47</td><td>12</td><td>90</td><td>10</td></tr>
<tr><td colspan="2">单轴重>150kN 的车轴数/轴</td><td>1</td><td>1</td><td>45</td><td>0</td></tr>
<tr><td rowspan="2">平均值</td><td>总轴重/kN</td><td>163.5</td><td>260.5</td><td>451.3</td><td>513.9</td></tr>
<tr><td>胎压/MPa</td><td>0.99</td><td>1.04</td><td>1.08</td><td>0.97</td></tr>
</table>

续表

统计项目		载重汽车轴数			
		两轴	三轴	四轴	五轴及以上
最大值	总轴重/kN	300.5	453.5	719.5	593.5
	单轴/kN	163.5	169.0	255	132
	胎压/MPa	1.38	1.38	1.38	1.10

调查资料显示，所有调查车辆中，胎压小于 0.7MPa 的仅占 20%左右，胎压超过 1.1MPa 的则接近 28%，其中四轴汽车中胎压超过 1.1MPa 的单侧轮胎组数约占该车型单侧轮胎组总数的 32%，两轴汽车中胎压超过 1.1MPa 的单侧轮胎组数约占该车型单侧轮胎组总数的 28%。

由表 4-16 可见，所有不同轴数的调查车辆胎压平均值均在 0.97～1.08MPa；胎压最大值抽查结果表明，除五轴及以上的汽车外，其余各种载重汽车的最大胎压均达到 1.38MPa。结合上述调查资料，本数值模拟研究中行车荷载的胎压采用 0.7MPa、1.1MPa 和 1.38MPa。荷载作用形式为 0.6m×0.2m 的双轮荷载。

3）材料参数

假定钢板的弹性模量为 2.1×10^5 MPa，密度为 7.8×10^3 kg/m^3，泊松比为 0.3。环氧沥青混合料的密度为 2.54×10^3 kg/m^3，模量参照本章关于静态模量的研究成果，在有限元软件中输入环氧沥青混合料的模量随温度、加载频率变化的关系式，从而计算过程中软件根据设定的环境温度和行车荷载速度直接输入环氧沥青混合料的模量。

4）计算结果

根据上述模型，计算出钢桥面环氧沥青混合料铺装层在 10℃、20℃、30℃温度时，行车荷载胎压为 0.7MPa、1.1MPa、1.38MPa 作用下，铺装层所承受的最大拉应变如表 4-17 所示。

表 4-17　不同温度不同荷载胎压作用下环氧沥青混合料铺装层最大拉应变

荷载胎压/MPa	不同温度不同荷载胎压作用下铺装层最大拉应变/$\mu\varepsilon$		
	10℃	20℃	30℃
0.70	198	326	624
1.10	308	507	971
1.38	387	637	1218

根据上述计算结果，在试验过程中综合考虑疲劳试验数据的可用性，确定环氧沥青混合料疲劳试验的应变水平如表 4-18 所示。

表 4-18 环氧沥青混合料疲劳试验应变水平

试验温度/℃	试验应变水平/$\mu\varepsilon$
10	400,600,900
20	600,750,900
30	600,900,1200

上述疲劳试验应变水平的选取，一方面是参照数值模拟计算结果；另一方面，在试验过程中综合考虑试验数据的可用性，确保每个温度条件下，三个应变水平中有一个应变水平在规定的最大作用次数(500 万次)作用后小梁不发生疲劳破坏，另外两个应变水平在规定的最大作用次数之前小梁会发生疲劳开裂或者模量比(模量比为荷载作用 N_f 次后的模量与小梁初始模量的比值，记为 $SR=E_{Nf}/E_0$)达到 50%。

4.5.4 浸水疲劳试验

为模拟水和疲劳荷载双重因素对环氧沥青混合料疲劳性能的影响，本节研究同时设计了浸水疲劳试验，试验方法如下所示：

(1) 测试并记录完全干燥的试验小梁的质量、宽度和高度。

(2) 将小梁试件完全浸于水中，放入 25in 水银柱压强(相当于 80kPa)的真空压力机中抽真空 30min 后用布条擦去小梁试件表面的水，然后称其质量，按照 AASHTO T 166 方法计算小梁的饱和度，若饱和度低于 70%，则放入真空机继续浸水抽真空，直至饱和度达到 70%以上。

(3) 将饱和度高于 70%的小梁试件完全浸泡于 60℃的水浴箱中 24h，水浴箱中的水应高于小梁上表面 1in(约 2.5cm)。

(4) 将 60℃水浴箱中的水换成 20℃，经 2h 后取出擦去小梁表面的水，然后用薄膜将小梁完全包裹不能有水漏出，如图 4-21 所示。

图 4-21 浸水疲劳试验小梁试件

(5) 24h 内开始进行浸水疲劳试验,试验操作与普通小梁疲劳试验相同。浸水疲劳试验中,试验的温度、频率、加载波形均与普通小梁疲劳试验相同。

4.5.5 环氧沥青混合料疲劳试验方案确定

综合考虑环氧沥青混合料普通小梁疲劳试验和浸水小梁疲劳试验的对比性,以及模拟真实铺装层的受力特性,环氧沥青混合料疲劳试验方案如表 4-19 所示。

表 4-19　环氧沥青混合料疲劳试验方案

试验方法	加载频率及波形	试验温度/℃	干、湿状态	试验应变水平/με
小梁四点弯曲疲劳试验方法(应变控制方式)	10Hz 正弦波形	10	干燥	400,600,900
			浸水	400,600
		20	干燥	600,750,900
			浸水	600,900
		30	干燥	600,900,1200
			浸水	900,1200

对应变水平做如下规定:在相同试验温度下,三个应变水平由小到大依次称为低应变、中应变、高应变,如 10℃时,400με 称为低应变,600με 称为中应变,900με 称为高应变。

4.5.6 疲劳试验结果及分析

1. 环氧沥青混合料模量与荷载作用次数关系

根据上述疲劳试验方案,不同温度条件的环氧沥青混合料模量与疲劳荷载作用次数的关系(stiffness-*N* curve)如图 4-22～图 4-24 所示,图中横坐标(疲劳荷载作用次数)均采用对数坐标和自然坐标两种形式分别表示。

由图 4-22～图 4-24 可以看出,环氧沥青混合料初始模量的大小与温度有关,10℃时初始模量在 11000MPa 左右,20℃时初始模量在 7000MPa 左右,30℃时初始模量在 2600MPa 左右,且在相同温度条件下应变水平对环氧沥青混合料的初始模量无影响。在各试验温度下,环氧沥青混合料在相应的低应变作用下均未发生疲劳破坏,而在相应的中应变和高应变作用下环氧沥青混合料小梁在一定疲劳荷载作用次数后模量急剧下降,发生疲劳开裂破坏。

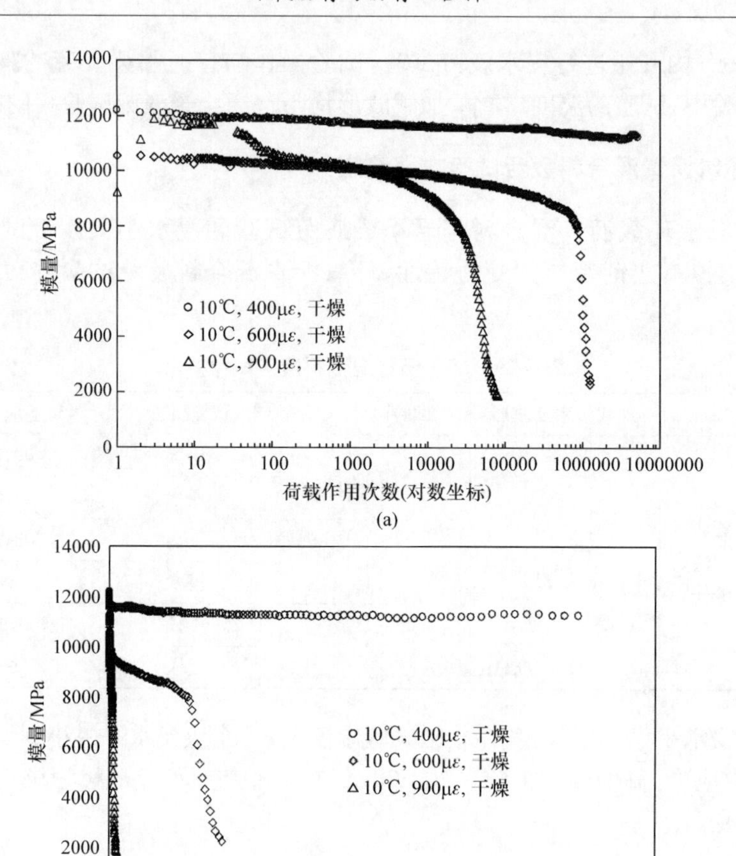

图 4-22　10℃不同应变水平下环氧沥青混合料模量损耗图

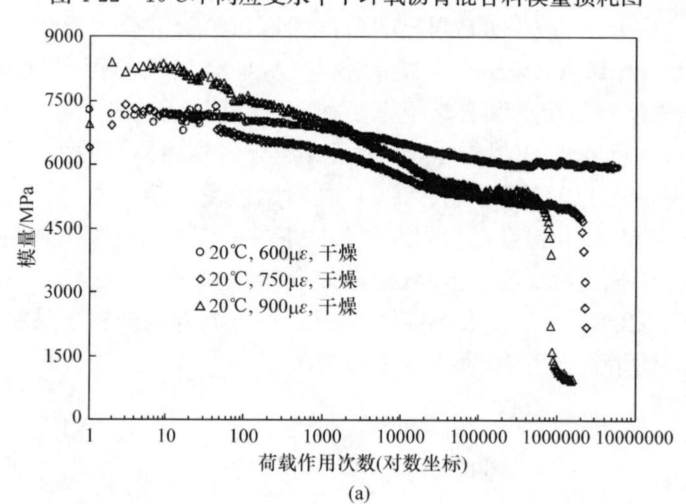

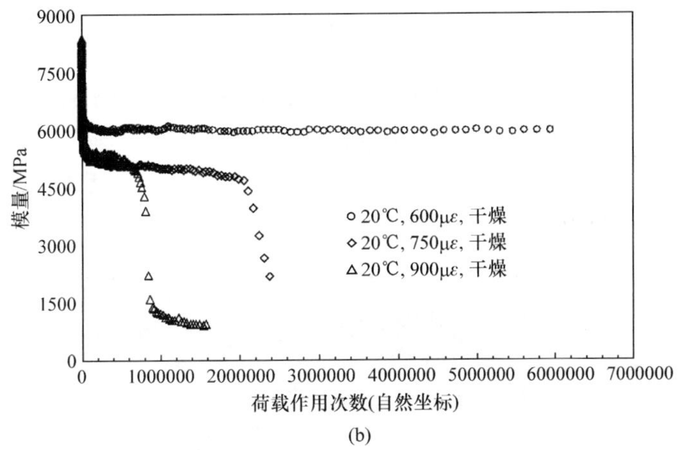

(b)

图 4-23　20℃不同应变水平下环氧沥青混合料模量损耗图

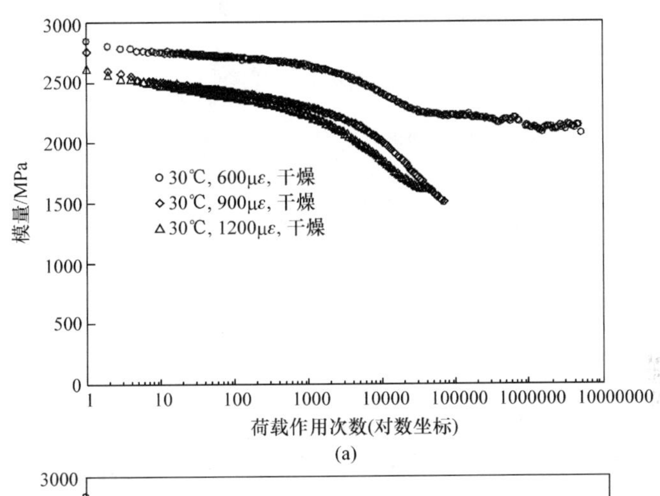

(a)

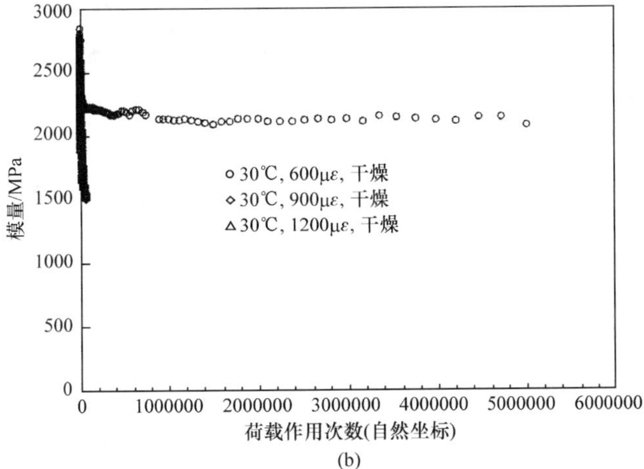

(b)

图 4-24　30℃不同应变水平下环氧沥青混合料模量损耗图

2. 环氧沥青混合料模量比与荷载作用次数关系

在疲劳试验数据分析中，除了分析模量随荷载作用次数的变化关系外，材料的模量比能够描述材料模量损耗的整个过程，是评价材料疲劳损伤进程的重要指标。因此，试验得出了不同温度条件下环氧沥青混合料模量比与荷载作用次数的关系图(SR-N curve)，如图 4-25～图 4-27 所示。

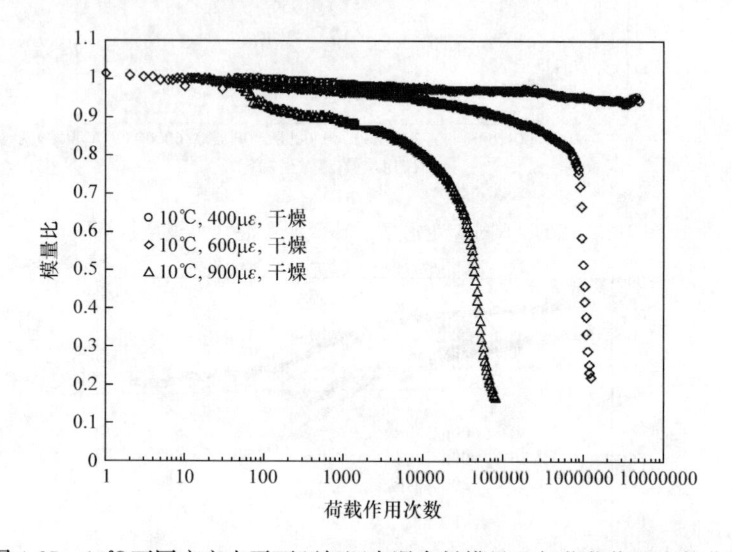

图 4-25　10℃不同应变水平下环氧沥青混合料模量比与荷载作用次数曲线

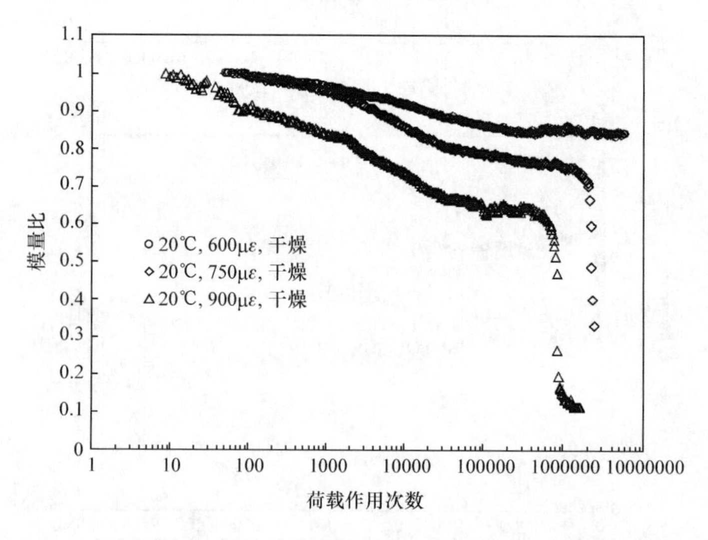

图 4-26　20℃不同应变水平下环氧沥青混合料模量比与荷载作用次数曲线

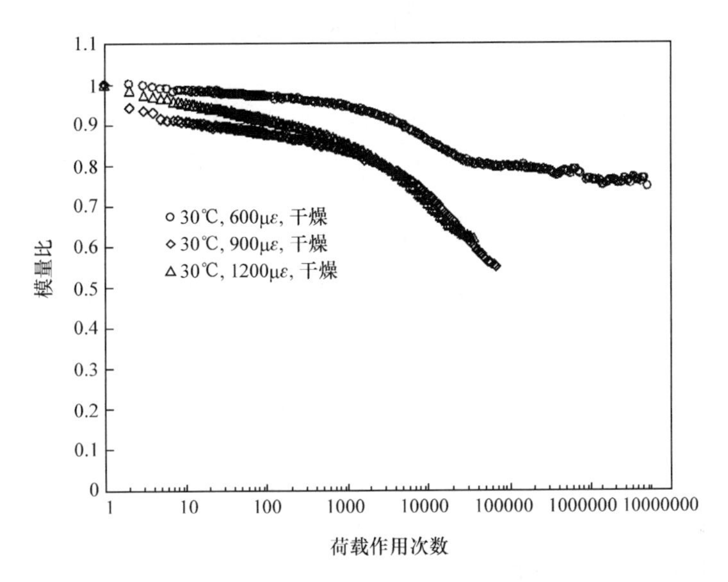

图 4-27　30℃不同应变水平下环氧沥青混合料模量比与荷载作用次数曲线

图 4-25 显示，在 10℃温度条件下，环氧沥青混合料小梁在 400$\mu\varepsilon$ 应变作用 5158220 次后模量比为 0.94，表明环氧沥青混合料在 10℃低温环境时，在低应变 400$\mu\varepsilon$ 作用 500 万次后仍不会产生疲劳破坏。

相同试验温度条件时，环氧沥青混合料小梁在 600$\mu\varepsilon$ 应变作用下模量比随着荷载作用次数的增加先缓慢减小，到 891249 次后，模量比随作用次数的增加发生突降式减小，直至作用 1258924 次时，模量比达到 0.22，发生疲劳断裂破坏。在 900$\mu\varepsilon$ 应变作用下，环氧沥青混合料小梁模量比随着作用次数增加先平缓减小，到作用 27383 次后，模量比随作用次数发生突降式减小，直至作用 81751 次时，模量比达到 0.17，发生疲劳断裂破坏。

因此，在 10℃试验温度下，环氧沥青混合料在低应变 400$\mu\varepsilon$ 作用下，经过规定的最大试验 500 万次作用后不会发生疲劳破坏，而在中应变 600$\mu\varepsilon$ 和高应变 900$\mu\varepsilon$ 作用下，荷载分别作用 1258924 次和 81751 次就产生疲劳断裂破坏，表明环氧沥青混合料在 10℃低温环境中受到重载车辆作用时，容易出现疲劳破坏现象。

图 4-26 显示，在 20℃温度条件下，环氧沥青混合料小梁在 600$\mu\varepsilon$ 应变作用 5956620 次后模量比为 0.84，表明环氧沥青混合料在 20℃常温环境时，在低应变 600$\mu\varepsilon$ 作用 500 万次后仍不会产生疲劳破坏。

相同试验温度条件时，环氧沥青混合料小梁在 750$\mu\varepsilon$ 应变作用下模量比随着作用次数的增加先平缓减小，到 1995261 次后，模量比随作用次数增加发生突降式减小，直至作用 2371372 次时，模量比达到 0.33，发生疲劳断裂破坏。在 900$\mu\varepsilon$ 应变作用下，环氧沥青混合料小梁模量比随着作用次数的增加先减小，到 749893 次作用后，模量比随作用次数发生突降式减小，直至作用 917274 次时，模量比达到 0.16，发生疲劳断裂破坏。

因此，在 20℃试验温度下，环氧沥青混合料在低应变 600$\mu\varepsilon$ 作用下，经过规定的最大试验次数 500 万次作用后不会发生疲劳破坏，而在中应变 750$\mu\varepsilon$ 和高应变 900$\mu\varepsilon$ 作用下，荷载分别作用 2371372 次和 917274 次时就产生疲劳断裂破坏。

图 4-27 显示，在 30℃温度条件下，环氧沥青混合料小梁在 600$\mu\varepsilon$ 应变作用 5011871 次后模量比为 0.74，未达到规定破坏比例 0.5 且曲线趋于平缓状态，表明环氧沥青混合料在 30℃常温环境时，低应变 600$\mu\varepsilon$ 作用 500 万次后仍不会产生疲劳破坏。

相同试验温度条件时，环氧沥青混合料小梁在 900$\mu\varepsilon$ 应变作用 66833 次后模量比为 0.55。在 1200$\mu\varepsilon$ 应变作用下，环氧沥青混合料小梁模量比在作用 35480 次后到达 0.61。因此，在 30℃试验温度下，环氧沥青混合料在低应变 600$\mu\varepsilon$ 作用下，经过规定的最大试验次数 500 万次作用后不会发生疲劳破坏，而在中应变 900$\mu\varepsilon$ 和高应变 1200$\mu\varepsilon$ 作用下，荷载分别作用 66833 次和 35480 次后，模量比就达到了 0.55 和 0.61，接近于规定疲劳破坏标准 0.5。

总之，在三个不同温度条件下，环氧沥青混合料梁在相应的低应变作用下，模量比在 500 万次作用后均降低很少，而在相对高的应变作用下，如 10℃时 600$\mu\varepsilon$、900$\mu\varepsilon$ 和 20℃时 750$\mu\varepsilon$、900$\mu\varepsilon$，容易发生脆性破坏；在 30℃时 900$\mu\varepsilon$、1200$\mu\varepsilon$ 作用下，环氧沥青混合料会产生疲劳破坏。根据上述疲劳试验结果，对照表 4-17 与表 4-18 中的轮胎胎压-试验应变水平的对应关系可以看出，环氧沥青混合料铺装材料在 10℃、20℃温度时 1.38MPa 及其以下的轮胎胎压作用 500 万次均不会发生疲劳破坏；在 30℃时 0.7MPa 的轮胎胎压作用 500 万次均不会发生疲劳破坏，而 1.1MPa 和 1.38MPa 轮胎胎压作用 66833 次和 35480 次出现疲劳损坏现象。

3. 不同温度对环氧沥青混合料疲劳曲线的影响

在环氧沥青混合料疲劳试验方案设计过程中，考虑到研究不同试验温度对环氧混合料疲劳性能的影响，在 3 种试验温度下，均进行了 600$\mu\varepsilon$ 和 900$\mu\varepsilon$ 应变作用下的疲劳试验，其具体试验结果对比图如图 4-28 和图 4-29 所示。

图 4-28 显示，环氧沥青混合料小梁在 600$\mu\varepsilon$ 应变作用下，20℃和 30℃时疲劳试验曲线呈现相同的变化趋势，即小梁模量比随荷载作用次数增加而减小，到一定作用次数后，小梁模量比趋于常数不随作用次数的增加而变化。在 10℃试验温度时，小梁模量比与作用次数的曲线呈反 S 曲线，荷载作用到一定次数后，小梁模量比急剧减小至发生疲劳断裂破坏。

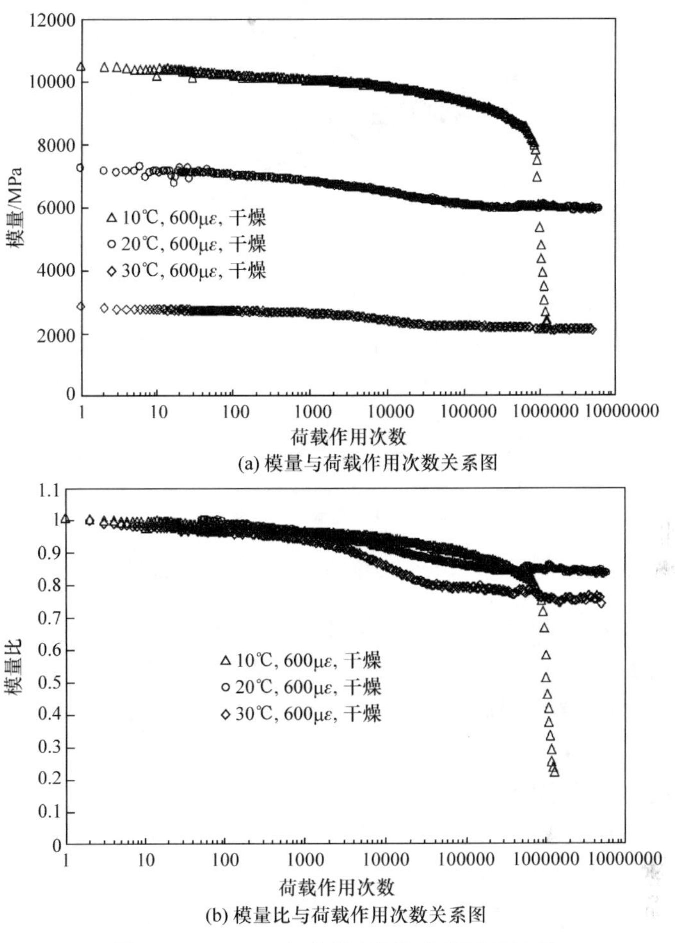

(a) 模量与荷载作用次数关系图

(b) 模量比与荷载作用次数关系图

图 4-28　600$\mu\varepsilon$ 时不同温度的疲劳试验结果

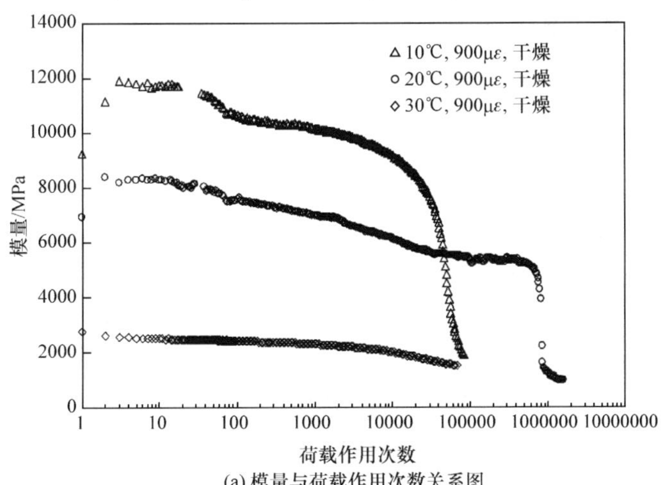

(a) 模量与荷载作用次数关系图

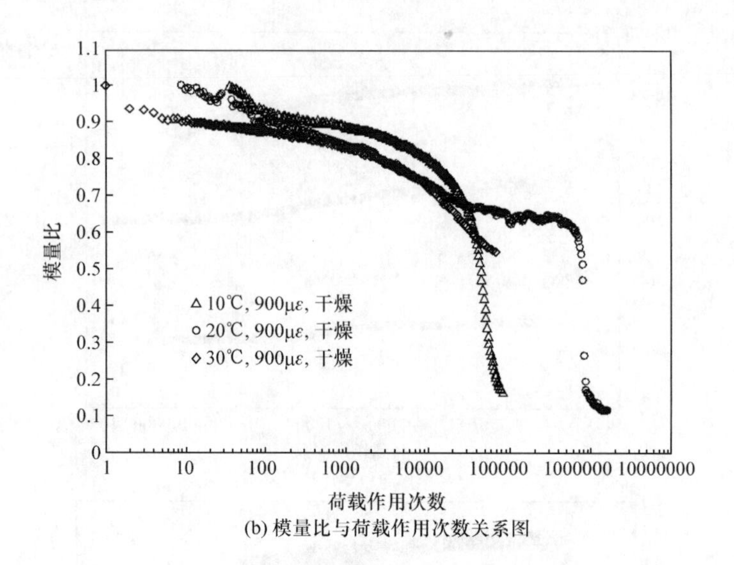

(b) 模量比与荷载作用次数关系图

图 4-29　900$\mu\varepsilon$ 时不同温度的疲劳试验结果

图 4-29 显示，环氧沥青混合料小梁在 900$\mu\varepsilon$ 应变作用下，10℃和 20℃时疲劳试验曲线呈现相同的变化趋势，即小梁模量比随荷载作用次数增加而减小，到一定作用次数后，小梁模量比随荷载作用次数增加而急剧减小直至发生疲劳断裂破坏，而小梁在 10℃时疲劳曲线比 20℃时更早达到拐点(疲劳破坏点)。在 30℃试验温度时，小梁模量比随作用次数增加而减小，直至减到 0.5 左右发生疲劳断裂破坏，且 30℃的疲劳性能曲线与 10℃、20℃疲劳性能曲线拐点前段曲线变化趋势相一致。

总之，在相同应变条件作用时，试验温度越低，小梁的疲劳破坏发生得越快，这主要是因为在一定温度范围内(10～30℃)，温度越低，环氧沥青混合料的模量越大，即环氧沥青混合料脆性增加，材料对重复荷载引起形变的愈合能力越差，也就表现为材料抵抗疲劳破坏的能力越差。

4. 浸水疲劳试验结果

环氧沥青混合料浸水疲劳试验结果和普通疲劳试验结果按试验温度不同划分，分别如图 4-30～图 4-32 所示。

图 4-30 及试验数据显示，在 10℃浸水条件下，环氧沥青混合料小梁在 400$\mu\varepsilon$ 应变作用 5011871 次后模量比几乎没发生变化，表明环氧沥青混合料在 10℃低温浸水环境下，低应变 400$\mu\varepsilon$ 作用 500 万次后仍不会产生疲劳破坏。相同试验温度环境条件下，环氧沥青混合料小梁在 600$\mu\varepsilon$ 应变作用下模量比随着作用次数的增加先缓慢减小，到 35480 次后，模量比随作用次数发生突降式减小，直至作用 794327 次时，模量比达到 0.17，发生疲劳断裂破坏。

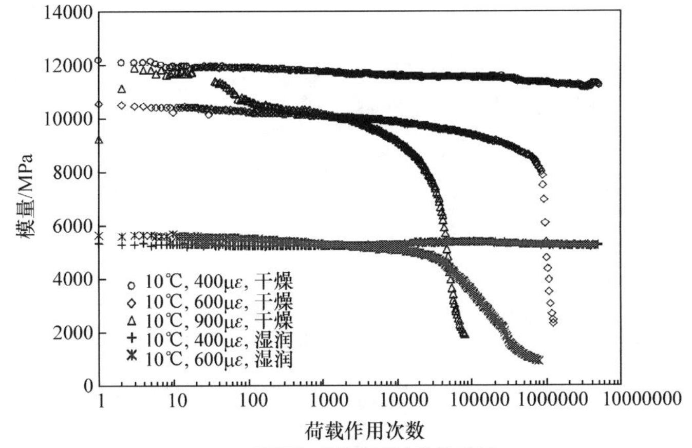

(a) 模量与荷载作用次数关系图

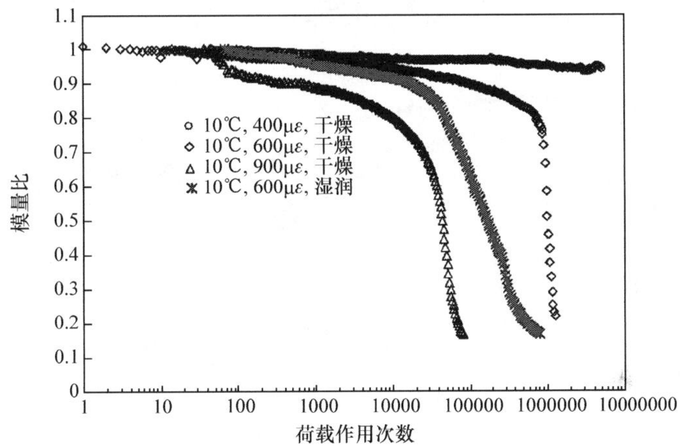

(b) 模量比与荷载作用次数关系图

图 4-30　10℃干、湿状态环氧混合料小梁疲劳试验结果

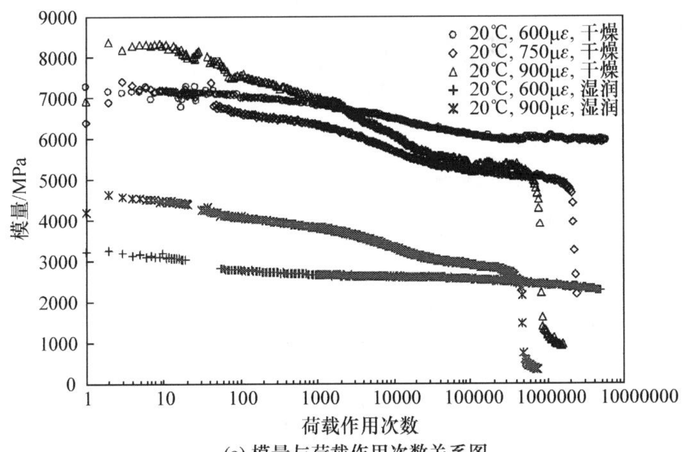

(a) 模量与荷载作用次数关系图

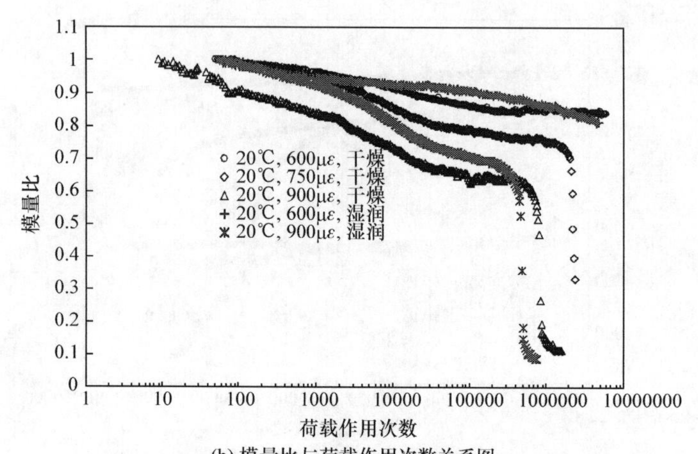

(b) 模量比与荷载作用次数关系图

图 4-31 20℃干、湿状态环氧混合料小梁疲劳试验结果

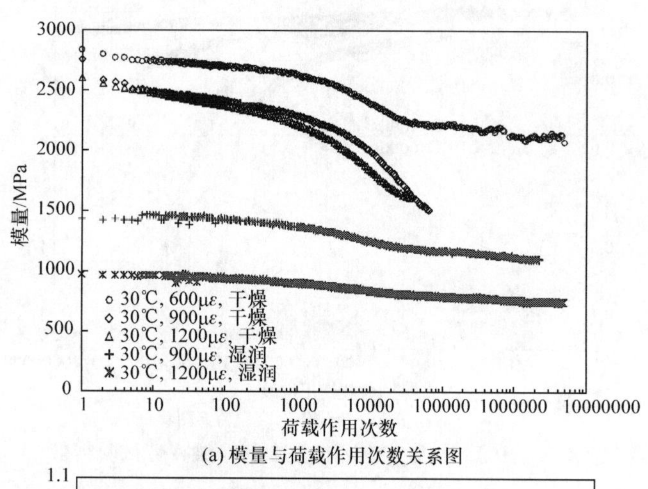

(a) 模量与荷载作用次数关系图

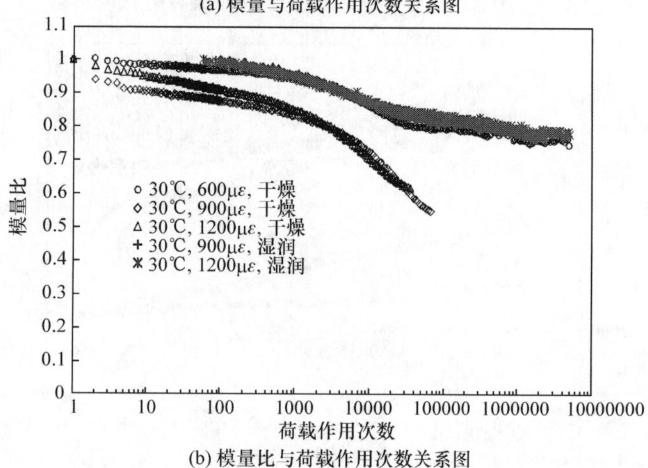

(b) 模量比与荷载作用次数关系图

图 4-32 30℃干、湿状态环氧混合料小梁疲劳试验结果

相同试验温度下，环氧沥青混合料经过浸水处理后的材料模量为干燥小梁模量的 50%左右，这主要是因为小梁经过水浸泡之后强度有所降低。相同应变作用下，浸水小梁试件与干燥小梁试件的模量损伤曲线的变化趋势基本一致，且浸水小梁试件的疲劳寿命比干燥小梁略小。

图 4-31 显示，在 20℃浸水条件下，环氧沥青混合料小梁在 600$\mu\varepsilon$ 应变作用下，模量比随着作用次数先缓慢降低然后趋于常数不发生变化，经 4869674 次作用后模量比为 0.81，未产生疲劳破坏。

相同试验条件时，环氧沥青混合料小梁在 900$\mu\varepsilon$ 应变作用下模量比与作用次数关系曲线呈反 S 形。当作用次数为 446682 次时，模量比从 0.59 急剧减少至 749893 次时的 0.09，发生疲劳断裂破坏。相同试验温度下，环氧沥青混合料经过浸水处理后的材料模量为干燥小梁模量的 50%左右。相同应变作用下，浸水小梁试件与干燥小梁试件的模量损伤曲线的变化趋势基本一致，且浸水小梁试件的疲劳寿命比干燥小梁略小。

图 4-32 显示，在 30℃浸水条件下，环氧沥青混合料小梁在 900$\mu\varepsilon$ 和 1200$\mu\varepsilon$ 应变作用下，模量比随着荷载作用次数先缓慢降低然后趋于常数不发生变化，经 500 万次作用后模量比为 0.78 和 0.76，未产生疲劳破坏。

在相同试验温度条件下，环氧沥青混合料经过浸水处理后的材料模量为干燥小梁模量的 50%左右。浸水小梁试件在 900$\mu\varepsilon$ 和 1200$\mu\varepsilon$ 应变作用下疲劳曲线与 600$\mu\varepsilon$ 下干燥小梁的疲劳曲线变化趋势相一致，且疲劳寿命都高于相同应变作用下干燥小梁的疲劳寿命。这主要是因为 30℃时环氧沥青混合料模量较小，材料较软，抵抗疲劳变形的能力较强，而浸水之后，环氧沥青混合料变得更软，抵抗重复应变的能力得到增强。

总之，环氧沥青混合料经过浸水处理后，材料模量会下降至干燥试件模量的 1/2 左右。除 30℃外，环氧沥青混合料在相同温度、应变条件下，干、湿状态下的小梁疲劳试验曲线呈现相同的变化状态，且疲劳寿命基本相近。

4.6 本章小结

本章主要研究了环氧沥青混合料的力学性能与材料属性，并对其疲劳性能开展了研究。首先，对环氧沥青混合料的马歇尔稳定度等力学性能和高温稳定性等路用性能进行了室内试验研究。其次，通过抗压、弯拉与劈裂试验测试了环氧沥青混合料的劲度模量，研究了材料属性随温度的变化规律，并且以小梁四点弯曲试验对环氧沥青混合料的动态模量进行测试，采用基因遗传算法得出环氧沥青混合料的动态模量主曲线。最后，采用小梁四点弯曲疲劳试验对不同温度、不同应变水平和干湿状态下的环氧沥青混合料进行了疲劳性能研究。本章的主要研究结论总结如下：

(1) 环氧沥青混合料的马歇尔稳定度、劈裂抗拉强度、最大荷载时水平形变和破坏劲度模量、抗弯拉强度均明显高于改性沥青 AC-13 混合料和改性沥青 SMA-13 混合料，表明环氧沥青混合料具有更高的强度和较好的变形能力。

(2) 60℃和 70℃温度条件下环氧沥青混合料动稳定度均大于 17000 次/mm，远高于技术要求 3000 次/mm；与改性沥青 AC-13 混合料和改性沥青 SMA-13 混合料相比，温度降低至－15℃时，环氧沥青混合料的破坏应变与常温时相比仍然处于同一数量级；随着浸泡时间的延长，环氧沥青混合料的残留稳定度仅小幅下降，表明其具备优良的水稳定性能。通过与普通改性沥青混合料的对比可见，环氧沥青混合料的残留稳定度均高于改性沥青 AC-13 混合料与改性沥青 SMA-13 混合料。

(3) 环氧沥青混合料的抗压强度远高于普通沥青混合料的抗压强度，其数值约为普通沥青混合料抗压强度的 4 倍；由不同温度下环氧沥青混合料抗压回弹模量的测试结果可以看出，与普通沥青混合料相同，环氧沥青混合料的抗压回弹模量的数值也随温度的升高而降低；环氧沥青混合料的抗弯拉强度远高于改性沥青 AC-13 混合料和改性沥青 SMA-13 混合料，但破坏时的变形小于这两种材料，说明环氧沥青混合料具有高强度低变形的能力。

(4) 采用基因遗传算法可以有效地得出环氧沥青混合料的动态模量。通过计算可知，10℃和 30℃时环氧沥青混合料动态模量移至 20℃的移位因子分别为 5.002256 和－3.990583。

(5) 在三组试验温度与 0.7MPa 轮胎胎压对应的应变水平作用下，环氧沥青混合料在规定的最大作用次数 500 万次之内均未发生疲劳破坏。

第 5 章　环氧沥青混合料断裂及裂缝扩展机理

环氧沥青混合料在以承受复杂应力作用的钢桥面铺装结构以及重载交通为主的道路中已经得到较为广泛的应用。工程实践表明，环氧沥青路面具有极高的强度与高温稳定性，能确保道路结构在高温气候下长时间运行而不产生显著的车辙类变形病害。然而，通过长期的观测发现，裂缝已经成为环氧沥青路面的主要病害形式，特别是作为正交异性钢桥面板铺装时，在纵向加劲肋与横隔板等应力集中部位往往出现纵向与横向裂缝，并迅速扩展造成坑槽等更为严重的危害。为有效地对环氧沥青混合料的裂缝病害进行处理，首先应了解其裂缝病害的分类与成因。本章将以正交异性钢桥环氧沥青铺装结构为基础，分别从钢桥面沥青铺装的使用条件及钢桥面铺装材料的断裂性能出发，分析钢桥面沥青铺装的断裂机理，为环氧沥青混合料裂缝的检测、诊断及修复方式的选择提供理论基础。

5.1　环氧沥青混合料断裂参数

断裂力学在沥青混合料及沥青路面结构裂缝病害的研究中得到越来越广泛的应用，也有部分研究者将其引入钢桥面铺装的疲劳开裂研究中。断裂力学是从材料构件中存在微裂缝的基点出发，应用弹性力学和塑性力学理论研究材料中裂缝产生与扩展条件和规律的科学。实际上，钢桥面铺装产生的开裂(低温缩裂、疲劳开裂等)也是从内部潜在的微裂缝扩展开始，而这些微裂缝来自由材料、施工等原因而产生的铺装结构内部缺陷。在交通荷载或温度应力作用下，裂缝尖端会产生高达数倍的应力集中，诱使裂缝产生和扩展。要从断裂力学角度对钢桥面铺装结构的开裂行为进行深入的研究，首先要对材料的基本断裂参数进行试验测定，以获取铺装材料的断裂判据。

5.1.1　断裂参数概述

在沥青混合料结构的断裂参数研究方面，世界各国的研究者采用多种类型的试件进行沥青混合料的断裂试验，一般可将这些试验试件分为以下几类[81-83]：①三分点弯曲；②中点弯曲；③悬臂梁；④旋转悬臂梁；⑤单轴拉压；⑥间接拉伸；⑦支承梁弯曲。即使同一种试验方法不同的国家及研究机构使用的试件尺寸也各不相同，例如，对于简单弯曲试验中的中点加载和三分点加载试验设备有加州大学伯克利分校(University of California at Berkeley)和沥青协会(Asphalt Institute,

AI)使用的两种,前者采用的试件尺寸为 38.1mm×38.1mm×381mm;后者采用的是大试件,尺寸为 76.2mm×76.2mm×381mm,加载模式都可采用应力控制或应变控制。

断裂力学方法的试验通常采用切口试件,将梁式试件做成单边的 V 形或 U 形切口,进行弯曲或拉伸试验。Monismith 等[84]采用两类断裂试验:①单边切口弯曲试验,试件尺寸为 38.1mm×50.8mm×381mm;②单边切口拉伸试验,试件尺寸为 38.1mm×50.8mm×114.3mm。在两种类型的断裂试验中,切口与梁高的比例范围为 0~0.4。Jacobs[85]应用单轴拉伸设备进行了重复加载动态拉压疲劳试验和静态拉伸试验,详细研究了不同加载频率、不同试验温度下沥青路面面层常用的沥青混合料疲劳特性,试件采用双边切口小梁,试件尺寸为 50mm×50mm×150mm。郑健龙等[86]应用 200mm×50mm×50mm 带预制切口的纯弯曲梁,在 50mm/min 的荷载下测试出了不同温度下的沥青混合料的断裂韧性。

钢桥面铺装与普通路面在结构形式上存在较大区别,钢桥面铺装的支撑结构更为复杂,如图 5-1 所示,从而导致钢桥面铺装层的受力模式与普通路面的受力模式不同。对于沥青混合料路面,沥青混合料面层的最大拉应力或拉应变均出现在面层底面,则疲劳裂缝从面层的底面向顶面扩展。而对于钢桥面沥青混合料铺装,由于加劲肋的加劲支撑作用,在车辆荷载作用下,加劲肋、横肋(或横隔板)、纵隔板顶部的铺装层表面出现负弯矩,铺装层最大拉应力或拉应变均出现在铺装层表面,因此疲劳裂缝从铺装层表面向底面扩展[87]。

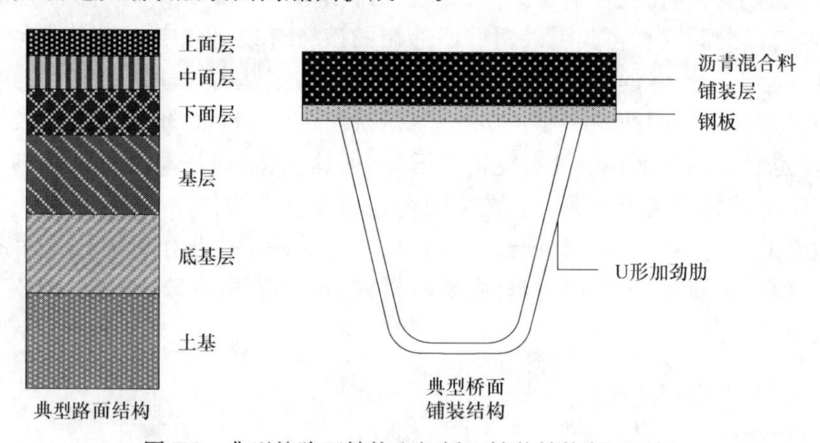

图 5-1 典型的路面结构和钢桥面铺装结构断面对比

在设置纵隔板的正交异性钢桥面铺装体系中,纵隔板上方铺装层表面易形成更明显的应力集中,出现的最大拉应力或拉应变往往超过加劲肋和横隔板上方铺装层表面出现的最大拉应力或拉应变,从而该处在荷载、外界环境等的作用下产生纵向裂缝等破坏。从钢桥面铺装层的受力特点可以看出,在钢桥面铺装层内出现的裂缝以 I 型(张开型)裂缝为主。

三点弯曲切口梁法是研究材料断裂参数最常用的试验方法，其受力特点与钢桥面铺装的 I 型裂缝受力相似。在相关国家标准中[88]，把三点弯曲试样、紧凑拉伸试样、C 形拉伸试样和圆形紧凑拉伸试样作为测定 I 型裂缝断裂参数的标准试样，并在试样上预制裂缝。从试验的角度看，三点弯曲切口梁法较为简单，试件加工容易，同时三点弯曲切口梁法也是国际结构与材料研究实验联合会推荐的方法；紧凑拉伸法则需要专门的夹具，夹具要求较高的加工精度，且原则上不同厚度的试样需要不同的夹具相匹配[89]。本章采用三点弯曲切口梁对环氧沥青混合料进行试验(图 5-2)，试验时在弯曲状态下，实时自动记录荷载 P 及试件的相应位移 δ，同时记录裂缝口张开位移(crack mouth opening displacement，CMOD)，试验装置的示意图和实际装置图如图 5-3 和图 5-4 所示。根据测出的 P-δ 曲线和 P-CMOD 曲线，以相应试样的断裂参数计算表达式进行计算，再根据有效性条件判别测试的有效性，从而得到相应的断裂参数值。

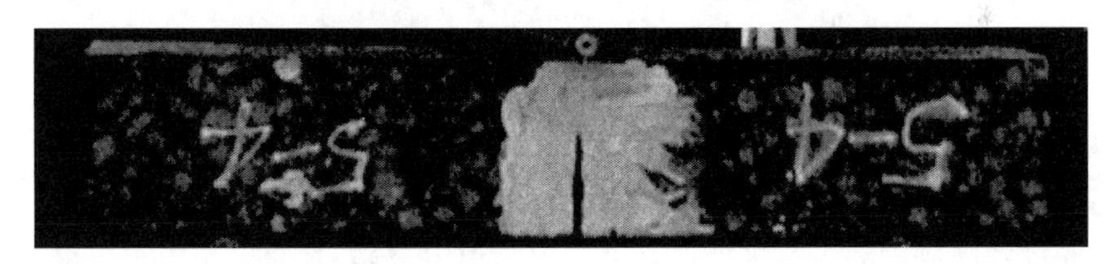

图 5-2　三点弯曲试件

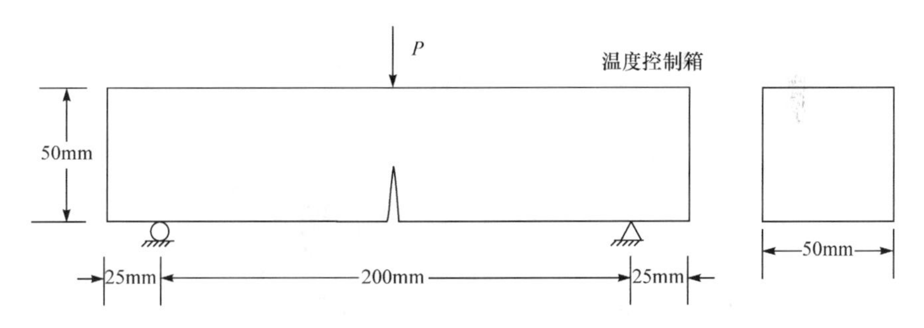

图 5-3　三点弯曲切口梁试验装置示意图

CMOD 的实时测量是试验数据采集的重要组成部分，一般都采用夹式引伸计进行测量[90]。本章采用高精度数码摄像的方式，由拍摄的录像根据需要的采样频率提取照片，通过对图像进行处理并确定 CMOD。由于 MTS(Mahalanobis-Taguchi System)土木结构试验系统可以采集的数据包括时间、荷载和加载点位移，且摄像机也可以记录时间，同步拍摄可以将不同时刻的 CMOD 与荷载及位移数据相对应。该数据采集方式由于数据的后期处理较烦琐，应用较少，但所需要的硬件设备成本较低，试验操作更加方便，图 5-5 为根据拍摄的某个试件的试验录像截取图

图 5-4　三点弯曲试验装置图(温控箱未装)

片,并经过处理得到的裂缝扩展过程图。由图可以看出,该方法不但可以准确量出裂缝开口宽度,也可以观察裂缝尖端的开裂发展情况并且根据录像找出裂缝启裂时间。

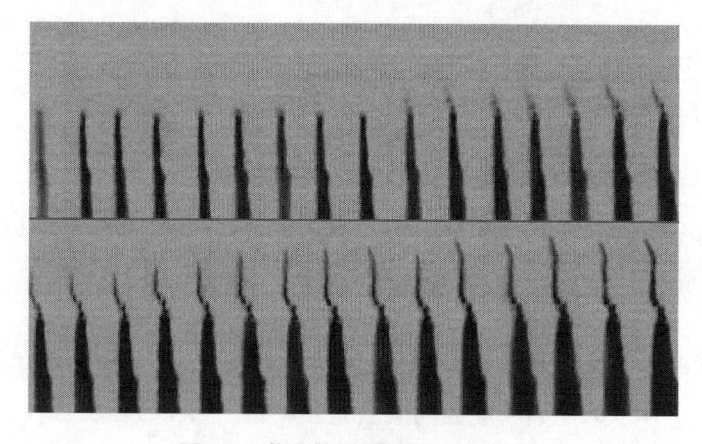

图 5-5　截取拍摄裂缝扩展过程图

关于试件的尺寸,大量的试验结果表明[91-96],材料的断裂参数与试样的厚度 W、裂纹长度 a_0、韧带尺寸($W-a_0$)均有关;当试样尺寸满足平面应变相小范围屈服的力学条件时,才能获得稳定的断裂参数值,与试样的尺寸无关。足够厚的试样才能在厚度方向上产生足够的约束,使厚度方向的应力分量为零,得到平面应变状态。标准试样的裂纹属于穿透裂纹，两个表面层的裂纹尖端总是处于平面应力状态，只有在厚度方向上的中间部分才处于平面应变状态。因此，当试样的厚度足够大时，在厚度方向上的平面应力层所占的比例很小，裂纹前缘的广大区域处于平面应变状态，这时裂纹的扩展基本是在平面应变状态下进行的，从而能测得一个稳定的平面应变断裂韧性 K_{IC}值。如图 5-6 所示，当试样厚度足够大时，测得的断裂韧性趋于稳定，但试件的厚度一般不超过试件的高度。在水泥混合料中断裂参数尺寸效应的研究发现，试件尺寸越大，断裂参数越稳定[97-98]，沥青混合料构件使用范围非常广，大小体积的试件都会出现，因此研究尺寸效应是很有必要的。

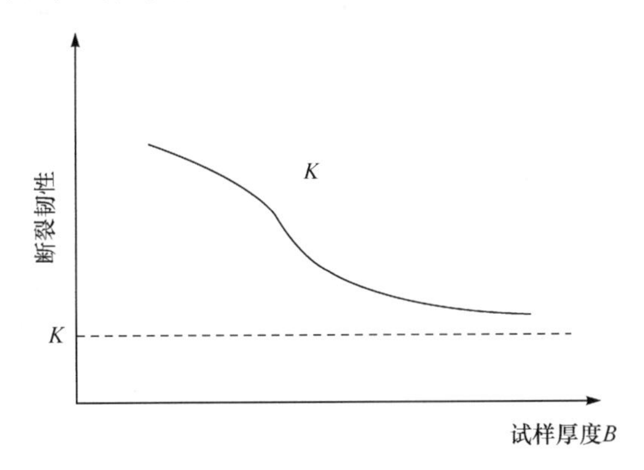

图 5-6　断裂韧性随试样厚度的变化[99]

一般地，钢桥面铺装用环氧沥青混合料的典型厚度为 5～6cm，因此研究的试件高度和厚度均为 5cm，不需要变化试件的尺寸。试件的跨度一般是试件高度的 4 倍，因此试件跨度取为 20cm。试件的缝高比范围为 0.3～0.5，试验温度选取为 25℃、15℃、5℃、−5℃、−15℃。

5.1.2　线弹性断裂力学参数研究

线弹性断裂力学只适用于裂缝尖端出现小范围塑性区的情况，对于沥青混合料材料，当温度较高时，断裂前裂缝尖端会出现相当大的塑性变形区，韧性足够大的材料，伴随着裂缝扩展的塑性屈服范围，塑性形变已达到可以与裂缝尺寸相比较的程度，这种情况下采用线弹性断裂力学研究就有一定偏差。若温度较低，沥青混合料材料脆性比较明显，塑性区范围很小，线弹性断裂力学的计算结果具有一定的参考价值。

1. 应力强度因子

在断裂力学中，参量 K_I 称为 I 型裂缝尖端应力场强度因子，简称应力强度因子，是表征场强的物理量，其控制了裂缝尖端的应力、应变场。在工程构件内部，I

型(张开型)裂缝是最危险的,实际裂缝即使是复合型裂缝,为了保证安全也往往作为Ⅰ型处理。采用三点弯曲切口梁试件,应力强度因子 K_{I} 由式(5-1)计算[100]:

$$K_{\mathrm{I}}=\frac{P_{\mathrm{Q}}S}{BW^{3/2}}f\left(\frac{a}{W}\right) \tag{5-1}$$

式中,P_{Q} 为临界荷载;B 为试件宽度;W 为试件高度;a 为初始裂缝深度;S 为弯曲梁支点之间的距离,标准规定 $S=4W$;$f\left(\frac{a}{W}\right)$为系数,按照式(5-2)计算:

$$f\left(\frac{a}{W}\right)=2.9\left(\frac{a}{W}\right)^{\frac{1}{2}}-4.6\left(\frac{a}{W}\right)^{\frac{3}{2}}+21.8\left(\frac{a}{W}\right)^{\frac{5}{2}}-37.6\left(\frac{a}{W}\right)^{\frac{7}{2}}+38.7\left(\frac{a}{W}\right)^{\frac{9}{2}} \tag{5-2}$$

1) 临界荷载的确定

如果材料脆性较大或者试件尺寸较大,则试件在短时间内出现裂缝并完全断裂,断裂前没有明显的裂缝扩展现象,此时最大开裂荷载 P_{Q} 就是裂缝失稳扩展的临界荷载。一般情况下,试件断裂前裂缝都有不同程度的缓慢扩展,失稳扩展没有明显的标志,最大荷载不是裂缝开始失稳扩展时的临界荷载。标准中规定,把裂缝尖端张开位移(crack tip opening displacement,CTOD)达到裂缝原始长度 a_0 的2%(CTOD/a_0=2%)时的荷载作为临界荷载。

实际测试时绘出的是 P-CMOD 曲线,而不是 P-CTOD 曲线,因此,要在 P-CMOD 曲线上找出相应于裂缝相对扩展量 CTOD/a_0=2%的点,就必须建立裂缝口张开位移与裂缝尖端扩展量之间的关系。经过理论分析得到以下结论:与裂缝相对扩展量为2%的点对应于 P-CMOD 曲线上的割线斜率比裂缝未扩展时的初始直线段的斜率下降了5%。因此,可以用作图法从 P-CMOD 曲线上确定 P_{Q} 的数值。

2) 初始裂缝深度的确定

前述部分已经指出,三点弯曲梁在试验前需要预制初始裂缝。由于采用的是人工切割的初始裂缝,裂缝的前缘不是平直的,初始裂缝的深度需在试样断裂后从断口上测量出来。初始裂缝深度需测量5个初始裂缝深度值 a_1~a_5[88],如图5-7所示。

裂缝长度 a 为

$$a=\frac{1}{3}(a_2+a_3+a_4) \tag{5-3}$$

a_2、a_3、a_4 中任意两个测量值之差不得大于10%,表面上裂缝长度 a_1、a_5 与 a 之差不得大于 a 的10%,a_1 与 a_5 之差也不大于 a 的10%。裂缝面应与 B-W 平面平行,偏差在10°以内,否则试验无效。

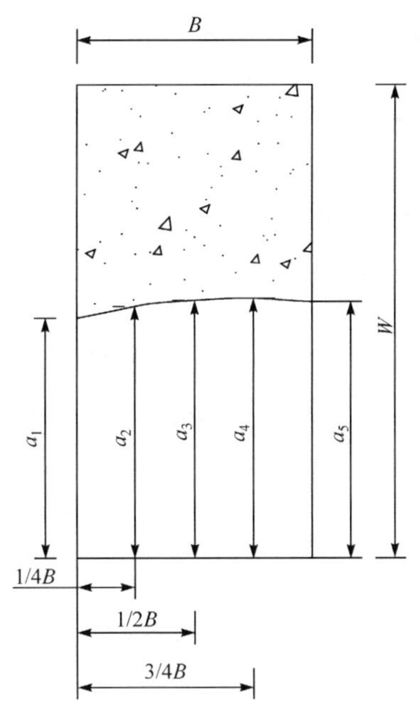

图 5-7　初始裂缝深度的测定图

3）有效性判断

确定了临界荷载的条件值 P_Q 及裂缝长度 a 之后，可根据应力强度因子公式计算 K_I，由此得到的 K_I 称为“条件断裂韧性”K_Q，至于 K_Q 是否为材料的有效 K_{IC} 值，还必须检查下列两个条件是否能够满足，即

$$\frac{P_{max}}{P_Q} \leqslant 1.1$$
$$B, a \geqslant 2.5\left(\frac{K_Q}{s_s}\right)^2 \tag{5-4}$$

式中，P_{max}为最大荷载，其余符号同前。当式(5-4)的两个条件均满足时，K_Q 就是材料的断裂韧性 K_{IC}的有效值，即 $K_{IC}=K_Q$；否则试验结果无效，必须以更大的试样重新进行试验。

2. 断裂韧性及 K 判据

应力强度因子 K_I 与应力及裂缝长度有关，随着应力 σ 的增大，裂缝前端的 K_I 将增大。当 K_I 增大到足以使裂缝前端材料分离从而裂缝失稳扩展时，就称为达到临界状态。

当构件的 K_I 值达到其临界值 K_{IC}时，构件就会失稳断裂。K_I 的临界值 K_{IC}表征了材料阻止裂缝扩展的能力，是材料抵抗断裂的一个韧性指标，称为断裂韧性，

脆性断裂的应力强度因子判据可以表示为

$$K_{\mathrm{I}}=K_{\mathrm{IC}} \tag{5-5}$$

式中，K_{I} 为带裂缝构件所承受的荷载、弹性体与裂缝几何形状和尺寸等因素的函数。K_{IC}属于材料常数，可通过试验测定。沥青混合料的断裂韧性与温度、加载速率、集料最大粒径、级配、沥青黏结料种类等因素有关。应力强度因子及断裂韧性的量纲为[力][长度]$^{-3/2}$，工程单位为 $\mathrm{kg/mm^{3/2}}$，国际单位为 $\mathrm{MN/m^{3/2}}$ 或 $\mathrm{MPa}\sqrt{\mathrm{m}}$。

断裂判据可以解决常规设计中所不能解决的桥面铺装层断裂分析问题。在应用“K 判据”进行断裂分析时，有两项基础工作必须加以充分注意。一项工作是必须准确掌握构件的“伤情”，要把裂缝的形状、尺寸、位置、环境等调查清楚。对于桥面铺装设计，则应根据以往同类铺装探伤记录和铺装施工的工艺条件，估计可能出现的最大裂缝尺寸，然后在铺装层的危险部位以此最大裂缝作为抗裂设计依据。另一项基础工作是准确可靠地测出各种铺装材料的断裂韧性 K_{IC}。

通过室内测试试验，测得相同缝高比 $a_0/W\approx0.50$，并按照式(5-1)计算的不同温度下环氧沥青混合料的断裂韧性。表 5-1 给出了一组环氧沥青混合料的断裂韧性测试值。

表 5-1　不同温度下环氧沥青混合料断裂韧性计算表($a_0/W\approx0.50$)

温度/℃	试件编号	初始裂缝深度 a_0/cm	试件高度 W/cm	缝高比	临界荷载 P_Q/N	断裂韧性 K_{IC}/($\mathrm{MPa}\sqrt{\mathrm{m}}$)
−15	−15-1	2.60	5.13	0.51	2169.40	2.04
	−15-2	2.72	5.38	0.50	2264.22	1.96
	−15-3	2.63	4.98	0.53	1950.77	2.05
−5	−5-1	2.22	4.98	0.45	2525.31	2.05
	−5-2	2.37	5.35	0.44	2439.57	1.76
	−5-3	2.44	4.93	0.49	1729.01	1.65
5	5-1	2.70	5.31	0.51	1513.24	1.35
	5-2	2.50	5.28	0.47	1317.46	1.07
	5-3	2.58	5.35	0.48	1848.35	1.50
15	15-1	2.42	5.03	0.48	851.43	0.75
	15-2	2.48	5.04	0.49	734.59	0.68
	15-3	2.72	5.45	0.50	972.55	0.81
	15-4	2.47	5.07	0.49	928.71	0.83
	15-5	2.49	5.22	0.48	888.31	0.74
25	25-2	2.54	4.98	0.51	518.47	0.51
	25-3	2.36	5.25	0.45	770.66	0.58

通过试验和计算可看出，环氧沥青混合料的断裂韧性 K_{IC} 大小与温度高低有很好的相关关系，如表 5-1 所示，用线性关系式拟合其变化趋势为

$$K_{IC}=-0.041T+1.48 \quad (-15℃\leqslant T\leqslant 25℃) \tag{5-6}$$

式中，T 为裂缝位置的实际温度(℃)。

用三次多项式来拟合这种变化为

$$K_{IC}=5.00\times 10^{-5}T^3-9.00\times 10^{-4}T^2-5.38\times 10^{-4}T+1.58 \quad (-15℃\leqslant T\leqslant 25℃) \tag{5-7}$$

图 5-8 为环氧沥青混合料在不同温度下断裂韧性的线性关系拟合与三次多项式拟合结果。

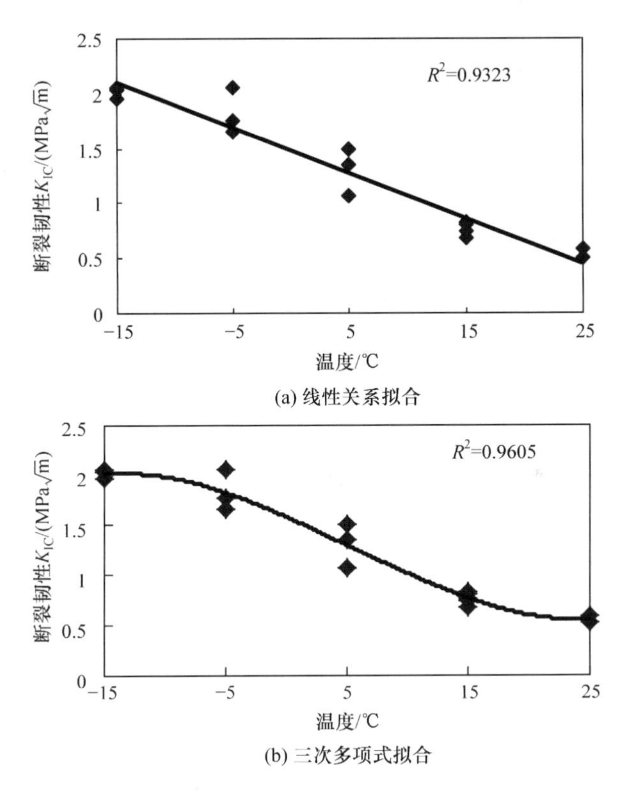

(a) 线性关系拟合

(b) 三次多项式拟合

图 5-8　断裂韧性与温度变化关系曲线图

由图 5-8 可以看出，随着温度的升高，断裂韧性 K_{IC} 逐渐减小。说明在铺装层的同一个位置，同样深度的裂缝，随着环境温度升高，环氧沥青混合料的抗裂性能有下降趋势。但是当温度低于−10℃或者高于 15℃时，温度变化对断裂韧性的影响较小，因此，要研究环氧沥青混合料的低温抗裂性能，可以考虑将低温选在−10℃。

由式(5-6)和式(5-7)可以看出，在断裂韧性试验中，可以不必测出所有温度

下的 K_{IC}，只需要测出某范围测试温度下的 K_{IC}，便可以由以上两式推导其他温度下的 K_{IC}，仅需要普通的具备实时记录试验荷载和位移的试验仪器就可以完成，并且节省了保温的时间，试验效率大幅提高。在室温 25℃，不同缝高比下环氧沥青混合料的断裂韧性计算如表 5-2 所示，图 5-9 为断裂韧性随缝高比变化的示意图。

表 5-2 不同缝高比下断裂韧性计算表(25℃)

缝高比	试件编号	初始裂缝深度 a_0/cm	试件高度 W/cm	临界荷载 P_Q/N	断裂韧性 K_{IC}/(MPa $\sqrt{m}$)
0.30	25-4	1.55	5.21	1008.99	0.514
0.31	25-5	1.54	4.99	953.04	0.533
0.32	25-8	1.60	5.03	947.34	0.536
0.37	25-6	1.95	5.24	859.72	0.528
0.38	25-7	1.95	5.17	906.95	0.574
0.42	25-1	2.04	4.90	633.61	0.483
0.45	25-3	2.36	5.25	770.66	0.585
0.51	25-2	2.54	4.98	518.47	0.514

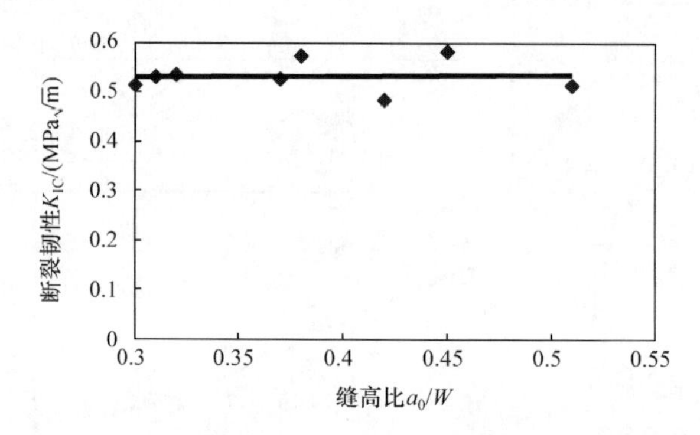

图 5-9 25℃断裂韧性 K_{IC}随缝高比 a_0/W 变化图

图 5-9 中的数据表明，当温度恒定时，断裂韧性随着缝高比的增大基本不发生变化。这表明断裂韧性 K_{IC}是材料固有性能指标，与裂缝深度和铺装厚度没有关系。将各个温度条件下的断裂韧性算术平均，得出环氧沥青混合料在不同温度下断裂韧性 K_{IC}如表 5-3 所示。此表的数据可以供后续关于环氧沥青混合料断裂研究查用。

表 5-3 不同温度下环氧沥青混合料断裂韧性 K_{IC}

技术指标	温度/℃				
	−15	−5	5	15	25
断裂韧性 K_{IC}/(MPa $\sqrt{m}$)	2.02	1.82	1.31	0.76	0.53

根据铺装材料的断裂韧性 K_{IC}，同时以无损探伤确定裂缝尺寸和位置，可估算

裂缝失稳扩展的临界荷载。根据式(5-8)可知,临界拉应力为

$$\sigma_c=\frac{K_{IC}}{\alpha\sqrt{\pi a}} \tag{5-8}$$

式中,系数 α 需要进行实际调查和探测,若取 $\alpha=1$,得出不同温度下使环氧沥青混合料裂缝扩展的临界拉应力如表 5-4 所示,在实际铺装结构中,若通过理论计算或者现场测试获取了铺装结构的温度、拉应力以及裂缝形状系数 α,可根据式(5-9)判断裂缝是否会扩展。

$$\sigma\leqslant\sigma_c \tag{5-9}$$

式中,σ 为理论计算或者现场测试获取的铺装结构内的拉应力;σ_c 为临界拉应力,当铺装结构内的拉应力满足式(5-9)时,裂缝不会扩展。

表 5-4　环氧沥青混合料的临界拉应力($\alpha=1$)

技术指标	温度/℃				
	−15	−5	5	15	25
临界拉应力 σ_c/MPa	7.19	6.49	4.66	2.72	1.94
劈裂抗拉强度 f_t/MPa	13.01	10.15	8.09	6.71	5.93

表 5-4 中环氧沥青混合料的劈裂抗拉强度 f_t 按照《公路工程沥青及沥青混合料试验规程》(JTG E20—2011)中“沥青混合料冻融劈裂试验”(T 0729—2000)进行测试,试件为高温固化的马歇尔试件,试件的原材料、集料级配、试验温度均与本书采用的三点弯曲梁试件一致, 25℃和 15℃温度条件下的加载速率为 50mm/min, 5℃、−5℃和−15℃温度条件下加载速率均为 1mm/min。

可见,临界拉应力在 25℃时为抗拉强度的 32.7%,在−15℃时为抗拉强度的 55.3%。可以看出,取 $\alpha=1$ 得出的裂缝扩展临界拉应力值偏小,环氧沥青混合料的抗裂性能未能充分利用,因此预计形状系数 α 的值应该小于 1。

同理,已知材料的 K_{IC} 和工作荷载 σ,也可以估算出构件允许的裂缝临界尺寸 a_c:

$$a_c=\frac{1}{\pi}\left(\frac{K_{IC}}{\alpha\sigma}\right)^2 \tag{5-10}$$

5.1.3　弹塑性断裂力学参数研究

如前所述,桥面铺装层的工作温度范围为−15～+70℃,环氧沥青混合料高温情况下也表现为黏弹性甚至黏塑性,因此,采用弹塑性断裂力学对环氧沥青混合料的断裂行为进行研究能更深入地确定其断裂力学特征。弹塑性断裂力学要解决的关键问题是:如何在大范围屈服条件下,确定出能定量描述裂缝尖端区域弹塑性应力应变场强度的参量,以便既能用理论建立起这些参量与裂缝几何特性、外加荷载之间的关系,又能通过试验建立便于工程应用的断裂判据。针对此,本节进行

CTOD断裂判据的试验研究。

1. CTOD参数及其测定

裂缝尖端张开位移CTOD的临界值$CTOD_c$是应用CTOD判据的一个重要参量，与K_{IC}都作为材料断裂韧性优劣的度量，可以通过试验进行测定。CTOD试验方法适用于线弹性断裂力学失效的延性断裂情况，可认为是K_{IC}试验的延伸。因此，试验的许多具体方法沿用了K_{IC}试验的有关规定，但由于CTOD试验与K_{IC}试验的适用范围不同，具有其本身的特点。实践证明，$CTOD_c$可以用小型三点弯曲试样在全面屈服下通过间接方法测出。前述章节内容中已经提到，通过试验直接准确地测量出裂缝尖端张开位移是很困难的，目前均利用三点弯曲试样的形变几何关系，由CMOD换算出CTOD[90]。

三点弯曲试样受力弯曲时滑移线场理论的分析表明，裂缝尖端塑性形变引起的滑移线对称于平分缺口夹角2θ的平面，试样的形变可视为绕某中心的刚体转动。该中心点（图5-10中的O点）到裂缝尖端的距离为$r(W-a)$，r称为转动因子。利用相似三角形的比例关系得出

$$CTOD=\frac{r(W-a)CMOD}{z+a+r(W-a)} \tag{5-11}$$

式中，z为切口的厚度，假设不采用引伸计测量裂缝口开口宽度，此时$z=0$。

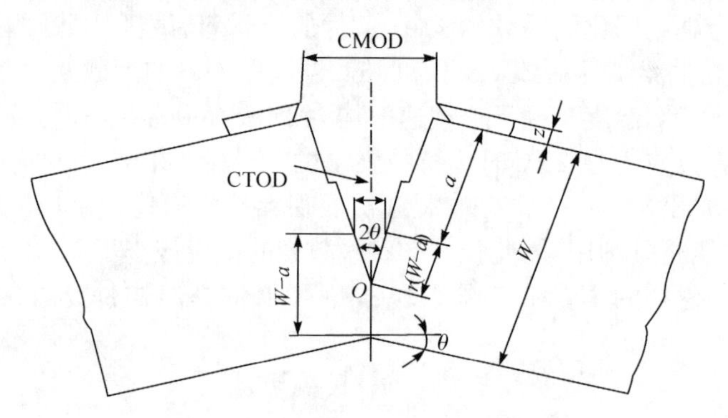

图5-10 CTOD与CMOD关系图

关于弹塑性情况，CTOD可由弹性的$CTOD_e$和塑性的$CTOD_p$两部分组成，即

$$CTOD=CTOD_e+CTOD_p \tag{5-12}$$

式中，$CTOD_e$为对应于荷载P的裂缝尖端弹性张开位移，其计算式为

$$CTOD_e=\frac{G_I}{\sigma_s}=\frac{K_I^2}{E\sigma_s}\text{（平面应力）} \tag{5-13}$$

$$CTOD_e=0.5\frac{K_I^2}{E'\sigma_s}=\frac{K_I^2(1-\nu^2)}{2E\sigma_s}\text{（平面应变）} \tag{5-14}$$

式中，σ_s 为抗拉屈服应力，此处取为劈裂抗拉强度 f_t；ν 为泊松比；E 为弹性模量。

$CTOD_p$ 为塑性形变所产生的裂缝尖端塑性张开位移，仍可按裂缝张开位移的塑性部分 $CMOD_p$ 来换算，故有

$$CTOD_p=\frac{r(W-a)CMOD_p}{z+a+r(W-a)} \tag{5-15}$$

可以得到平面应变状态下的 CTOD 计算公式：

$$CTOD=CTOD_e+CTOD_p=\frac{K_I^2(1-\nu^2)}{2E\sigma_s}+\frac{r(W-a)CMOD_p}{z+a+r(W-a)} \tag{5-16}$$

式中，转动因子 r 一般取 0.45；K_I 为对应于荷载 P 的应力强度因子。

试验得到的 P-CMOD 曲线大致分为三类，如图 5-11 所示。环氧沥青混合料的 P-CMOD 曲线属于图 5-11 (c)类，荷载通过最高点后连续下降且位移不断增大。此种情况由于产生稳定的亚临界裂缝扩展，故不能从 P-CMOD 图直接判断临界点。临界点应该是启裂点，需要借助电位法、电阻法、声发射法或氧化发蓝等方法来确定，本节采用与图 5-4 相同的三点弯曲试验装置进行测试，先用白色油漆涂于试件表面，便于观察试件裂缝的产生，试验中加载与拍摄同步，通过高清图像找出启裂时间，与加载设备自动记录的时间对应，从而找出对应的启裂荷载 P_i，然后由启裂荷载 P_i 和 $CMOD_i$ 求 $CTOD_c$。

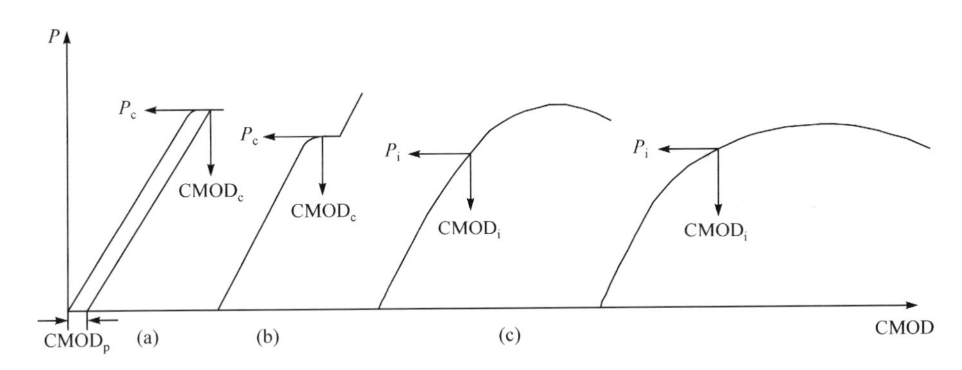

图 5-11　CTOD 试验中的三类 P-CMOD 曲线

图 5-12 给出了一组环氧沥青混合料试验在不同温度下的 P-CMOD 曲线。

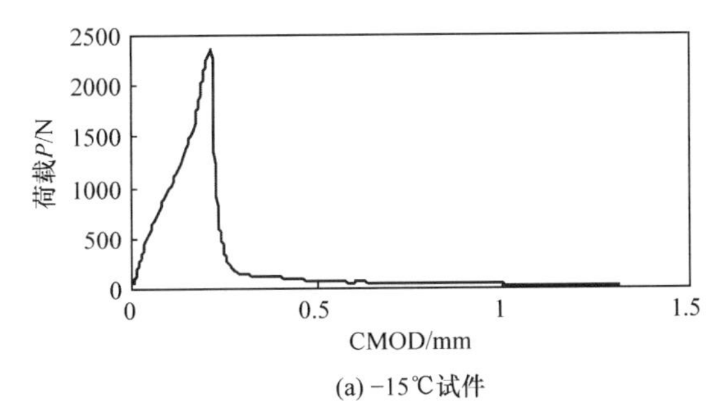

(a) −15℃试件

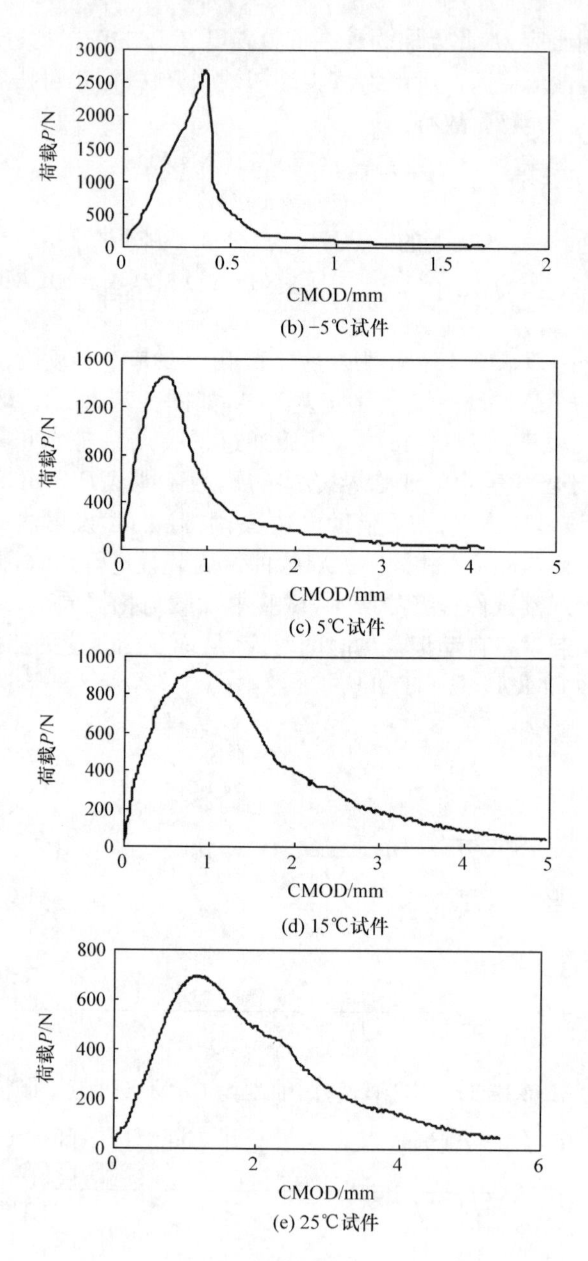

图 5-12 不同温度条件下 P-CMOD 曲线

2. CTOD 判据

材料在弹塑性情况下通过 CTOD 进行断裂评估，与采用应力强度因子类似，即 CTOD 达到某一临界值 $CTOD_c$ 时，裂缝将会开裂[101]：

$$\mathrm{CTOD}=\mathrm{CTOD_c} \tag{5-17}$$

式中，$\mathrm{CTOD_c}$ 是材料弹塑性断裂韧性指标，与材料自身性质和外界温度相关，可以由试验测得。必须注意，$\mathrm{CTOD_c}$ 是裂缝开裂的临界值，并非裂缝最后失稳的临界值。一般采用 $\mathrm{CTOD_i}$（initiation）表示裂缝开裂的张开位移临界值，用 $\mathrm{CTOD_m}$（maximum）表示裂缝失稳的张开位移临界值。通过大量的实测表明，$\mathrm{CTOD_i}$ 是一个不随试件尺寸改变的材料常数，而 $\mathrm{CTOD_m}$ 随试件尺寸变化较大，特别是试件厚度的影响，不宜作为材料常数。现阶段研究中均以 $\mathrm{CTOD_i}$ 作为裂缝尖端张开位移临界值，国内在进行相关研究时一般记为 $\mathrm{CTOD_c}$。

通过对图像的分析可以确定环氧沥青混合料在选定试验温度下的启裂荷载及其对应的裂缝口张开位移 $\mathrm{CMOD_c}$，再利用 5.1.2 节得出的 K_{IC} 计算相应的 $\mathrm{CTOD_c}$ 值，如表 5-5 所示。

表 5-5　不同温度下的启裂荷载和 $\mathrm{CTOD_c}$

温度/℃	试件编号	缝高比	启裂荷载/N	启裂时间/s	$\mathrm{CMOD_c}$/mm	$\mathrm{CTOD_c}$/mm	$\mathrm{CTOD_c}$ 平均值/mm
−15	−15-1	0.51	2151.2	18.7	0.19	0.11	0.11
	−15-2	0.50	2348.4	17.9	0.21	0.11	
	−15-3	0.53	2054.6	15.6	0.19	0.10	
−5	−5-1	0.45	2691.8	19.3	0.33	0.22	0.17
	−5-2	0.44	2578.1	21.7	0.30	0.19	
	−5-3	0.49	1828.6	18.6	0.20	0.11	
5	5-1	0.51	1607.1	31.9	0.54	0.28	0.25
	5-2	0.47	1398.1	28.1	0.40	0.20	
	5-3	0.48	1969.8	34.1	0.49	0.27	
15	15-1	0.48	860.7	83.8	0.61	0.29	0.32
	15-2	0.49	774.9	78.6	0.58	0.28	
	15-3	0.50	1037.4	75.0	0.81	0.33	
	15-4	0.49	964.1	73.2	0.74	0.32	
	15-5	0.48	936.5	77.9	0.83	0.35	
25	25-2	0.51	552.8	74.9	0.97	0.41	0.41
	25-3	0.45	793.6	76.4	0.83	0.41	

研究数据表明，环氧沥青混合料的启裂荷载在−5℃时达到最大值，如图 5-13 所示；若以开始加载到裂缝启裂期间定义为启裂时间，则随着温度的升高启裂时间呈延长的趋势，如图 5-14 所示，特别是当温度从 5℃增加到 15℃时，启裂时间急剧延长，而温度超过 15℃后，启裂时间逐渐趋于平稳。

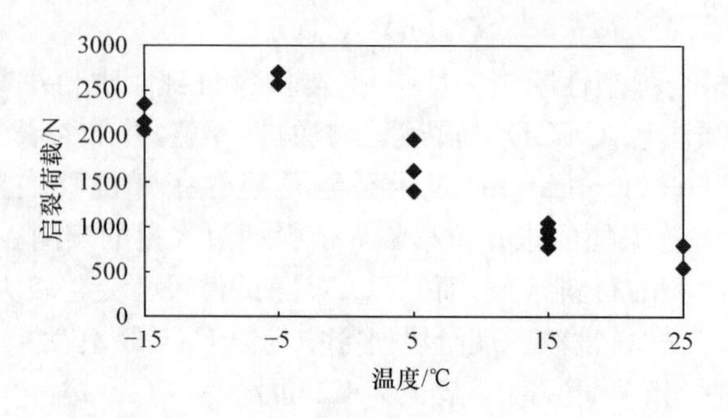

图 5-13　启裂荷载随温度变化图

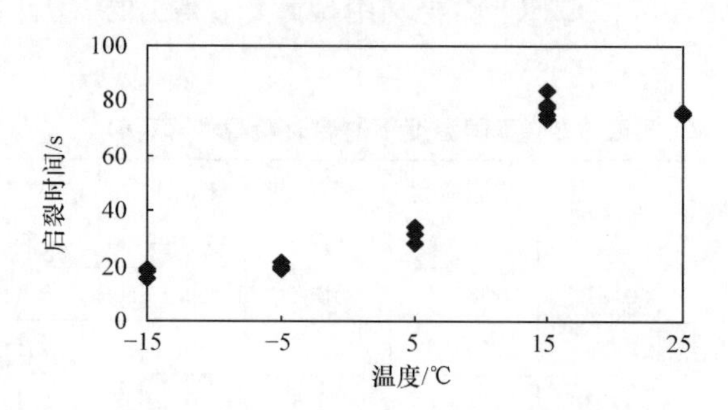

图 5-14　启裂时间随温度变化图

当缝高比为 $a_0/W\approx0.5$ 时，$CMOD_c$ 和 $CTOD_c$ 均与温度表现出良好的线性相关性，如图 5-15 和图 5-16 所示，其关系式可以分别表示为

$$CMOD_c=0.0184T+0.422\quad(-15℃\leqslant T\leqslant25℃)\tag{5-18}$$

$$CTOD_c=0.0073T+0.212\quad(-15℃\leqslant T\leqslant25℃)\tag{5-19}$$

因此，对于桥面铺装层，如果已经出现裂缝，可以在常温下测出铺装层的 CMOD，通过式(5-19)换算出其他温度下的 $CMOD_c$。

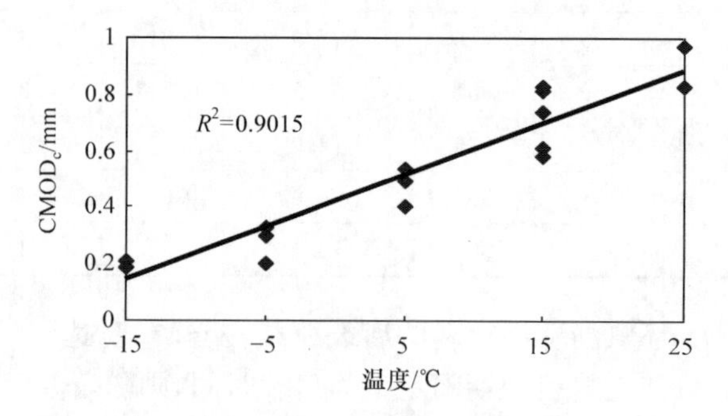

图 5-15　$CMOD_c$ 随温度变化图

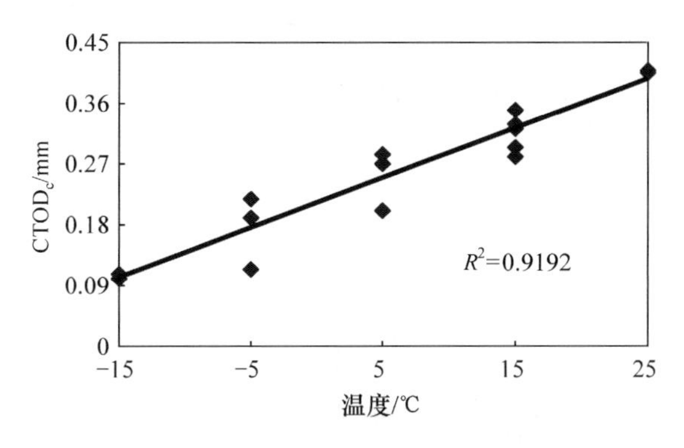

图 5-16　$CTOD_c$ 随温度变化图

采用同样的方法可以得出相同温度、不同缝高比下相应的断裂参数，如表 5-6 所示。

表 5-6　不同缝高比下的断裂参数(25℃)

缝高比	试件编号	启裂荷载/N	启裂时间/s	$CMOD_c$/mm	$CTOD_c$/mm
0.30	25-4	1037.4	106.7	0.89	0.50
0.31	25-5	978.2	98.3	0.85	0.50
0.32	25-8	978.9	96.5	0.75	0.46
0.37	25-6	883.8	91.3	0.81	0.45
0.38	25-7	900.7	96.3	0.83	0.47
0.42	25-1	633.7	103.8	0.90	0.45
0.45	25-3	793.6	76.5	0.83	0.41
0.51	25-2	552.8	74.9	0.97	0.41

对试验结果进行分析可见，随着缝高比 a_0/W 增大，启裂荷载减小，其变化趋势如图 5-17 所示，启裂时间也呈减小趋势，如图 5-18 所示，说明随着裂缝深度增加，承载能力降低。$CMOD_c$ 随缝高比呈现不规律变化，如图 5-19 所示，不宜作为材料性能指标。而针对 $CTOD_c$，随着缝高比的增大，$CTOD_c$大致呈线性减小趋势，如图 5-20 所示，说明随着裂缝的扩展，$CTOD_c$减小，即裂缝更容易失稳。$CTOD_c$随缝高比变化从另一方面说明 $CTOD_c$判据不便于实际应用，因为需要量测裂缝的深度才能做出准确的判断。

本节所量测的 CTOD 是在荷载作用下获取的，而在实际的桥面铺装环境下，当缺乏车辆或温度等荷载作用时，由于未失稳裂缝处于闭合状态，不容易观察或检测，从而限制了 $CTOD_c$ 判据的应用。但是在理论计算中，位移为容易量测的物理量，$CTOD_c$判据在理论计算中具有一定的实用性。

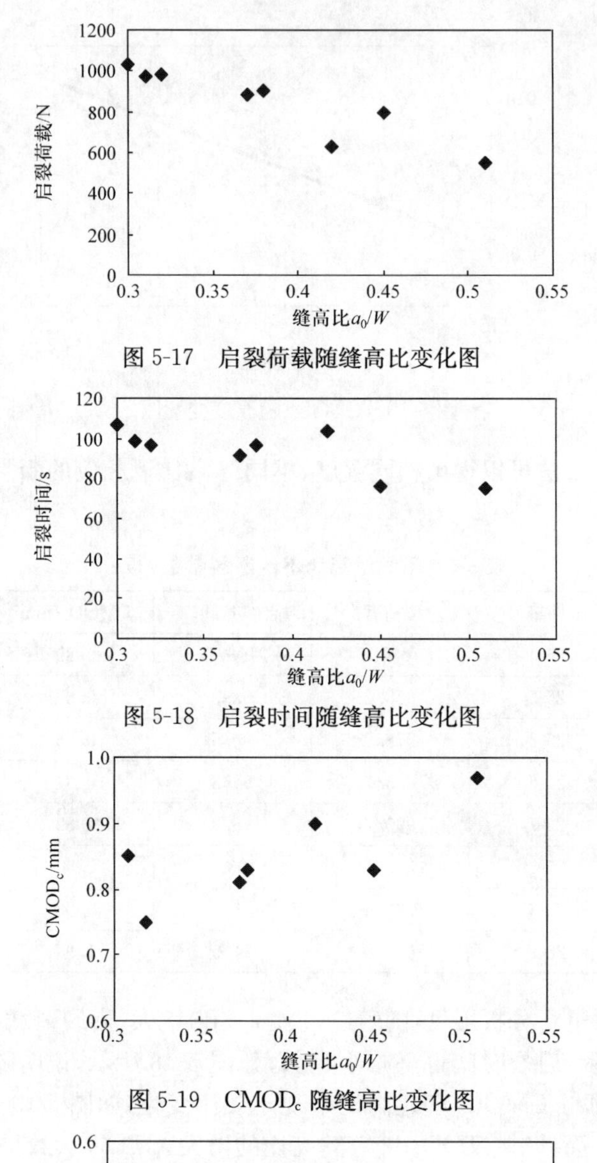

图 5-17 启裂荷载随缝高比变化图

图 5-18 启裂时间随缝高比变化图

图 5-19 $CMOD_c$ 随缝高比变化图

CTOD$_c$/mm

R^2=0.8227

缝高比a_0/W

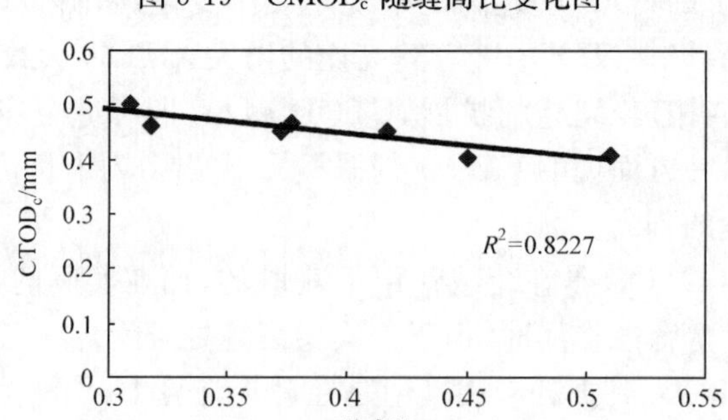

图 5-20 $CTOD_c$ 随缝高比变化图

5.2　环氧沥青混合料断裂能研究

对于复合材料断裂能的研究，断裂能 G 的概念被引入水泥混合料的断裂研究中[102]，定义为产生单位面积裂缝所需要的能量，同时设计了一套有效的测试方法：三点弯曲切口梁法。Petersson 在提出混合料断裂能时，实际上未加区分地与应变能释放率 G_{IC} 等同起来，认为采用三点弯曲切口梁法测试的断裂能即为混合料的真实断裂韧性，即混合料的断裂能 G_F 与混合料的断裂韧性 K_{IC} 满足关系 $K_{IC}^2=G_F E$。然而，大部分研究者认为三点弯曲切口梁法不适用于尺度较小的混合料结构，随着 Hillerborg 在虚拟裂缝模型(fictitious crack model，FCM)中重新定义了断裂能参数，断裂能 G_F 失去了其最初的含义，演变成混合料的非线性断裂参数。现阶段，几乎所有非线性断裂模型的提出都依赖于断裂能参数。因此，断裂能不仅是混合料的重要材料性能参数，也是对混合料进行非线性数值分析必不可少的要素。本节主要根据 Hillerborg 的 FCM 对环氧沥青混合料的断裂能进行介绍。

5.2.1　虚拟裂缝模型

FCM 是瑞典 Lund 工学院 Hillerborg 教授等于 1976 年提出的[103]。其认为对于三点弯曲切口梁，裂缝端部断裂区的基本性态和特征如图 5-21 所示。当梁受荷载作用后，切口端部出现应力集中现象，在应力集中区域内将产生大量微裂缝。

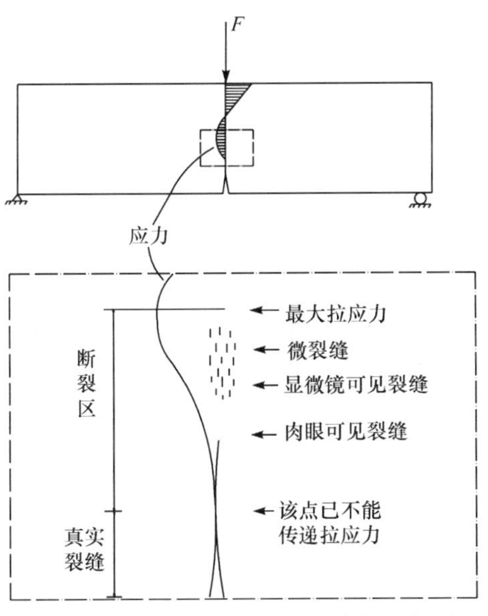

图 5-21　三点弯曲切口梁裂缝端部的断裂区

离切口端部越远，微裂缝的数量越少。离切口端部足够远处，由于应力集中产生的微裂缝减少，此部分混合料可正常承受拉应力，而在切口端部附近区域内，沿主拉应力方向混合料严重受损，已不能承受拉应力作用。自切口端部开始至微裂缝消失之间的区域，Hillerborg 将其称为混合料裂缝端部的断裂区（或过程区）。该区的边界应力可达到混合料的劈裂抗拉强度 f_t，而在切口端部应力为零。断裂区外的区域为弹性区，继续增加荷载，肉眼可见裂缝变为宏观裂缝，缝端前移形成新的断裂区。该断裂过程是 Hillerborg 教授提出虚拟裂缝模型所依赖的物理现象基础。

虚拟裂缝模型的基本概念可通过图 5-22 所示的直接拉伸试验来进行说明。假设试件是由均质各向同性材料组成的，试验在可控制位移及试验稳定性的刚性试验机上进行，并获得了全过程应力-形变曲线，其形变通过两个标距相等的引伸计 B 和 C 进行量测。假定应力达到劈裂抗拉强度 f_t 时断裂区发生在引伸计 B 的量测区段内，当应力小于劈裂抗拉强度 f_t 时，断裂区尚未出现，引伸计 B 和 C 所量测区段的形变是相同的，即图 5-22(b) 中应力-形变曲线的加载段重合。应力达到 f_t 后，断裂区出现。随着试件形变的继续增加，断裂区内微裂缝不断发展，使得断裂区所在截面的有效承载面积不断减小。由于试件形变按等应变速率稳定增加，试件所承受的拉力 P 将不断减小。这使得断裂区以外的各点卸载，其形变减小，而在断裂区内，形变则迅速增大，直至完全分离。由于断裂区以外各点的应力不断减小，可以认为，当试件某处出现一个断裂区后，其他部位将不会再产生新的断裂区。因此，B 量测区段的形变将按卸载曲线 B 增大，而 C 量测区段的形变将按卸载曲线 C 减小，如图 5-22(b) 所示。

若引伸计 B 和 C 的标距长度均为 l，当 C 量测区段的卸载段与加载段形变相差较小时，则 C 量测区段内形变为

$$\Delta l_C = \varepsilon l \tag{5-20}$$

B 量测区段内的形变为

$$\Delta l_B = \varepsilon l + w \tag{5-21}$$

式中，ε 为加载段的应变；w 为断裂区引起的附加形变，其变化趋势与 ε 相反。

图 5-22(b) 所表示的直接拉伸试件的形变特性可以分解成图 5-22(c) 和 (d) 所示的两条曲线，即应力 σ 达到 f_t 前，试件形变按图 5-22(c) 所示的曲线 σ-ε 加载段增长；而应力 σ 达到 f_t 后，断裂区的形变按图 5-22(d) 所示的曲线 σ-w 增长，断裂区外的形变则按图 5-22(c) 所示的 σ-ε 曲线的卸载段减小。σ-w 曲线一般称作应变软化曲线。

实际上，图 5-21 所示的三点弯曲切口梁和图 5-22 所示的直接拉伸试件的断裂区均有一定的宽度，而式 (5-20) 和式 (5-21) 中并未包括断裂区的宽度。为了简化计算，将断裂区的初始宽度 w_0 假设为零，形变后断裂区的宽度等于附加形变

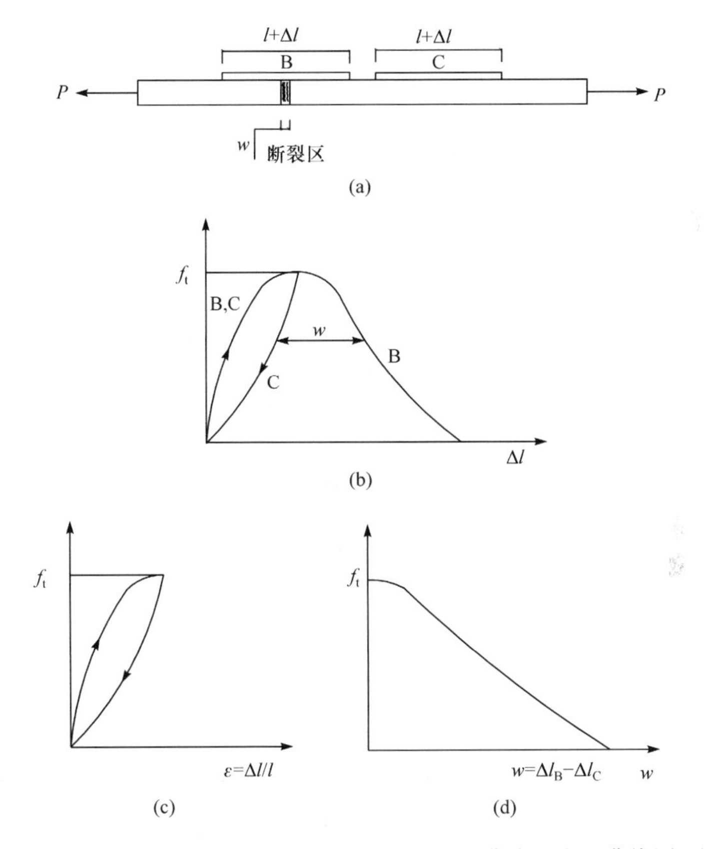

图 5-22　将直接拉伸试件的形变特性分解为 σ-ε 曲线和 σ-w 曲线原理图

w。根据初始宽度为零的假设，可将断裂区看成宽度为 w 的约束裂缝，约束裂缝根据其宽度 w 按应力软化曲线 σ-w 传递相应大小的拉应力 σ。由于断裂区有一定的宽度，而作为简化描述所引入的约束裂缝并非真实裂缝，因而称为虚拟裂缝，该模型也称为虚拟裂缝模型。

对于图 5-21 所示的三点弯曲切口梁的断裂区，断裂区按虚拟裂缝描述情况下的扩展情况如图 5-23 所示。

图 5-23(a)表示裂缝扩展前裂缝前缘按虚拟裂缝模型得到的应力分布（图中 σ_y 为裂缝区竖直应力）；图 5-23(b)表示裂缝扩展后，原虚拟裂缝一部分成为新形成的真实裂缝，随之虚拟裂缝缝端向前移动，其相应的应力分布也如图 5-23 所示。

5.2.2　断裂能 G_F 原理及其测定方法

断裂能 G_F 的原理可由直接拉伸试件的断裂试验来阐述。对于图 5-22 所示的直接拉伸断裂试验，当试件断裂后，外力 P 在试件 B 段上所消耗的功为

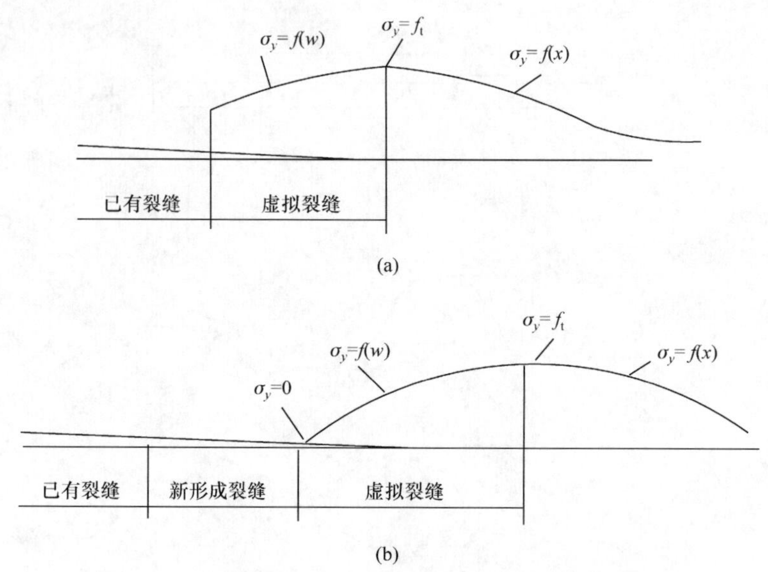

图 5-23 三点弯曲切口梁试件断裂区简化为虚拟裂缝情况下裂缝前缘应力分布及裂缝的扩展过程

$$W_0=\int Pd\Delta l_B=Al\int\sigma d\varepsilon+A\int\sigma dw \tag{5-22}$$

式中,A 为试件的截面面积。式(5-22)中第一项是由于存在不可恢复形变,B 段整体吸收的外力功。B 段单位体积吸收的外力功等于图 5-24(a)所示的阴影线面积。式(5-22)的第二项为整个断裂区吸收的外力功。用 G_F 表示断裂单位面积吸收的外力功,则

$$G_F=\int\sigma dw \tag{5-23}$$

G_F 称为混合料断裂能,其等于图 5-24(b)所示的阴影线面积,阴影线面积的数值分别代表材料单位体积与裂缝单位面积所消耗的能量。为使裂缝扩展单位面积,外力必须提供的能量即为 G_F。

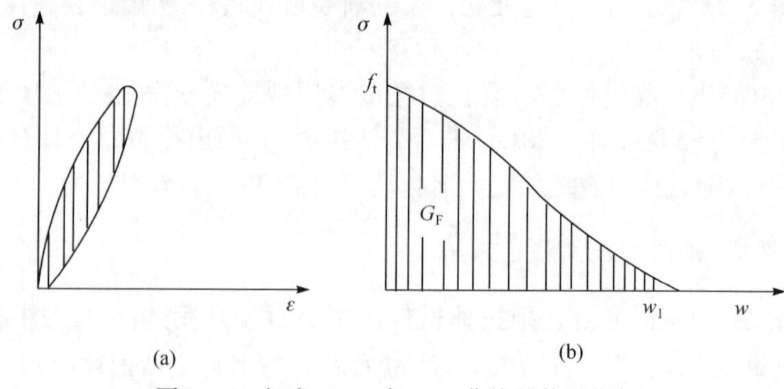

图 5-24 相应于 σ-ε 与 σ-w 曲线的能量损耗

用FCM无法求出断裂区及其亚临界扩展长度的解析解，必须采用数值方法。当通过有限单元法进行数值计算时，采用图5-24所示的非线性σ-ε曲线和σ-w曲线将会使计算时间延长，计算成本增大。因此，在计算中常将图5-24简化成图5-25所示的直线图形。由图5-25中绘出的σ-ε和σ-w曲线的形状可知，材料的特性完全被劈裂抗拉强度f_t、弹性模量E及断裂能G_F所决定。

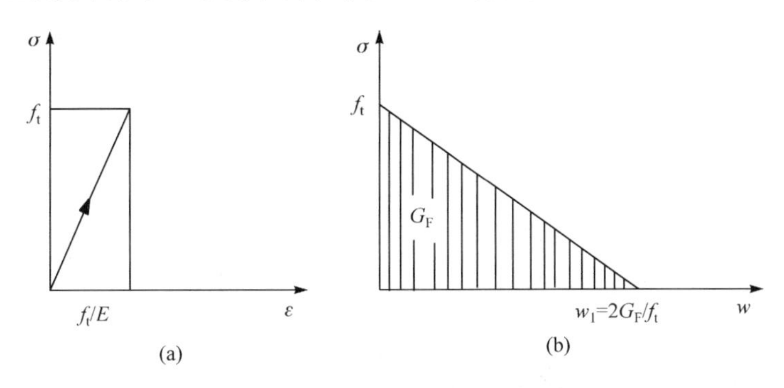

图5-25　在数值计算中的简化近似假定

按照图5-25给出的简化图形，虚拟裂缝以外部分所吸收的能量为零。相当于假定在虚拟裂缝以外的区域，材料为纯弹性。在此简化条件下，式(5-22)中第一项积分所代表的B段整体由于存在不可恢复形变而使整个体积吸收的外力功为零。因此，外力P在试件B段上所做的功W_0全部被裂缝所消耗，式(5-22)可改写为

$$W_0 = A\int \sigma \mathrm{d}w = AG_F \tag{5-24}$$

为保证外力P提供的能量由裂缝消耗，断裂必须是稳定的，而不至于由于动力作用消耗一部分能量。此外，裂缝区域以外部分所吸收的能量应小到可以忽略不计。测定G_F的直接方法是单轴拉伸断裂试验，其要求试验稳定、形变缓慢，没有突然的跳跃，以测出应力-形变的全过程曲线。然而，要完成稳定拉伸断裂试验是非常困难的，要求有闭路电液伺服式刚性万能试验机或者有一个完全刚性的试验机架和其他特殊试验设备，因此，对试验测试设备的要求较高。

通过切口试样完成稳定的弯曲试验相对容易，因而国际结构与材料研究实验联合会混凝土断裂力学技术委员会推荐以三点弯曲切口梁确定砂浆和混合料断裂能的标准测试方法。该方法建议采用的三点弯曲切口梁试件如图5-26所示。在其建议的方法中定义断裂能是产生单位面积裂缝所必需的总能量，平行于主裂缝方向的平面中的投影面积为裂缝面积。图5-27为典型三点弯曲切口梁的荷载-加载点位移曲线，在P-δ曲线的低荷载段上可能出现非线性，对此应校正，如图5-27中的虚线所示。曲线上的面积为能量W_0，最终断裂时的形变也可由图中曲线求得。

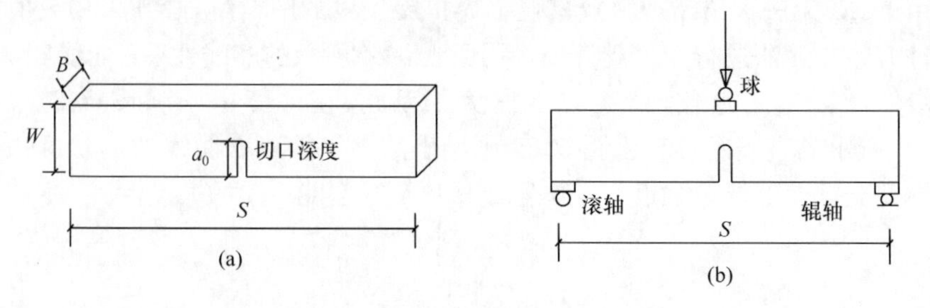

图 5-26 国际结构与材料研究实验联合会建议的测定断裂能的三点弯曲切口梁试件形式

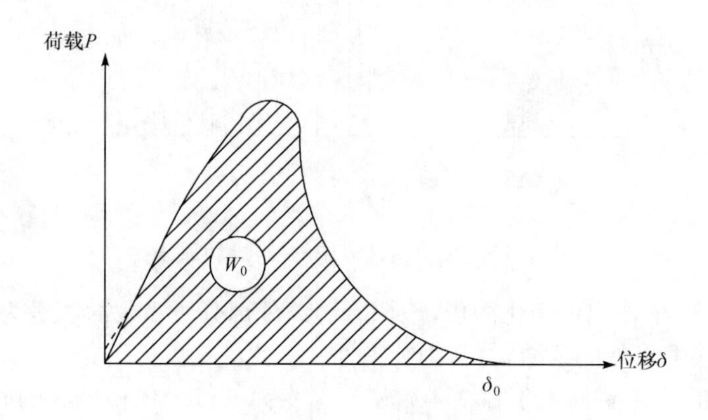

图 5-27 荷载-加载点位移全曲线

对于三点弯曲切口梁，裂缝形成的能量全部由外力 P、梁自重及梁上附加重量所做的功进行计算：

$$G_F = \frac{1}{B(W-a_0)}\left[\int_0^{\delta_0} p(\delta)\mathrm{d}\delta + mg\delta_0\right]$$
$$= \frac{1}{B(W-a_0)}(W_0 + mg\delta_0) \tag{5-25}$$

式中，W_0 为图 5-27 曲线下的面积；m 为支点间的梁重，可用梁总重乘以 s/l 求得；g 为重力加速度，$9.81\mathrm{m/s^2}$；δ_0 为梁最终破坏时的形变；B 为试件厚度；W 为试件高度；a_0 为试件预制缝深。

上述试验所采用的试件较小，自重相对荷载很小，故不计自重的影响，式(5-25)可以简化为

$$G_F = \frac{W_0}{B(W-a_0)} \tag{5-26}$$

为测得稳定的荷载-位移全过程曲线，要求试验机应具有足够的刚度或具有闭路电液伺服控制装置。若在整个试验中荷载和形变缓慢变化，即无突然的跳动，则可以认为试验是稳定的。满足断裂稳定的必要条件和充分条件，可以保证不会

发生由动力作用产生的能量消耗，裂缝前端断裂区以外部分的能量消耗达到最小，由荷载 P 和梁的重量提供的外力功就等于裂缝扩展所消耗的总能量。

5.2.3　环氧沥青混合料的断裂能试验

通过室内三点弯曲切口梁试验可以开展环氧沥青混合料断裂能 G_F 的研究，试验分别确定了不同温度、缝高比试件的 P-δ 曲线。图 5-28 和图 5-29 给出了环氧沥青混合料在不同试验温度以及缝高比条件下的 P-δ 曲线。

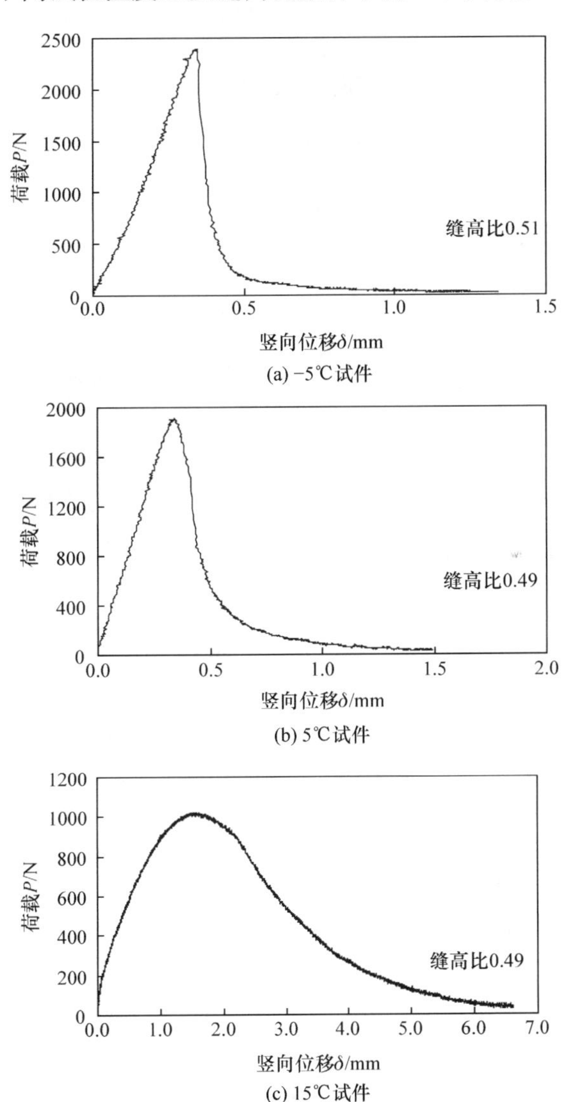

(a) −5℃试件

(b) 5℃试件

(c) 15℃试件

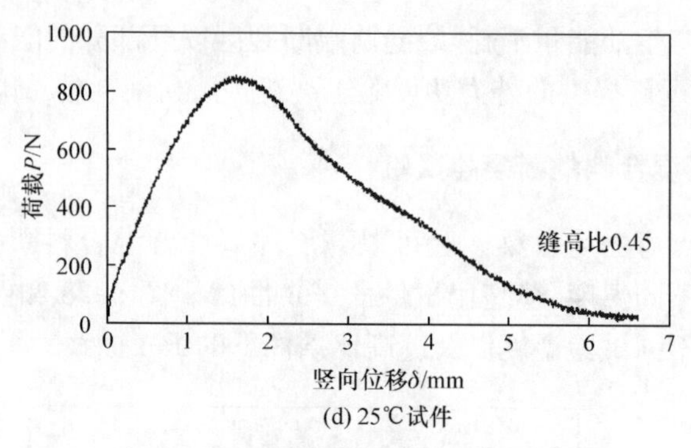

(d) 25℃试件

图 5-28　不同温度下典型 P-δ 曲线

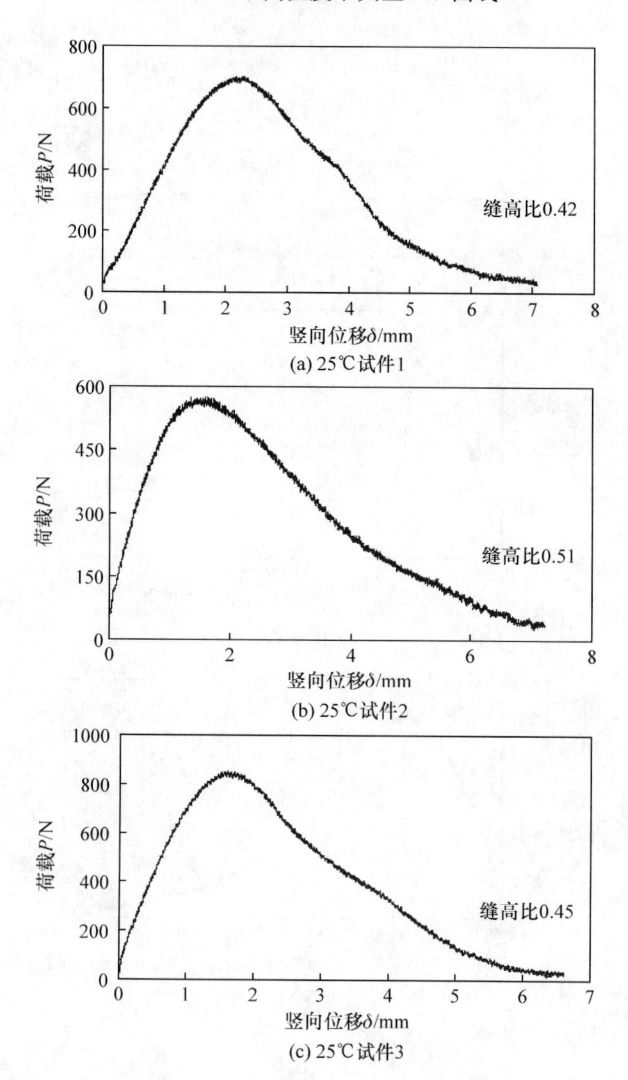

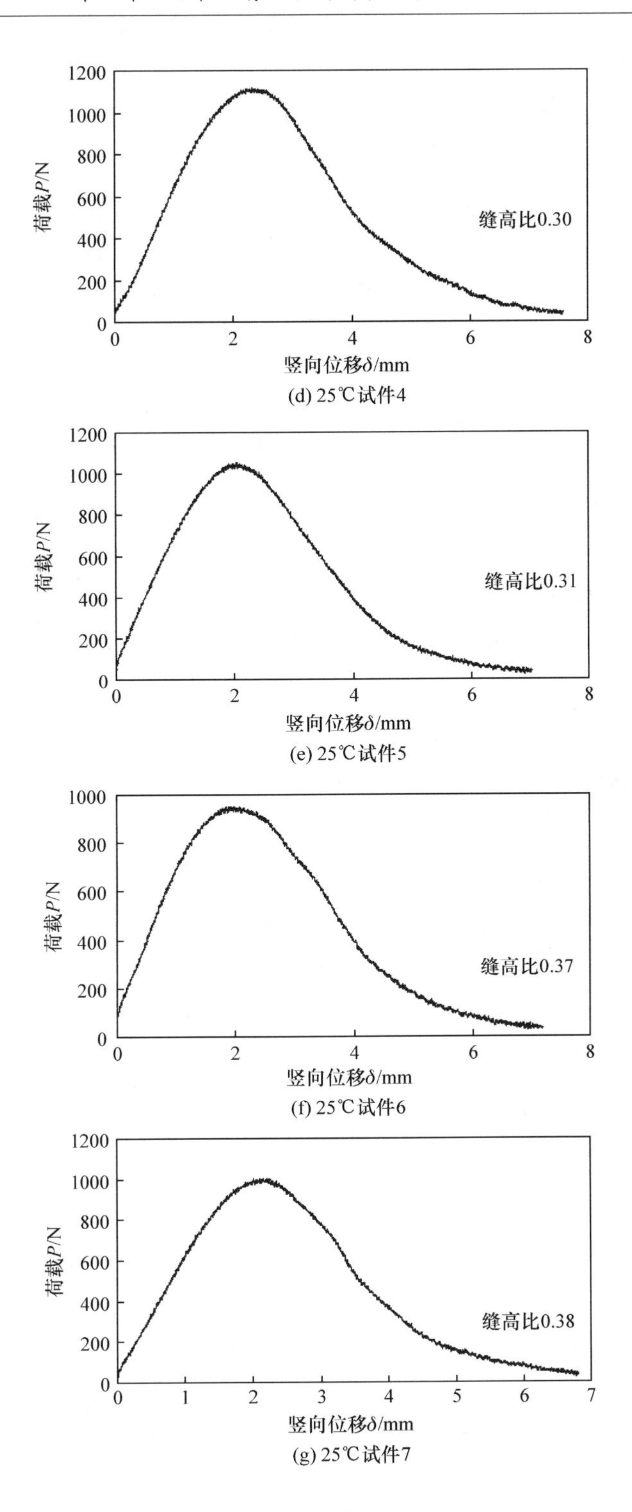

(d) 25℃试件4

(e) 25℃试件5

(f) 25℃试件6

(g) 25℃试件7

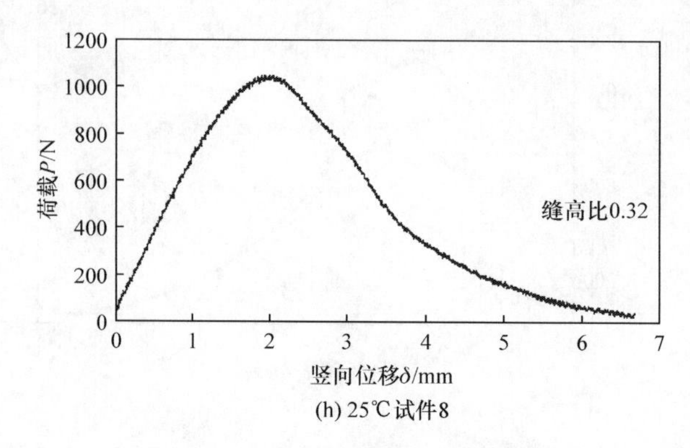

(h) 25℃试件8

图 5-29 不同缝高比下的 P-δ 曲线

P-δ 曲线和横坐标轴所围成图形面积即为环氧沥青混合料的断裂能，结合式(5-26)可得出环氧沥青混合料的断裂能参数。表 5-7 和表 5-8 列出了一组环氧沥青混合料试件的断裂能计算结果。

表 5-7 不同温度下环氧沥青混合料的断裂能计算结果

温度/℃	试件编号	缝高比 a_0/W	B/cm	W/cm	a_0/cm	W_0/(N·m)	G_F/(N/m)	G_F 平均值/(N/m)
−15	−15-1	0.51	5	5.13	2.60	563.40	445.4	444.6
	−15-2	0.51	5	5.38	2.72	579.1	435.40	
	−15-3	0.53	5	4.98	2.63	532.2	452.9	
−5	−5-1	0.47	5	4.98	2.22	904.9	655.7	610.4
	−5-2	0.44	5	5.35	2.37	927.0	622.1	
	−5-3	0.50	5	4.93	2.44	689.0	553.4	
5	5-1	0.51	5	5.31	2.70	2343.9	1796.1	1536.9
	5-2	0.47	5	5.28	2.50	1542.6	1109.8	
	5-3	0.48	5	5.35	2.58	2361.1	1704.8	
15	15-1	0.48	5	5.04	2.42	2833.7	2163.1	2180.4
	15-2	0.49	5	5.03	2.48	2502.8	1963.0	
	15-3	0.50	5	5.41	2.72	3064.4	2278.4	
	15-4	0.49	5	5.07	2.47	2979.8	2292.2	
	15-5	0.48	5	5.22	2.49	3009.9	2205.1	
25	25-2	0.51	5	4.98	2.54	2046.4	1677.4	1738.8
	25-3	0.45	5	5.25	2.36	2601.2	1800.1	

表 5-8　不同缝高比下环氧沥青混合料的断裂能计算结果(25℃)

试件编号	缝高比 a_0/W	B/cm	W/cm	a_0/cm	W_0/(N·m)	G_F/(N/m)
25-4	0.30	5	5.21	1.55	3729.7	2038.1
25-5	0.31	5	4.99	1.54	3255.4	1887.2
25-8	0.32	5	5.03	1.60	3081.7	1796.9
25-6	0.37	5	5.24	1.95	3156.9	1919.1
25-7	0.38	5	5.17	1.95	3034.6	1884.8
25-1	0.42	5	4.90	2.04	2304.7	1611.7
25-3	0.45	5	5.25	2.36	2601.2	1800.1
25-2	0.51	5	4.98	2.54	2046.4	1677.4

试验结果表明，在试验所选择的温度范围内，随着温度的升高，环氧沥青混合料的断裂能并不呈线性变化，根据试验数据，可以用如下方程模拟断裂能随温度的变化关系：

$$G_F = -0.16T^3 + 1.06T^2 + 97.94T + 1115.10 \quad (-15℃ \leqslant T \leqslant 25℃) \tag{5-27}$$

当温度处在−15～15℃时，断裂能逐渐增大，如图 5-30 所示，说明随着温度的升高，单位面积裂缝扩展所需要消耗的能量增大，即在这个温度范围内，温度升高，裂缝更不容易扩展。可以看出，15℃的温度条件下，断裂能达到极大值，当温度高于该临界值时，断裂能的值开始下降，即裂缝扩展单位面积需要吸收的能量减小。出现该现象的原因主要为，当温度较低时(低于 0℃)，环氧沥青混合料表现出显著的脆性，试验中发现断裂的裂痕整齐，并出现集料颗粒断裂的情况。断裂扩展过程时间较短，即当外力做的功足以使试件开裂时，微裂缝出现后便迅速扩展，扩展需要吸收的能量很少，其 P-δ 曲线表现为荷载达到最大值之后突然下降。而温度高于 0℃时，随着温度升高，环氧沥青混合料的韧性逐步得到提高，裂缝稳定而缓慢地扩展，裂缝在扩展过程中仅出现于砂浆及集料-砂浆界面，因此扩展过程中需要外力不断提供能量，在 P-δ 曲线中表现为荷载达到最大值之后缓慢降低，位移稳定

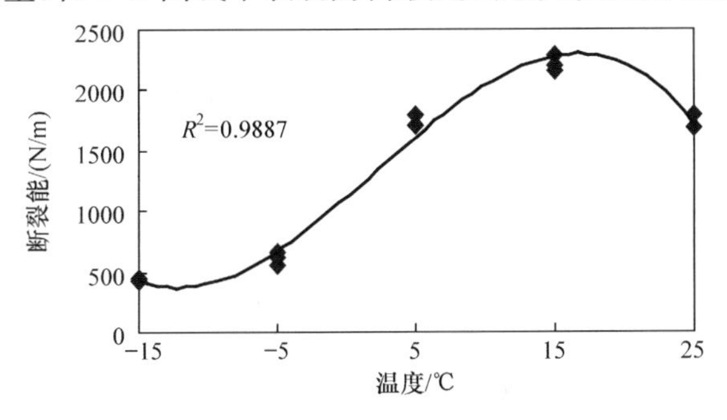

图 5-30　断裂能随温度的变化(缝高比 0.5)

增大。而当温度高于15℃之后，随着温度升高，裂缝启裂需要吸收的能量变少，环氧沥青混合料也开始表现出一定的黏性，裂缝扩展需要的能量减少。

当温度不变，缝高比变化时，随着缝高比的增加，断裂能呈线性下降趋势，如图5-31所示，根据试验结果，这种变化趋势可以由如下线性关系式表示：

$$G_F = -1667.2\alpha + 2534.9 \tag{5-28}$$

式中，$\alpha = a_0/W$ 表示缝高比。

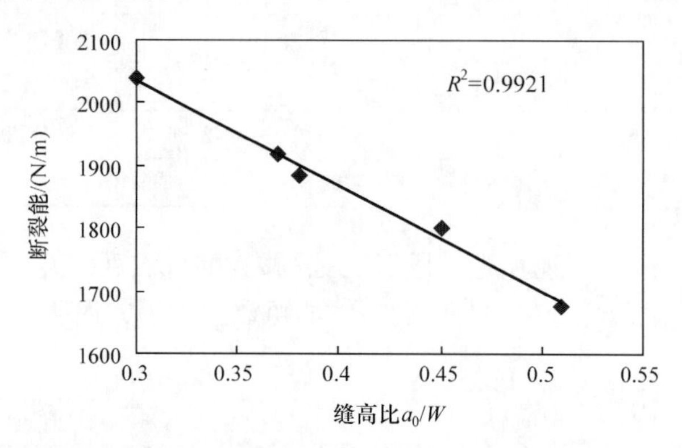

图5-31　断裂能随缝高比的变化(温度25℃)

该现象可以解释为，缝高比小意味着断裂韧带面积大，即式(5-26)中的 $B(W-a_0)$ 大。显然，由该式计算出的断裂能变小。此外，缝高比增大，裂缝启裂需要吸收的能量变小，在 P-δ 曲线中表现为最大荷载呈减小趋势。

5.3　环氧沥青混合料的双 K 断裂参数

双 K 断裂模型主要是基于线弹性断裂力学并考虑断裂过程区(fracture processing zone，FPZ)内黏聚力的作用，以应力强度因子为参量，通常用于水泥混合料的断裂力学分析。沥青混合料是一种温度敏感的非匀质多相复合材料，当温度上升时会表现出黏弹性，这种情况下双 K 断裂参数对于沥青混合料而言并不适用。环氧沥青混合料与一般的沥青混合料相比，其温度敏感度较低，蠕变试验表明在40℃和60℃的高温条件下，其永久形变量都比较小(普通马歇尔试件40℃时3600s的蠕变压缩形变约为0.2mm，60℃时约为0.4mm)，表明其高温性能较好且高温条件下黏塑性并不明显。而当温度接近以及低于0℃时，环氧沥青混合料表现出显著的脆性，其断裂特性与水泥混合料相比具有相似的地方。因此，本节对低温条件下环氧沥青混合料的双 K 断裂参数进行探讨。

对于含裂缝的混合料类非匀质多相复合材料，由于裂缝端部存在FPZ，只有经过适当的模型修正后才能将线弹性断裂力学(linear elastic fracture mechanism，LEFM)应用于断裂性能的研究。双 K 断裂模型[104]与众多现有混合料断裂模型相似，将应力强度因子作为混合料断裂的判定参量，包括两个断裂参数，启裂断裂韧性 K_{Ic}^{ini} 和失稳断裂韧性 K_{Ic}^{un}，两者的差值便是分布在 FPZ 上的黏聚力引起的黏聚韧度增值 K_{Ic}^{c}。在 FPZ 内，由于骨料以及基体之间存在的桥联效应，FPZ 仍存在黏聚力，这也是包含 FPZ 的裂缝称为虚拟裂缝的一个原因。FPZ 使处于加载阶段的裂缝附近产生局部卸载，缓解缝端的应力集中程度，削弱了缝端的应力奇异性。从物理意义看，K_{Ic}^{c} 和启裂断裂韧性 K_{Ic}^{ini} 以及失稳断裂韧性 K_{Ic}^{un} 存在数量上的叠加效果，这同时给双 K 参数的计算提供了有利条件。因为从理论上说，启裂断裂韧性 K_{Ic}^{ini} 以及失稳断裂韧性 K_{Ic}^{un} 可以从线弹性断裂力学公式直接得出，但与启裂断裂韧性 K_{Ic}^{ini} 对应的启裂荷载 P_{Ic}^{ini} 不宜从试验中直接测得，所以可以利用三者之间的关系间接求出 K_{Ic}^{ini}，这已经在实践中得到证明[105]。

5.3.1　环氧沥青混合料双 K 断裂参数及其计算方法

由于环氧沥青混合料失稳断裂前存在裂缝稳定扩展过程，因此，以线弹性断裂力学公式计算断裂韧性 K_{IC} 时应该采用实际裂缝长度 a_c，即初始缝长 a_0 加上实际裂缝扩展量 Δa_c。

对一般意义上的三点弯曲缺口梁(图 5-3)，裂缝尖端应力强度因子可以用式(5-29)表示(在任意 α 和 $\beta \geqslant 2.5$ 范围内有效)：

$$K_I = \frac{3PS}{2BW^2}\sqrt{W}k_\beta(\alpha) \tag{5-29}$$

式中，$\alpha = a/W$，$\beta = S/W$，本节 $\beta = S/W = 4$，$k_\beta(\alpha)$ 是对应于 β 的形状函数，其具体表达式为

$$k_\beta(\alpha) = \frac{\alpha^{1/2}}{(1-\alpha)^{3/2}(1+3\alpha)}\left\{p_\infty(\alpha) + \frac{4}{\beta}\left[p_4(\alpha) - p_\infty(\alpha)\right]\right\} \tag{5-30}$$

式中，$p_4(\alpha)$ 和 $p_\infty(\alpha)$ 是关于缝高比 α 的三次多项式：

$$\begin{aligned} p_4(\alpha) &= 1.9 + 0.41\alpha + 0.51\alpha^2 - 0.17\alpha^3 \\ p_\infty(\alpha) &= 1.99 + 0.83\alpha - 0.31\alpha^2 + 0.14\alpha^3 \end{aligned} \tag{5-31}$$

通过对断裂过程的观察可知，环氧沥青混合料裂缝是先启裂，经过裂缝稳定扩展阶段后进入失稳破坏。环氧沥青混合料启裂时的荷载定义为启裂荷载 P_{ini}，P_{ini} 和初始缝高比 α_0 可通过式(5-29)计算得到断裂韧性 K_{Ic}^{ini}，称为环氧沥青混合料断裂的启裂断裂韧性。将最大荷载 P_{max} 和有效缝高比 α_c 通过式(5-29)求得环氧沥青混合料的失稳断裂韧性，记为 K_{Ic}^{un}。可见，环氧沥青混合料铺装结构存在两个参数，一个控制裂缝的启裂，用 K_{Ic}^{ini} 表示，一个控制裂缝的失稳破坏，用 K_{Ic}^{un} 表示。据此，可以建立双 K 断裂准则：当缝端应力强度因子 K 达到材料的启裂断裂韧性 K_{Ic}^{ini} 时，裂缝启裂；当应力强度因子 K 大于启裂断裂韧性 K_{Ic}^{ini} 时，裂缝处于稳定扩展阶段；而当应力强度因子达到或大于材料的等效断裂韧性 K_{Ic}^{un} 时，裂缝处于临界状

态并进入不稳定扩展，即结构发生失稳断裂。具体表达式如下：

(1) 当 $K=K_{Ic}^{ini}$ 时裂缝启裂。

(2) 当 $K_{Ic}^{ini}<K<K_{Ic}^{un}$ 时裂缝稳定扩展。

(3) 当 $K\geqslant K_{Ic}^{un}$ 时裂缝失稳扩展。

对于任何形状的结构均可以借助解析解、有限元以及其他数值方法求得应力强度因子 K，根据裂缝扩展的双 K 断裂准则判断该裂缝是否处于启裂、稳定扩展或失稳的任一状态。在本节中，同样以三点弯曲切口梁来确定双 K 断裂参数 K_{Ic}^{ini} 和 K_{Ic}^{un}，基于线性渐近叠加的假设，可以用 $CMOD_c$ 和最大荷载 P_{max} 来计算临界有效缝高比 α_c 的值。利用有黏聚力的无限长窄条模型的虚拟裂缝分析的结果，双 K 断裂参数 K_{Ic}^{ini} 和 K_{Ic}^{un} 可以像 $CTOD_c$ 一样分析确定。沥青混合料试验数据结果表明[98]，双 K 断裂参数 K_{Ic}^{ini} 和 K_{Ic}^{un} 是不随试件尺寸的变化而变化的，并且可以作为描述混合料结构裂缝初始开裂和断裂破坏的材料性能参数。将启裂荷载 P_{ini} 和初始缝高比 α_0 以及相应的试件几何尺寸代入式(5-29)便可得到启裂断裂韧性 K_{Ic}^{ini}；同理，失稳断裂韧性 K_{Ic}^{un} 对应的荷载是极值点荷载 P_{max} 和临界有效缝高比 α_c。临界有效缝高比 α_c 可通过最大荷载 P_{max} 与对应的 $CMOD_c$ 按下列公式计算：

$$\alpha_c=\frac{\gamma^{3/2}+m_1(\beta)\gamma}{[\gamma^2+m_2(\beta)\gamma^{3/2}+m_3(\beta)\gamma+m_4(\beta)]^{3/4}} \tag{5-32}$$

式中，

$$\gamma=\frac{CMOD_c BE}{6P_{max}} \tag{5-33}$$

$$\begin{aligned} m_1(\beta)&=\beta(0.25-0.0505\beta^{1/2}+0.0033\beta) \\ m_2(\beta)&=\beta^{1/2}(1.155+0.215\beta^{1/2}-0.0278\beta) \\ m_3(\beta)&=-1.38+1.75\beta \\ m_4(\beta)&=0.506-1.057\beta+0.888\beta^2 \end{aligned} \tag{5-34}$$

其中，$\beta=4$，故 $m_1=0.649$，$m_2=2.948$，$m_3=5.62$，$m_4=10.486$；在式(5-33)中，E 是材料的弹性模量，E 的值可以通过式(5-35)利用 Jenq 和 Shah[106] 推荐的测试方法以初始柔度 C_i 为参数来计算。

$$E=\frac{6Sa_0V_1(\alpha_0)}{C_iBW^2}=\frac{24a_0}{C_iBW}V_1(\alpha_0) \tag{5-35}$$

这里的 $\alpha_0=a_0/W$，对于 $S/h=4$ 的试件，函数 $V_1(\alpha_0)$ 可以用式(5-36)计算：

$$V_1(\alpha_0)=0.76-2.28\alpha+3.87\alpha^2-2.04\alpha^3+\frac{0.66}{(1-\alpha)^2} \tag{5-36}$$

a_0 是初始裂缝长度，C_i 的值可用图 5-32 确定。另外，弹性模量 E 可以直接利用试验所测得的值确定，也可以通过式(5-35)计算得到。

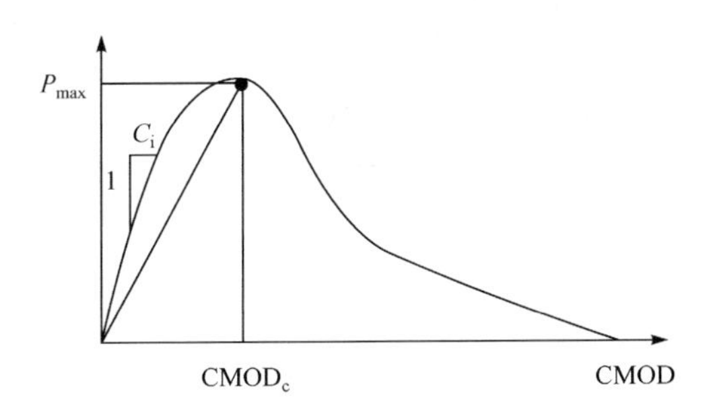

图 5-32　初始柔度 C_i 的确定

本节对环氧沥青混合料双 K 断裂参数的计算过程及求解步骤如下：

(1) 根据试验测出的 P-CMOD 曲线，由图 5-32 的方法计算出各个温度下环氧沥青混合料的初始柔度 C_i，通过式(5-35)计算出相应温度下的弹性模量 E。

(2) 将在试验中观测到的启裂荷载 P_{ini} 和初始缝高比 α_0 代入式(5-29)求出 K_{Ic}^{ini}。

(3) 将在试验中测得的最大荷载 P_{max}、$CMOD_c$ 及计算得出的弹性模量 E 代入式(5-32)，计算出临界有效缝高比 a_c。

(4) 将在试验中观测到的启裂荷载 P_{ini}、临界有效缝高比 a_c 代入式(5-29)求出 K_{Ic}^{un}。

5.3.2　环氧沥青混合料双 K 断裂参数的计算结果及分析

在裂缝稳定扩展过程中，随着荷载的增大，断裂韧性的值将会由启裂断裂韧性 K_{Ic}^{ini} 逐渐向 K_{Ic}^{un} 增加，当梁处于临界状态时，荷载达到最大值，CMOD 达到其临界值 $CMOD_c$。由环氧沥青混合料双 K 断裂参数的计算方法可以看出，在计算中需要一系列的相关基本参数，其中梁的跨度取为 20cm，宽度均为 5cm，其余基本参数列于表 5-9。

表 5-9　基本计算参数表

温度/℃	试件编号	a_0/cm	W/cm	E/MPa	P_{ini}/N	P_{max}/N	$CMOD_c$/mm	α_0
−15	−15-1	2.6	5.13	3057.6	2151.2	2392.1	0.215	0.507
	−15-2	2.72	5.38	3225.8	2348.4	2508.6	0.256	0.506
	−15-3	2.63	4.98	3211.0	2054.6	2151.7	0.213	0.528
−5	−5-1	2.22	4.98	1893.1	2691.8	2782.7	0.365	0.446
	−5-2	2.37	5.35	1742.9	2578.1	2687.0	0.389	0.443
	−5-3	2.44	4.93	2308.7	1828.6	1908.5	0.223	0.495

续表

温度/℃	试件编号	a_0/cm	W/cm	E/MPa	P_{ini}/N	P_{max}/N	$CMOD_c$/mm	α_0
5	5-1	2.70	5.31	869.8	1607.1	1670.2	0.568	0.508
	5-2	2.50	5.28	943.6	1398.1	1456.6	0.532	0.473
	5-3	2.58	5.35	1153.5	1969.8	2040.8	0.583	0.482
15	15-1	2.42	5.04	472.6	860.7	942.4	0.869	0.480
	15-2	2.48	5.03	471.9	774.9	817.3	0.833	0.493
	15-3	2.72	5.41	466.4	1037.4	1069.8	1.053	0.503
	15-4	2.47	5.07	461.3	964.1	1021.6	0.930	0.487
	15-5	2.49	5.22	422.2	936.5	977.1	1.118	0.477
25	25-1	2.04	4.90	170.9	633.7	703.3	1.141	0.416
	25-2	2.54	4.98	174.0	552.8	575.5	1.097	0.510
	25-3	2.36	5.25	240.4	793.6	853.1	0.982	0.450
	25-4	1.55	5.21	173.4	1037.4	1116.0	1.284	0.298
	25-5	1.54	4.99	201.2	978.2	1051.9	1.172	0.309
	25-6	1.95	5.24	206.6	883.8	952.0	1.136	0.372
	25-7	1.95	5.17	223.5	900.7	1005.0	1.155	0.377
	25-8	1.6	5.03	238.3	978.9	1050.2	0.897	0.318

基于探索性研究考虑，计算了各试验温度下环氧沥青混合料的双 K 断裂参数值，见表 5-10，表中列出了由线弹性断裂力学计算出的断裂韧性 K_{IC}，断裂韧性 K_{IC} 计算中要求临界荷载的条件值 P_Q 满足

$$\frac{P_{max}}{P_Q} \leqslant 1.1 \tag{5-37}$$

断裂病害的发生并不是采用最大荷载 P_{max} 进行判定，而需要考虑安全系数，即当应力强度因子达到 K_{IC}时，裂缝并未立即进入失稳扩展，因此裂缝的失稳断裂韧性 K_{Ic}^{un}应该比断裂韧性 K_{IC}大，而启裂断裂韧性应该较 K_{IC}小，所以断裂韧性 K_{IC}应该介于双 K 断裂参数之间。

表 5-10　环氧沥青混合料双 K 断裂参数计算结果

温度/℃	试件编号	初始缝高比 α_0	K_{Ic}^{ini}/(MPa $\sqrt{m}$)	K_{Ic}^{un}/(MPa $\sqrt{m}$)	K_{IC}/(MPa $\sqrt{m}$)
−15	−15-1	0.507	1.07	1.91	2.04
	−15-2	0.506	1.14	2.72	1.96
	−15-3	0.528	1.11	2.30	2.05

续表

温度/℃	试件编号	初始缝高比 α_0	K_{Ic}^{ini}/(MPa $\sqrt{m}$)	K_{Ic}^{un}/(MPa $\sqrt{m}$)	K_{IC}/(MPa $\sqrt{m}$)
−5	−5-1	0.446	1.13	1.93	2.05
	−5-2	0.443	1.04	1.84	1.76
	−5-3	0.495	0.89	1.73	1.65
5	5-1	0.508	0.79	1.49	1.35
	5-2	0.473	0.62	1.75	1.07
	5-3	0.482	0.89	2.22	1.50
15	15-1	0.480	0.40	2.13	0.75
	15-2	0.493	0.37	2.62	0.68
	15-3	0.503	0.47	2.78	0.81
	15-4	0.487	0.45	2.06	0.83
	15-5	0.477	0.42	3.13	0.74
25	25-1	0.416	0.25	0.58	0.48
	25-2	0.510	0.28	0.66	0.51
	25-3	0.450	0.33	0.68	0.58
	25-4	0.298	0.29	0.57	0.51
	25-5	0.309	0.29	0.63	0.53
	25-6	0.372	0.30	0.64	0.53
	25-7	0.377	0.31	0.72	0.57
	25-8	0.318	0.29	0.56	0.54

表 5-11 和图 5-33 列出了各温度下的双 K 断裂参数，对于−15℃温度条件下的双 K 断裂参数，当环氧沥青混合料裂缝尖端的应力强度因子达到 1.11MPa $\sqrt{m}$ 时裂缝启裂，随着外力的增大，裂缝尖端的应力强度因子增大，裂缝稳定扩展，裂缝深度增加，当应力强度因子达到 2.31MPa $\sqrt{m}$时，裂缝失稳扩展，构件破坏。表中同时列出了相同温度下 K_{IC}算术平均值，可以看出，−15℃、−5℃和 25℃的 K_{Ic}^{un}与 K_{IC}的值比较接近，即将双 K 断裂参数用于环氧沥青混合料是具有参考意义的。但 5℃和 15℃温度条件下的 K_{Ic}^{ini}、K_{Ic}^{un}和 K_{IC}三者的值均相差较大，双 K 断裂参数的适用性有待进一步探讨。

表 5-11 环氧沥青混合料双 K 断裂参数和断裂韧性 K_{IC} 平均值

温度/℃	初始缝高比 α_0	K_{Ic}^{ini} /(MPa $\sqrt{m}$)	K_{Ic}^{un} /(MPa $\sqrt{m}$)	K_{IC} /(MPa $\sqrt{m}$)
−15	0.51	1.11	2.31	2.02
−5	0.46	1.02	1.83	1.82
5	0.49	0.77	1.82	1.31
15	0.49	0.42	2.54	0.76
25	0.31	0.29	0.59	0.53
	0.39	0.29	0.65	0.53
	0.48	0.31	0.67	0.55

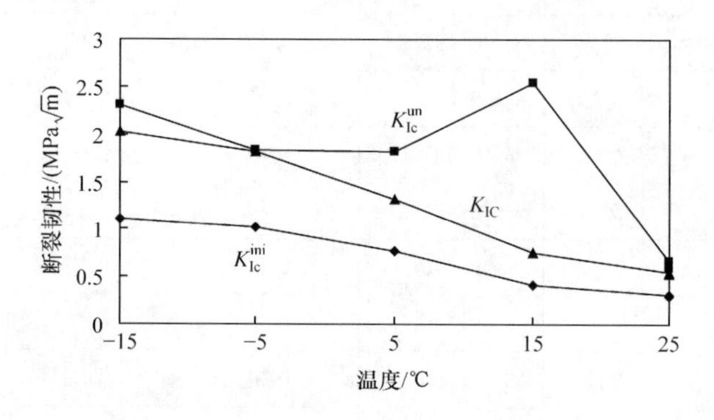

图 5-33 环氧沥青混合料的断裂韧性均值

5.4 环氧沥青混合料细观结构离散元模型

对于以裂缝为主要病害形式的环氧沥青混合料，探求其裂纹启裂机理及扩展路径等规律能够明确结构的损伤断裂行为。借助计算机模拟技术，通过对重构还原的沥青混合料数值模型进行虚拟力学试验，建立材料细观结构与宏观力学性能的定量关系，从而有助于指导材料的抗裂设计与养护修复方案。本章基于离散元法模拟环氧沥青混合料断裂行为，通过数值技术进一步探索其裂缝启裂与扩展机理。

5.4.1 数值模型的随机构建算法

环氧沥青混合料是由矿质骨料(矿质集料，即细集料和粗集料)、孔隙与沥青胶浆等组成的非均质多层次复合相材料。为研究环氧沥青混合料细观结构与宏观力学性能之间的联系，必须构建能够还原其细观结构的数值模型。随着数字图像技术的发展，众多学者在对沥青混合料截面图像进行处理获取二维几何拓扑信息的基础上，利用材料的序列图像重构能够还原真实三维细观结构的有限元或离散元模型。随着计算机模拟技术的发展，研究人员借助数学和力学软件，通过编写程序代码实现了沥青混合料细观力学模型的随机重构，并使用随机模型进行了相关力学性能研究[107-109]。本节以 PFC3D 软件为基础，将环氧沥青混合料视为由粗集料(粒径 2.36mm 以上的集料)、沥青砂浆(粒径 2.36mm 以下的细集料和环氧沥青胶浆的混合物)和孔隙组成的复合相材料，采用离散元方法实现基于随机切割算法的环氧沥青混合料三维离散元虚拟试件的随机生成，为后续进行虚拟断裂试验提供模型。

1) 基于随机切割算法的多面体集料颗粒生成算法介绍

环氧沥青钢桥面铺装使用的集料表面 100% 为破碎面，形状以立方体为主。因此，本节选择“正六面体”随机切割算法的基体。算法基于一个立方体区域被任意多平面切割即成为拥有不规则形状的多面体区域的概念，通过控制立方体边长来近似替代不同粒径的集料颗粒，如图 5-34 所示。

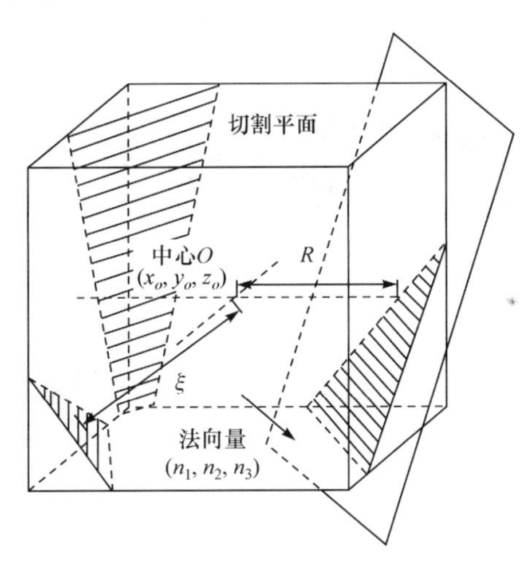

图 5-34　多面体随机切割算法示意图

在离散元程序中利用规则排列的相同直径小球单元填充多面体区域，将包含在多面体区域内的小球黏结捆绑起来，形成不规则形状的粗集料离散元模型。

2) 环氧沥青混合料三维离散元模型的生成与可视化

在解决了单个集料模型生成的问题后，若要建立环氧沥青混合料三维离散元模型，还需在模型中反映出粗集料的级配特征并考虑沥青砂浆的作用。该部分需要解决的问题为粗集料界限的划分与离散单元模型尺寸的选择。此处三维模型规定粒径大于 2.36mm 的粗集料为多面体随机生成对象，离散单元的尺寸均为半径 1.0mm，具体建模步骤简述如下。

步骤一:在预设空间区域随机生成带有级配特征的球单元,如 5-35(a)所示。

步骤二:在预设空间范围内生成规则排列的球单元,如图 5-35(b)所示。

步骤三:初步生成包含粗集料与沥青砂浆的两相混合料小梁数字试件,如图 5-35(c)和图 5-35(d)所示。

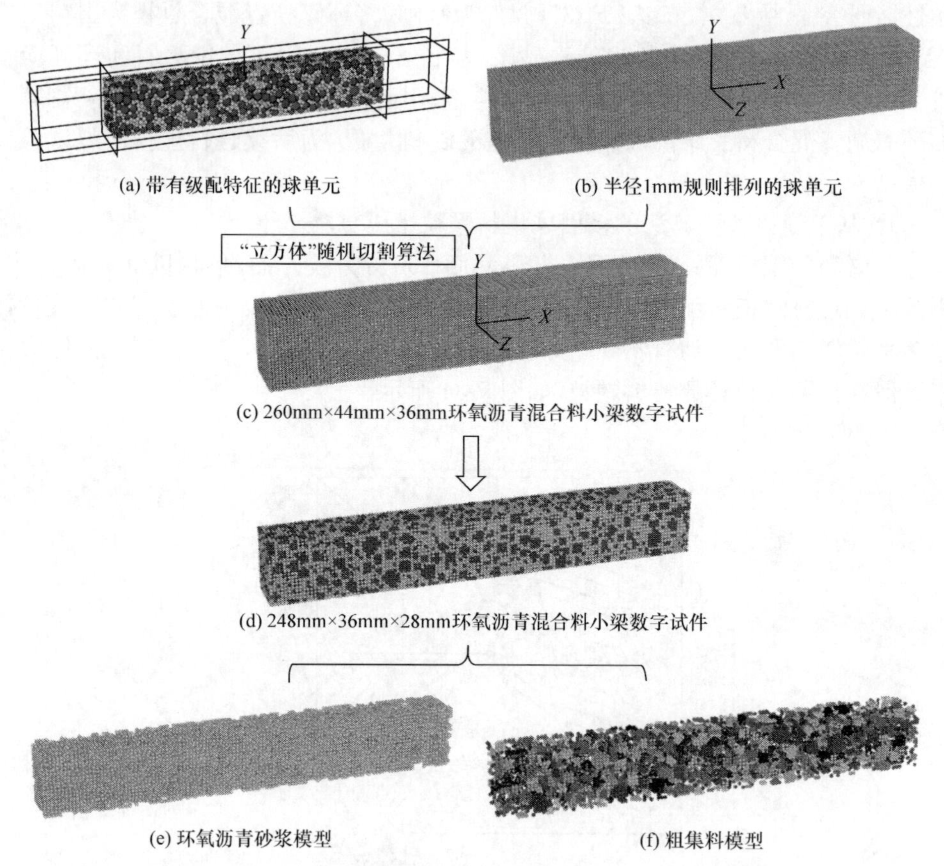

图 5-35 包含粗集料和砂浆的环氧沥青混合料三维离散元模型

步骤四:动态筛分仿真检验级配,如图 5-36 所示。

由于切割算法自身的特点,得到的多面体集料体积与原级配球体积相比可能会出现一定范围的上下浮动。研究中可利用 Fish 语言编写子程序,提出了较为直观的动态筛分检验方法,对粗集料混合物进行级配检验,并进行相应的调整。

步骤五:生成孔隙并形成环氧沥青混合料多层次结构仿真模型,如图 5-37 和图 5-38 所示。

如图 5-38 所示,从混合料三维虚拟试件中提取出 3 个不同的二维断面,其截面上的集料分布信息各不相同。三维模型可以看作由大量的二维切片组合而成,单个二维模型仅是众多切片之一,切片组合为三维模型才能够还原出与现实更为

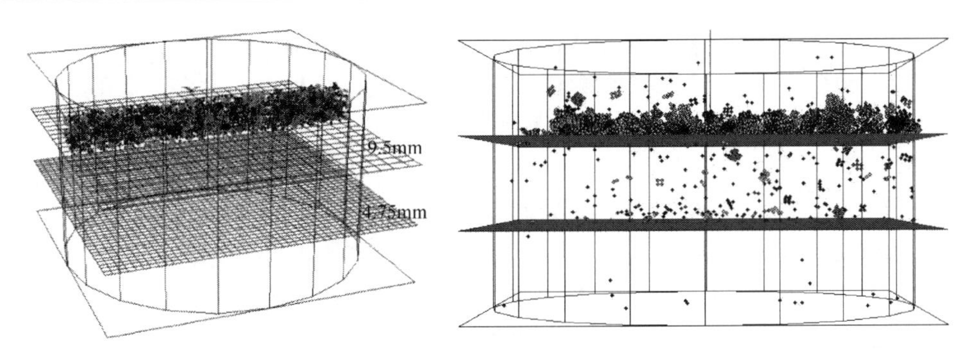

图 5-36　动态筛分仿真过程

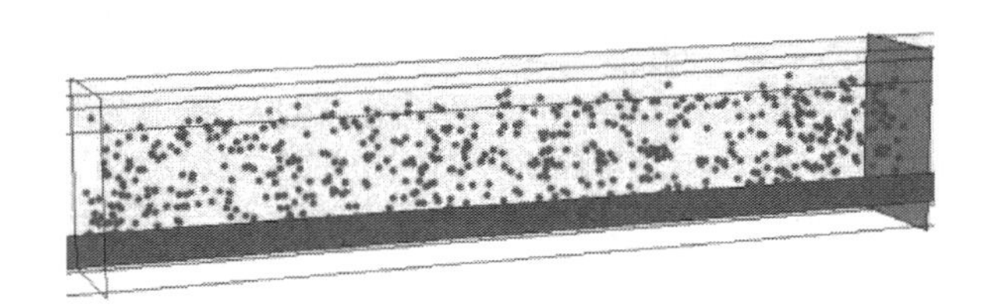

图 5-37　孔隙特征示意图(1.5%孔隙率)

相符的集料、孔隙和沥青砂浆的三维体积特征。另外,三维离散元模型还可以通过计算集料与集料之间的接触力来研究粗集料间的嵌锁效应,这也是以往二维模型所不具备的。

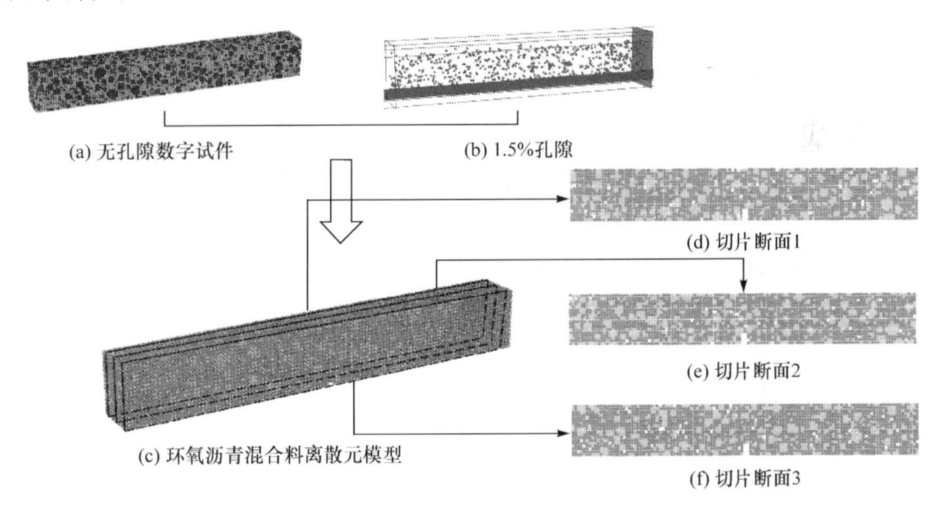

图 5-38　单边切口小梁离散元模型三维可视化示意图

5.4.2　基于离散单元法的接触本构模型

颗粒体离散元几何模型的构建与有限单元法不同,多采用随机生成圆形或球形单元，还包括椭球形单元以及其他光滑的非球形单元等[110]。由于圆形或球形单元的形状简单，接触检索简单易行，其他形状的块体也可以通过多个球形单元黏结在一起形成。离散元模拟中，材料的整体宏观本构行为通过各接触点处的简单微观本构模型来反映。PFC3D 提供了三种标准接触模型：接触刚度模型、滑动模型和黏结模型，根据三种标准接触模型即可模拟复杂、多相介质的材料体系。本节将结合环氧沥青混合料的力学性能，为混合料模型内各相组成材料离散单元间的接触行为选取合适的刚度和黏结模型，同时围绕选取的各相单元微观参数的物理意义，建立微观特性与宏观材料特性的转换关系。

离散元模拟的材料参数可以通过室内试验测得：①环氧沥青砂浆与集料的弹性模量 E 和泊松比 ν；②环氧沥青砂浆的劈裂抗拉强度 f_t；③环氧沥青砂浆的断裂能 G_F。PFC2D/3D 中的材料微观特征是接触处力学性质的抽象描述，离散单元之间的接触行为可以假想为一根弹性梁的作用行为，梁两端连接两个颗粒中心，端部(单元中心)承受力和弯矩作用[111]，如图 5-39 所示。

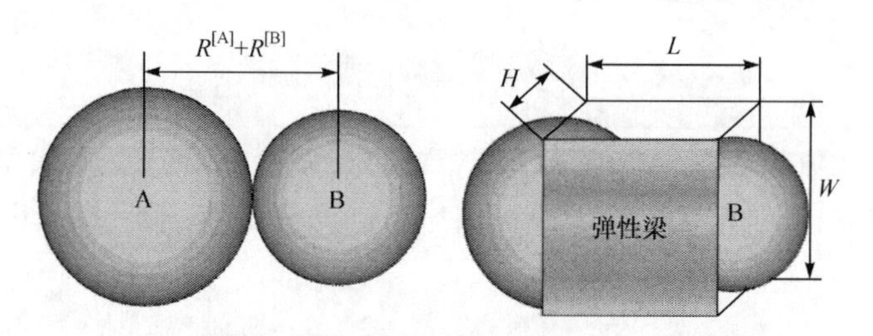

图 5-39　颗粒间接触作用的等价弹性梁示意图

梁的长度 L、宽度 W 和高度 H 表示为

$$L=W=R^{[A]}+R^{[B]},\quad H=\begin{cases} t & (\text{PFC2D}) \\ L & (\text{PFC3D}) \end{cases} \tag{5-38}$$

式中，$R^{[A]}$ 和 $R^{[B]}$ 分别是相互接触两颗粒的半径；t 是 PFC2D 中的单元厚度。

因此，梁的横截面积 A 与惯性积 I 可以表示为

$$A=\begin{cases} Lt & (\text{PFC2D}) \\ L^2 & (\text{PFC3D}) \end{cases},\quad I=\frac{1}{12}\begin{cases} L^3 t & (\text{PFC2D}) \\ L^4 & (\text{PFC3D}) \end{cases} \tag{5-39}$$

在环氧沥青混合料离散元模型内，涉及的多相介质有集料、沥青砂浆、孔隙及集料与砂浆结合面四类。其中，孔隙通过随机删除砂浆单元实现，不对其赋予参数。因此，研究对混合料模型中的多相接触行为，考虑使用以下四类接触来描述，如图 5-40 所示。

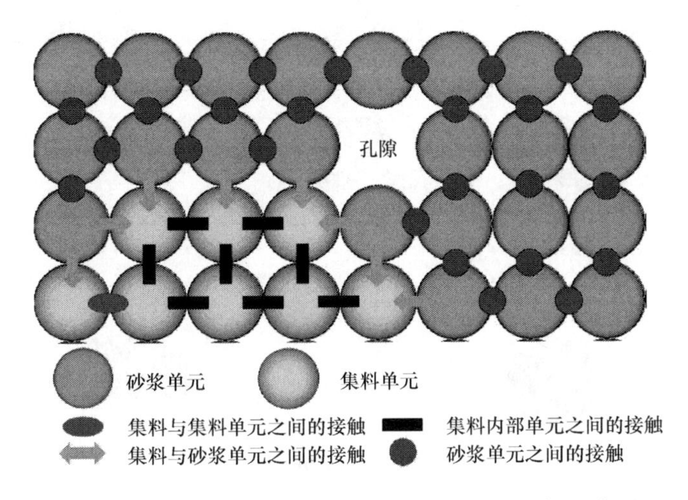

图 5-40　混合料离散元细观模型组成单元间接触示意图

1. 集料与集料单元之间的接触

粗集料颗粒之间的接触属于散粒体介质之间的无黏结相互作用,假设粗集料是不随温度变化的纯弹性体,可以使用 PFC2D/3D 中的线性接触刚度模型作为此类接触的刚度模型;使用滑动模型,直接设置摩擦系数 μ 来模拟集料之间的嵌锁效应。如图 5-41 所示,线性接触刚度模型可以假想为两个刚度为 $k^{[A]}$、$k^{[B]}$ 的弹簧串联表示 A、B 球单元的接触行为,接触点上的接触刚度可以表示为

$$K^{\xi}=\frac{k_{\xi}^{[A]}k_{\xi}^{[B]}}{k_{\xi}^{[A]}+k_{\xi}^{[B]}} \tag{5-40}$$

式中,$\xi=\{n,s\}$。

对于轴向荷载作用于梁两端的情形,结合材料力学知识,可得

$$\left.\begin{aligned}F&=K^{n}\Delta L\\F&=\varepsilon EA=\frac{EA\Delta L}{L}\end{aligned}\right\}\Rightarrow K^{n}=\frac{EA}{L}=E\begin{cases}t & (\text{PFC2D})\\L & (\text{PFC3D})\end{cases} \tag{5-41}$$

式中,F 为作用在弹性梁两端的纯轴向力;K^{n} 是接触点处的法向刚度,也是梁的刚度;E 为梁的弹性模量;ΔL 和 ε 分别为轴向力作用下梁的伸长量和线应变。

对于切向情形,与法向相似,可得

$$K^{s}=\frac{12IG}{L^{3}}=G\begin{cases}t & (\text{PFC2D})\\L & (\text{PFC3D})\end{cases} \tag{5-42}$$

式中,K^{s} 为接触点处的切向刚度;G 为剪切模量,$G=E/(2+2\nu)$,ν 为泊松比。

图 5-41 所示两个球单元的刚度相等,因此综合式(5-40)～式(5-42),模型的输入参数可表示为

$$k_{\mathrm{n}}^{[\mathrm{A}]}=k_{\mathrm{n}}^{[\mathrm{B}]}=2E\begin{cases}t & (\mathrm{PFC2D})\\ L & (\mathrm{PFC3D})\end{cases},\quad k_{\mathrm{s}}^{[\mathrm{A}]}=k_{\mathrm{s}}^{[\mathrm{B}]}=2G\begin{cases}t & (\mathrm{PFC2D})\\ L & (\mathrm{PFC3D})\end{cases} \tag{5-43}$$

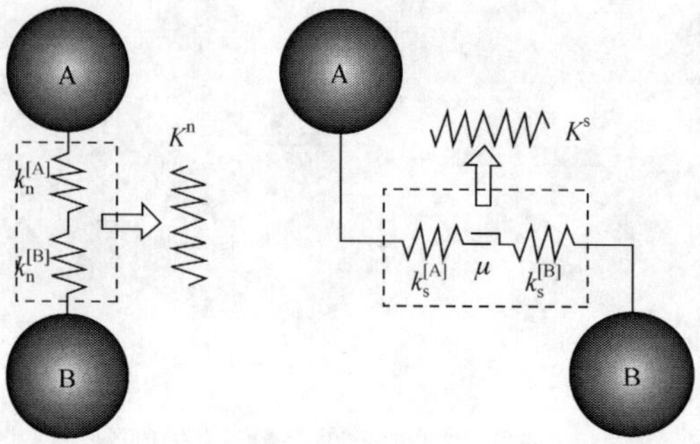

图 5-41　线性接触刚度模型示意图

因此,通过室内试验测得集料的宏观力学参数(E 和 ν)后,结合上述推导的微观特性与宏观材料参数的关系,即可获取相应的微观力学参数($k_{\mathrm{n}}^{[\mathrm{A}]}$,$k_{\mathrm{n}}^{[\mathrm{B}]}$,$k_{\mathrm{s}}^{[\mathrm{A}]}$,$k_{\mathrm{s}}^{[\mathrm{B}]}$)。

2. 集料内部单元之间的接触

混合料中的粗集料属于天然的脆性材料,具有较大的刚度和黏聚力。集料个体在 PFC3D 模型中离散成一定数量的圆盘或球体单元颗粒,颗粒流程序允许相互接触的单元借助黏结模型,彼此黏结在一起。由于平行黏结模型既能传递力矢量,也能传递力矩,已被验证较为适合模拟柔性材料。因此,本书中选择描述点接触且只能传递力矢量的接触黏结模型,作为集料内部单元之间的黏结模型。同时,此类接触的刚度模型同样采用线性接触刚度模型。

在轴向力 T 或纯剪切荷载 V 作用的情形下,对应弹性梁横截面上产生的法向与切向应力可以表示为

$$\begin{aligned}\sigma&=T/A\\ \tau&=V/A\end{aligned} \tag{5-44}$$

当任一方向应力等于或超过材料的强度 σ_{c} 或 τ_{c} 时,可以认为接触黏结行为失效。PFC3D 中规定接触黏结的法向、切向强度 ϕ_{n} 和 ϕ_{s} 的量纲以力来表示,将式(5-39)代入式(5-44),可得

$$\begin{aligned}\phi_{\mathrm{n}}&=\sigma_{\mathrm{c}}\begin{cases}Lt & (\mathrm{PFC2D})\\ L^2 & (\mathrm{PFC3D})\end{cases}\\ \phi_{\mathrm{s}}&=\tau_{\mathrm{c}}\begin{cases}Lt & (\mathrm{PFC2D})\\ L^2 & (\mathrm{PFC3D})\end{cases}\end{aligned} \tag{5-45}$$

因此,获得集料的抗拉强度和抗剪强度后,结合式(5-45)即可获取相应的接触黏结模型微观特性(ϕ_{n} 和 ϕ_{s})。

3. 砂浆单元之间的接触

与普通沥青混合料一样，热固性环氧沥青混合料的强度（或劲度模量）也是时间和温度的函数。在低温以及快速加载条件下，热固性环氧沥青混合料表现为脆性破坏，应力应变呈线性关系，劲度模量较高。因此，可以将－10℃条件下环氧沥青砂浆视为线弹性体，为简化运算，离散元模型中不考虑使用黏弹性接触模型。对于环氧沥青砂浆内部单元之间、砂浆与粗集料结合面上的黏聚力软化接触行为，可以假想为图5-42所示的两单元之间的接触模式。

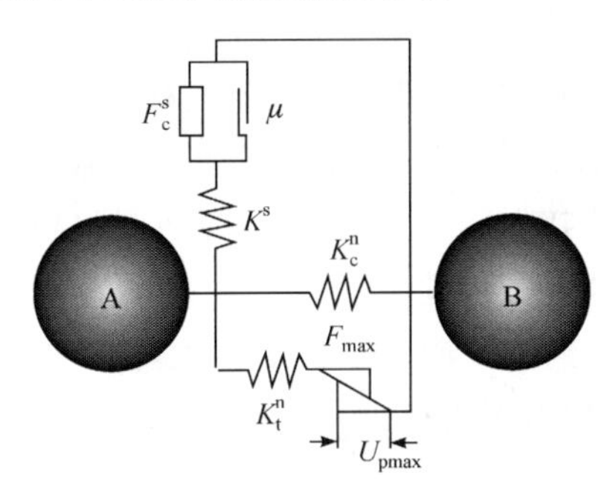

图5-42　黏聚力软化模型单元接触示意图

若单元间的接触位置处于受压状态，则接触力矢量参照接触面可以分解为接触法向力 F^n 和接触切向力 F^s，由式(5-46)来表示：

$$
F^n = -\sum K_c^n \Delta U^n
$$

$$
F^s = \begin{cases} \sum K^s \Delta U^s & \left(\sum |K^s \Delta U^s| < \mu |F^n| + F_c^s\right) \\ (\mu F^n + F_c^s)\operatorname{sgn}\left(\sum \Delta U^s\right) & \left(\sum |K^s \Delta U^s| \geqslant \mu |F^n| + F_c^s\right) \end{cases} \tag{5-46}
$$

式中，K_c^n 为受压状态下的法向刚度；K^s 为切向刚度；ΔU^n 和 ΔU^s 分别为接触位置法向和切向的位移增量；F_c^s 为黏聚力切向接触强度；μ 为摩擦系数。

若单元间的接触位置处于受拉状态，则接触力可以通过式(5-47)来表示：

$$
\begin{cases} F^n = \sum K_t^n \Delta U^n \\ F^s = \sum K^s \Delta U^s \end{cases} \quad (F \leqslant F_{max})
$$

$$
\begin{cases} F^n = F_c^n\left(1 - \dfrac{U_p^n}{U_{pmax}}\right) \\ F^s = F_c^s\left(1 - \dfrac{U_p^s}{U_{pmax}}\right) \end{cases} \quad (F > F_{max}) \tag{5-47}
$$

式中，F_{max} 为黏聚力接触强度；F 为模拟过程中的接触合力；K_t^n 为受拉状态下的法向刚度；F_c^n 为黏聚力法向接触强度；U_p^n 和 U_p^s 分别是法向和切向累积塑性位移；$U_{pmax}(=\delta_{sep})$ 为最大累积塑性位移（即临界裂纹面张开位移）。

当接触合力大于黏聚力接触强度($F>F_{max}$)时，颗粒单元间的接触开始发生软化行为。在每个计算时步内，塑性位移增量 ΔU_p 为

$$\Delta U_p=\sqrt{(\Delta U_p^n)^2+(\Delta U_p^s)^2} \tag{5-48}$$

式中，ΔU_p^n 和 ΔU_p^s 分别为法向和切向塑性位移增量。

对于累积塑性位移 $U_p=\sum|\Delta U_p|$，当 U_p 超过临界裂纹面张开位移($U_p>U_{pmax}$)时，颗粒单元间的接触发生了断裂。PFC3D中的黏聚力软化模型中所涉及的材料微观特性包括刚度参数(K_c^n、K_t^n 和 K^s)、强度参数(F_c^n 和 F_c^s) 以及最大累积塑性位移 U_{pmax}。

对于刚度参数，通过室内试验测得环氧沥青砂浆的弹性模量 E、抗拉模量 S_T 与泊松比 ν，代入式(5-41)和式(5-42)，即可得到 K_c^n、K_t^n 和 K^s。

强度参数对应黏聚力接触强度 σ_{max}，采用劈裂试验测得砂浆的抗拉强度 f_t 作为 F_c^n 的估计值；对于 F_c^s，可以通过对 F_c^n 乘以一定系数来近似获取。通常，临界裂纹面张开位移 δ_{sep}很难通过室内试验直接获取，而黏聚力接触强度 σ_{max}与黏聚力开裂能 φ_c 可以将抗拉强度和断裂能作为它们的初始估计值。

4. 集料与砂浆单元之间的接触

直接设置摩擦系数 μ，利用滑动模型来模拟粗集料的表面纹理以及集料与砂浆之间的黏结作用。粗集料与砂浆单元之间的黏聚力软化接触特征与胶浆-胶浆球单元类似，当集料单元与砂浆单元各自赋予了刚度参数后，PFC3D 会自行按照式(5-40)，为集料与砂浆界面接触赋予相关的接触刚度。但针对集料与砂浆的界面力学参数的测定，目前缺乏公开报道的试验方法与结果。因此，对界面的 F_c^n、F_c^s 和 U_{pmax}等微观特性采用假定试算的方法。

5.4.3 基于三维细观结构离散元模型的虚拟断裂试验

本节利用虚拟断裂试验方法验证三维模型的有效性，并对虚拟试件的整体断裂发展过程、各相材料间的接触力分布、变化规律等进行分析。此外，本节将实现三维裂纹发展的可视化，并将荷载变化与裂纹数目增长、空间分布相结合，分析虚拟试验中环氧沥青混合料铺装的断裂行为机理。

1. 断裂发展过程的模拟与分析

1) 微观力学特性及计算时间步的确定

从环氧沥青混合料三维离散元模型中提取出四类接触，并为每一类接触分别赋予接触本构模型，如图 5-43 所示。混合料三维离散元模型由粒径大于 2.36mm 的粗集料与环氧沥青砂浆组成，实验室内砂浆由环氧沥青结合料、矿粉与粒径小于

2.36mm的细集料混合而成,原材料基本性质与砂浆试件的成型方法引自课题组已有研究成果[26],表5-12为2.36mm粒径以下的环氧沥青砂浆矿料级配,通过比表面积法确定油石比为9.8%。

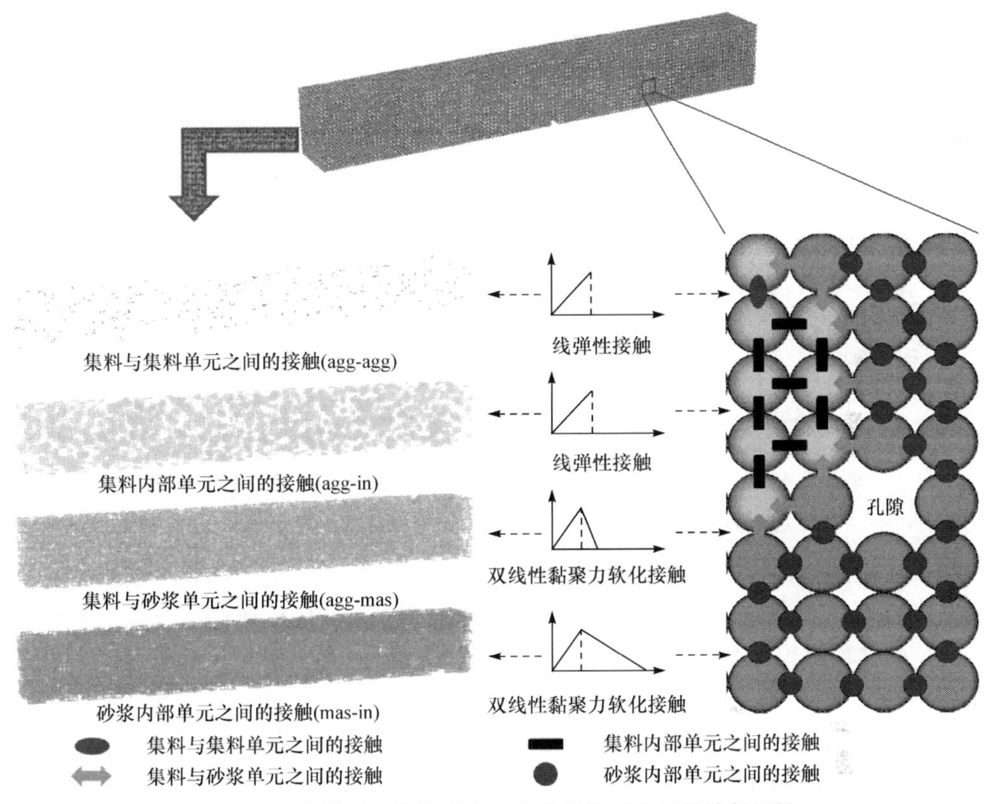

图5-43　离散元三维模型中各组分相单元之间的接触属性

表5-12　环氧沥青砂浆(粒径<2.36mm)矿料级配

技术指标	筛孔范围(方孔筛)/mm					
	2.36～1.18	1.18～0.6	0.6～0.3	0.3～0.15	0.15～0.075	<0.075
筛余质量分数/%	28.3	13.2	15.8	15.0	9.5	18.2

环氧沥青砂浆－10℃条件下的抗压模量、劈裂抗拉强度和断裂能分别为6.5GPa、13.2MPa与465.5N/m,作为刚度、强度、黏聚力开裂能等微观特性转换所需的初始估计值。玄武岩集料参数与二维模型相同。界面刚度由集料与砂浆的刚度按照式(5-40)计算得到,通过试算校核确定界面接触的其他微观力学性能。在材料参数的选取上,仅对需求的黏聚力开裂能 φ_c 进行校核(0.539G_F),其他材料参数均直接使用室内试验结果。表5-13列出了材料的宏观力学参数以及计算转化后的离散元模型微观力学参数。程序运行过程中自行选择的时步为1.18×

10^{-7}s，将默认时步放大1000倍后进行模拟，单个模型的运算时间为6.2h。

表5-13　环氧沥青混合料三维离散元模型的材料宏观力学及微观特性(−10℃)

材料相类	材料宏观力学参数		接触类型	离散元模型的材料微观特性			
	E/GPa	σ/MPa		法向刚度/(GN/m)	切向刚度/(GN/m)	黏结力/N	临界裂纹面张开位移 δ_{sep}/m
集料	56.1	27.6	agg-agg	0.224	0.0911	—	—
			agg-in	0.224	0.0911	110	—
沥青砂浆	6.5	13.2	mas-in	0.026	0.0093	53	3.8×10^{-5}
界面	—	10.5	agg-mas	—	—	42	3.2×10^{-5}

2）模拟与结果分析

利用随机构建算法共生成10个环氧沥青混合料三维离散元模型，孔隙率1.5%，进行−10℃条件下的带切口小梁的三点弯曲虚拟断裂试验。相较于二维模型与室内试验，三维虚拟试验结果的稳定性更优，峰值荷载和断裂能结果的离散系数分别仅为1.7%和2.6%。图5-44给出了其中三个虚拟试件以及各自的荷载与挠度关系曲线。从图中可以看出，三个荷载挠度曲线的相似程度很高，荷载到达极值点之前几乎完全匹配，峰后软化曲线也仅在荷载降至0.42kN左右时开始出现部分差异。总体来看，矿料级配、材料参数相同条件下的环氧沥青混合料三维离散元模型，其数值模拟结果的稳定性较高，可以选取任一模型作为后续断裂行为研究的示例虚拟试件。

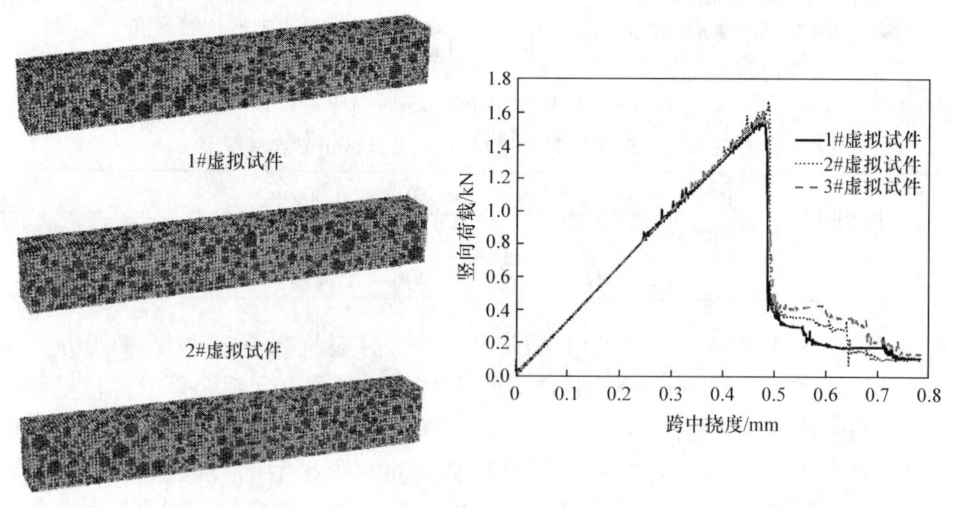

(a) 环氧沥青混合料三维离散元虚拟试件　　(b) 虚拟断裂试验的荷载与跨中挠度关系曲线

图5-44　三维离散元小梁试件与模拟结果

以 1# 虚拟试件为例，此处仅试算校核了断裂能参数，但三维离散元虚拟试验得到的宏观断裂力学响应与室内试验结果的吻合度较好，如图 5-45(a)所示，曲线的主要差异仍是加载初期模拟结果的线弹性与试验结果的部分非线性。荷载随跨中挠度变化增至极值点后出现了骤然下降，相较普通热塑性沥青混合料而言，热固性环氧沥青混合料在低温条件下表现出更为显著的脆性特征。

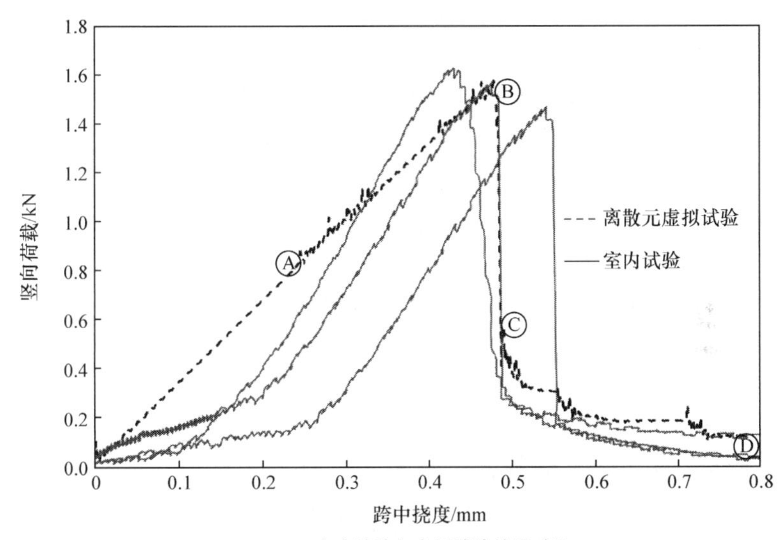

(a) 室内试验与虚拟试验结果对比

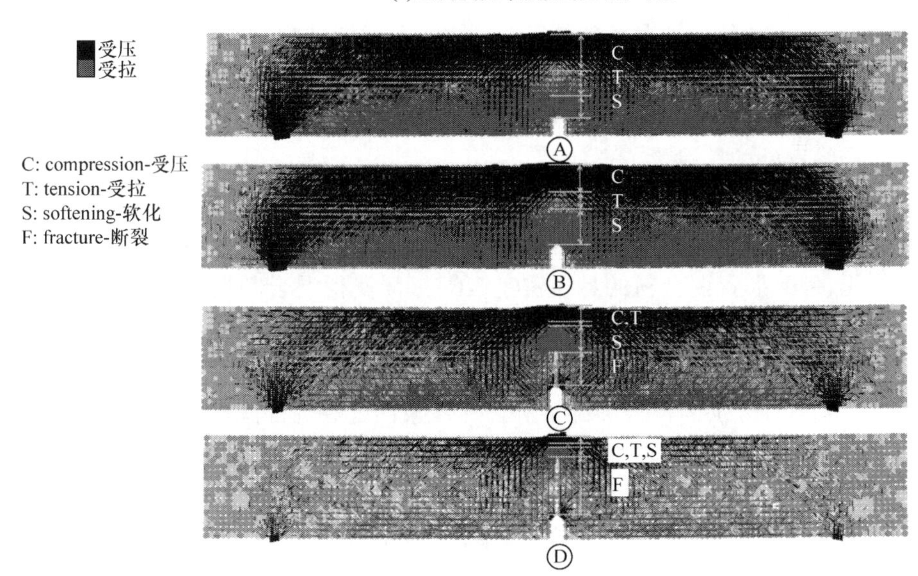

(b) 断裂发展过程示意图

图 5-45　虚拟试验提供的断裂发展过程

本节利用虚拟试验过程中模型内部接触力随跨中挠度(及时间)变化的发展状况,结合荷载与挠度关系曲线,选取了四个典型阶段来描述断裂行为的发展过程。需要说明的是,在图 5-45(b)中形象地给出了受压(compression)、受拉(tension)、软化(softening)和断裂(fracture)区域的演变过程,但各特征区域的边界并非真实断裂过程区的尺寸大小,仅为了定性地描述一个发展过程。

图 5-45(b)中Ⓐ、Ⓑ、Ⓒ、Ⓓ分别对应加载过程中模型出现首条裂纹、荷载到达极值点、峰值回落及裂缝快速扩展、断裂破坏四个阶段。从图中可以看出,软化区域范围伴随着首条裂纹的发生而出现(Ⓐ),之后软化区域随着荷载、挠度增加不断变大直至荷载达到峰值(Ⓑ)。裂缝进入快速扩展阶段后(Ⓒ),预制切口尖端向上出现了宏观可见裂缝(F 区域),同时软化区域向顶部开始移动并不断变小。最后阶段,受压、受拉以及软化区域仅残留在顶部位置少许,大量的裂缝由模型底部向上贯穿了整个试件,模型失去了承载能力。由上述分析可以推断,真实的断裂过程区的大小是与试件的尺寸相关的,这就涉及断裂力学中的尺寸效应问题,已超出本书研究范畴,此处不再深入分析。

2. 三维离散元模型内部的接触力分布

环氧沥青混合料内部各相材料间的接触力学行为主要包括四种:agg-agg、agg-in、mas-in、agg-mas。组成各相材料的球单元之间通过有限刚度的弹簧连接,传递力、力矩和位移参量。PFC3D 程序可以按照上述四类接触模式直观地反映接触力形式、大小与分布情况。如图 5-46 所示,在虚拟试验过程中,分析各组成材料相的接触力信息一定程度上有助于理解混合料内部的微观力学性能。图中,线段粗细反映了接触力的大小,线段越细,接触力越小,反之亦然;线段方向反映了两个球单元接触点处的接触力方向。

图 5-46(a)为集料与集料颗粒之间的接触力分布。从图中可以看出,集料颗粒之间均为接触压力,这是与事实相符的,此处的接触压力可以间接体现集料之间的嵌锁作用,环氧沥青混合料的悬浮密实级配特征使得混合料的力学强度并不完全依赖于集料间的内摩阻力和嵌挤力,图中所反映的集料间嵌锁作用也较弱。图 5-46(b)～(d)分别为集料内部、砂浆内部以及集料与砂浆界面的接触力分布,图 5-46(e)和(f)分别为模型内部某一切片砂浆内部和界面间的接触力分布。可以看出,接触拉力主要分布在小梁下部,接触压力基本分布在小梁试件的上部,这与常规认识相符。梁底和梁顶的跨中位置附近接触力密集、较大,接触力向两边支座蔓延并逐渐变小、稀疏,预制切口的尖端附近出现了接触拉力集中现象,此处正为小梁试件最先发生破坏的位置。

提取模型中所有接触点处的接触力,按照四种接触模式分类并进行统计分析,可以进一步理解多相材料间的接触力分布规律。图 5-47 和图 5-48 分别是混合料

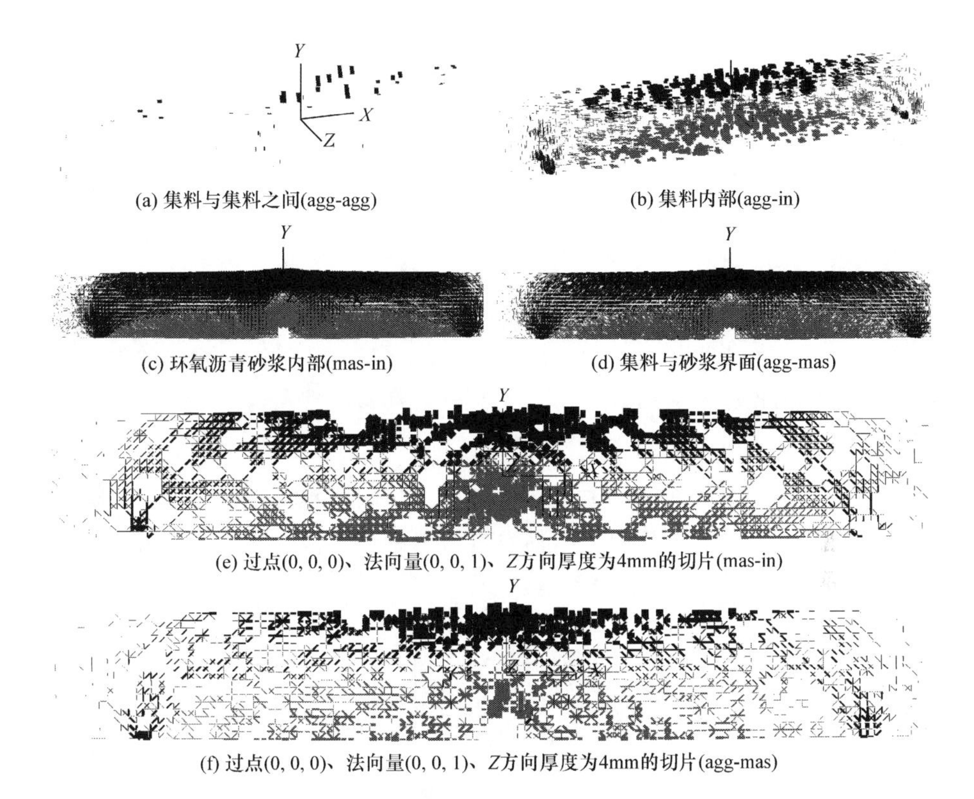

(a) 集料与集料之间(agg-agg)　　(b) 集料内部(agg-in)

(c) 环氧沥青砂浆内部(mas-in)　　(d) 集料与砂浆界面(agg-mas)

(e) 过点(0, 0, 0)、法向量(0, 0, 1)、Z方向厚度为4mm的切片(mas-in)

(f) 过点(0, 0, 0)、法向量(0, 0, 1)、Z方向厚度为4mm的切片(agg-mas)

图 5-46　环氧沥青混合料模型内部的接触力分布(极值点荷载)

内部四类接触的接触压力与接触拉力的分布频率图。可以看出，接触压力和接触拉力在各类接触中均近似呈负指数分布，随着接触力数值的增大，分布频率减小。集料内部单元间的接触压力与集料颗粒之间的嵌挤压力要高于砂浆内部和界面上的接触压力，集料内部单元间的接触拉力也同样高于其他两类接触，说明在三点弯曲断裂试验中，集料承担了大部分的拉压应力，这是由于集料的刚度与强度本身较

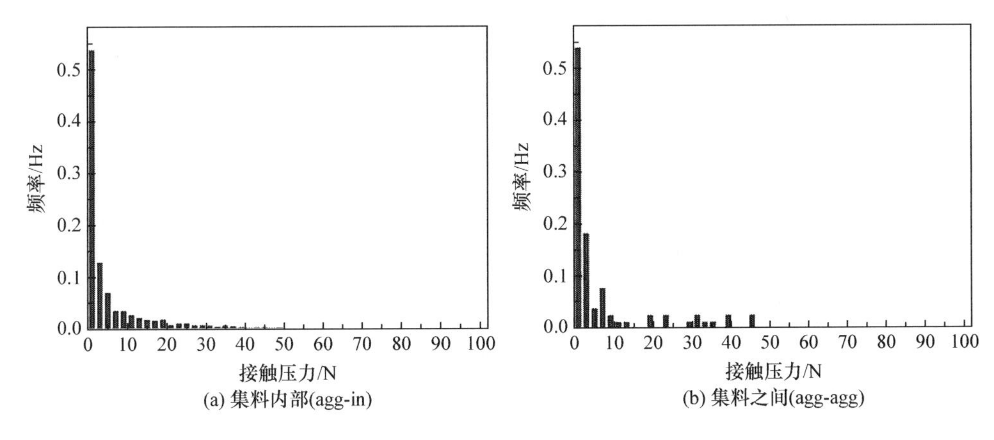

(a) 集料内部(agg-in)　　(b) 集料之间(agg-agg)

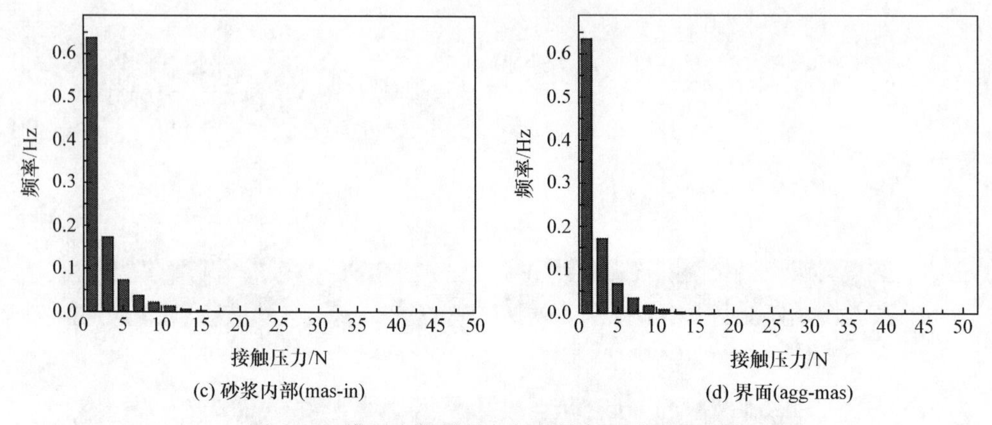

(c) 砂浆内部(mas-in)　　(d) 界面(agg-mas)

图 5-47　模型内部材料各相的接触压力分布频率

大。值得注意的是，虽然砂浆内部和界面上的接触力较小，但砂浆本身的刚度与极限抵抗荷载能力不如集料，实际上依然是混合料中材料构造的薄弱环节。

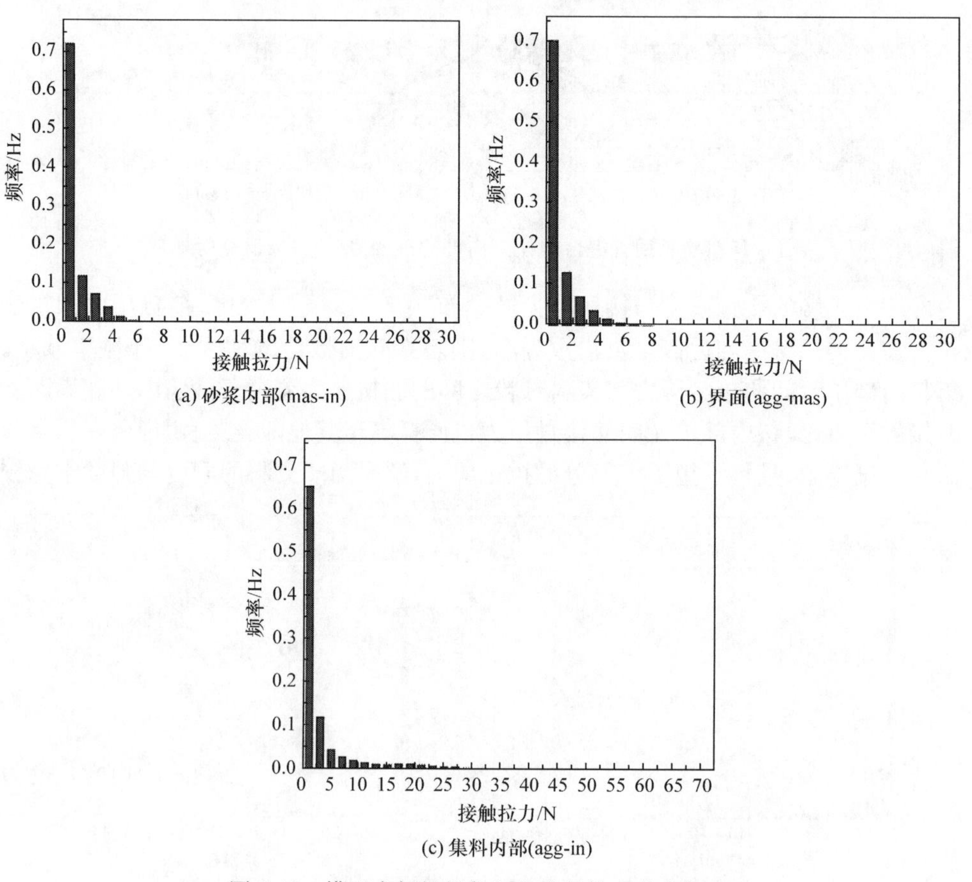

(a) 砂浆内部(mas-in)　　(b) 界面(agg-mas)

(c) 集料内部(agg-in)

图 5-48　模型内部材料各相的接触拉力分布频率

图5-49给出了各接触类型的接触力均值随加载时步的变化规律。从图中可以看出,荷载到达峰值前(122305步),各相材料间的接触力均值随着加载的进行呈线性增长趋势;荷载到达峰值后,在40000步的增值区间内,荷载出现骤然回落,下降了80%左右。集料内部承担的压力明显高于拉力,这与集料本身强抗压而弱抗拉的本质相符;砂浆内部、集料与砂浆结合面处所承担的压力同样高于拉力。

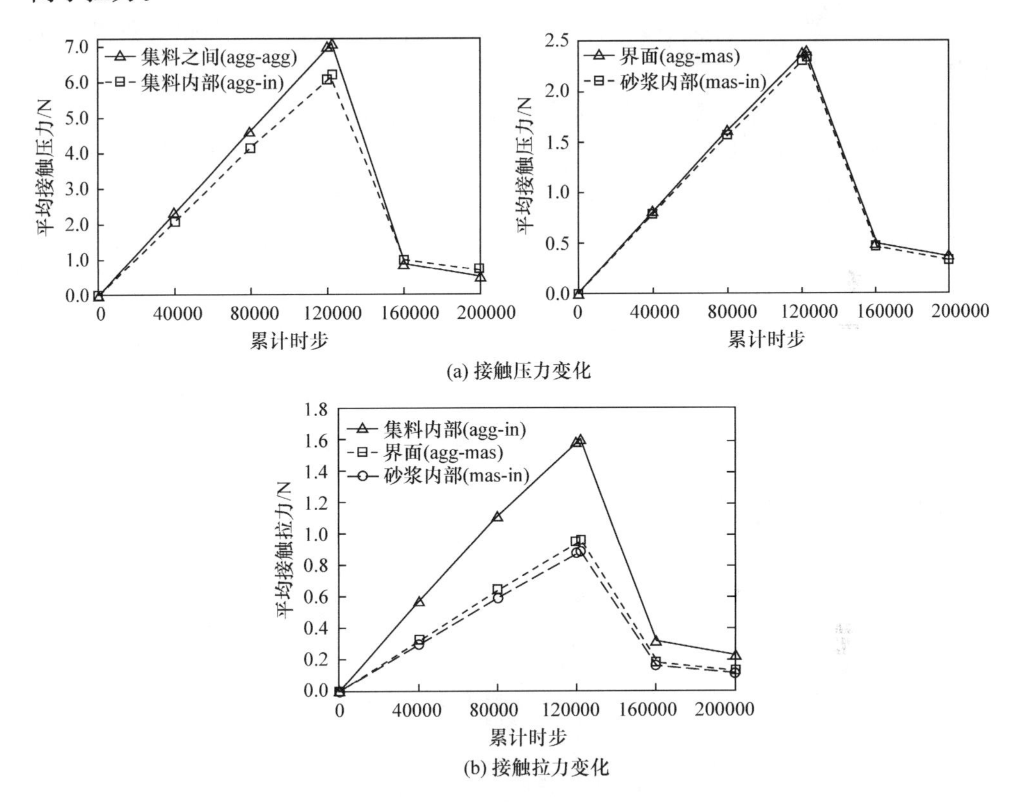

图5-49 模型内部材料各相接触力随计算时步的变化情况

从图5-49还可以看出,集料与砂浆结合面上的接触压力和拉力均值稍大于砂浆内部的接触力均值,由式(5-40)可知,界面接触刚度取决于结合面两端的集料单元与砂浆单元的各自刚度,因此出现了上述现象。异质材料的结合面总是复合材料构造的薄弱位置,虽然界面接触刚度受集料影响稍高于砂浆刚度,但结合面处的接触黏结强度较低,易产生受拉破坏,这就要求实际工程中,应尽量采取措施增大集料与环氧沥青间的黏结力,避免拉应力增至一定程度致使界面黏结失效,从而裂缝沿着砂浆内部扩展或直接贯穿粗集料,导致铺装整体发生失稳断裂破坏。

3. 三维裂纹发展过程的模拟与分析

沥青混合料的裂纹萌生与扩展机理一直是道路工作者研究的重要课题，但仅凭肉眼或常规设备无法捕捉材料内部的裂纹发展及演化过程。CT 无损扫描技术确实能够实时监控沥青混合料内部某一断层面的损伤演化过程，但受限于断层扫描这一技术特点，同一时间段内无法全局掌控沥青混合料破坏形式。下面提出一种能够追踪裂纹三维发展的模拟方法，为深入理解环氧沥青混合料铺装的断裂机理提供技术手段。

图 5-50 给出了微观裂纹数量与跨中挠度的关系曲线。其中，图 5-50(a)记录了法向与切向裂纹的数量变化，法向定义为与加载方向平行的受拉产生的裂纹(655 条)，切向定义为与加载方向约成 45°的受拉产生的裂纹(667 条)，图 5-51(a)给出了可视化示意图。图 5-50(b)记录了粗集料内部裂纹(53 条)、砂浆内部裂纹

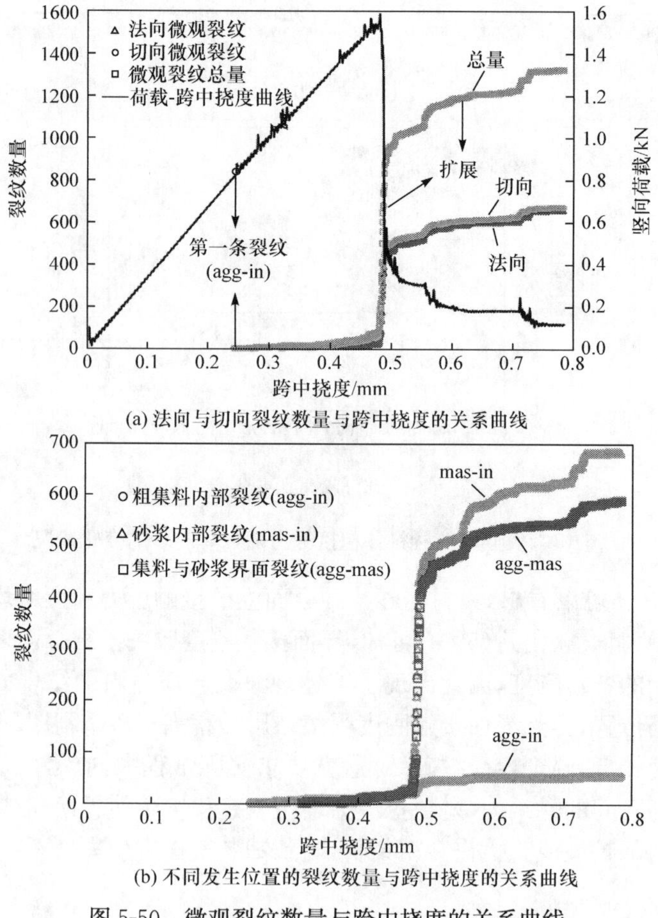

(a) 法向与切向裂纹数量与跨中挠度的关系曲线

(b) 不同发生位置的裂纹数量与跨中挠度的关系曲线

图 5-50　微观裂纹数量与跨中挠度的关系曲线

(681条)和界面裂纹(588条)数量随加载过程的变化情况。实验室内小梁试件在低温下裂缝会部分贯穿粗集料,而虚拟试验中有53条裂纹是产生于粗集料内部的,与现实情形相符。

通过在PFC3D中编写子程序,实现裂纹增长的三维可视化过程,模型中心坐标为(0,0,0),X、Y、Z坐标轴分别代表模型的长、高、宽,如图5-51～图5-54所示,记录所有裂纹的中心坐标。下面结合图5-50～图5-54分析虚拟试验中三维裂纹的发展过程。

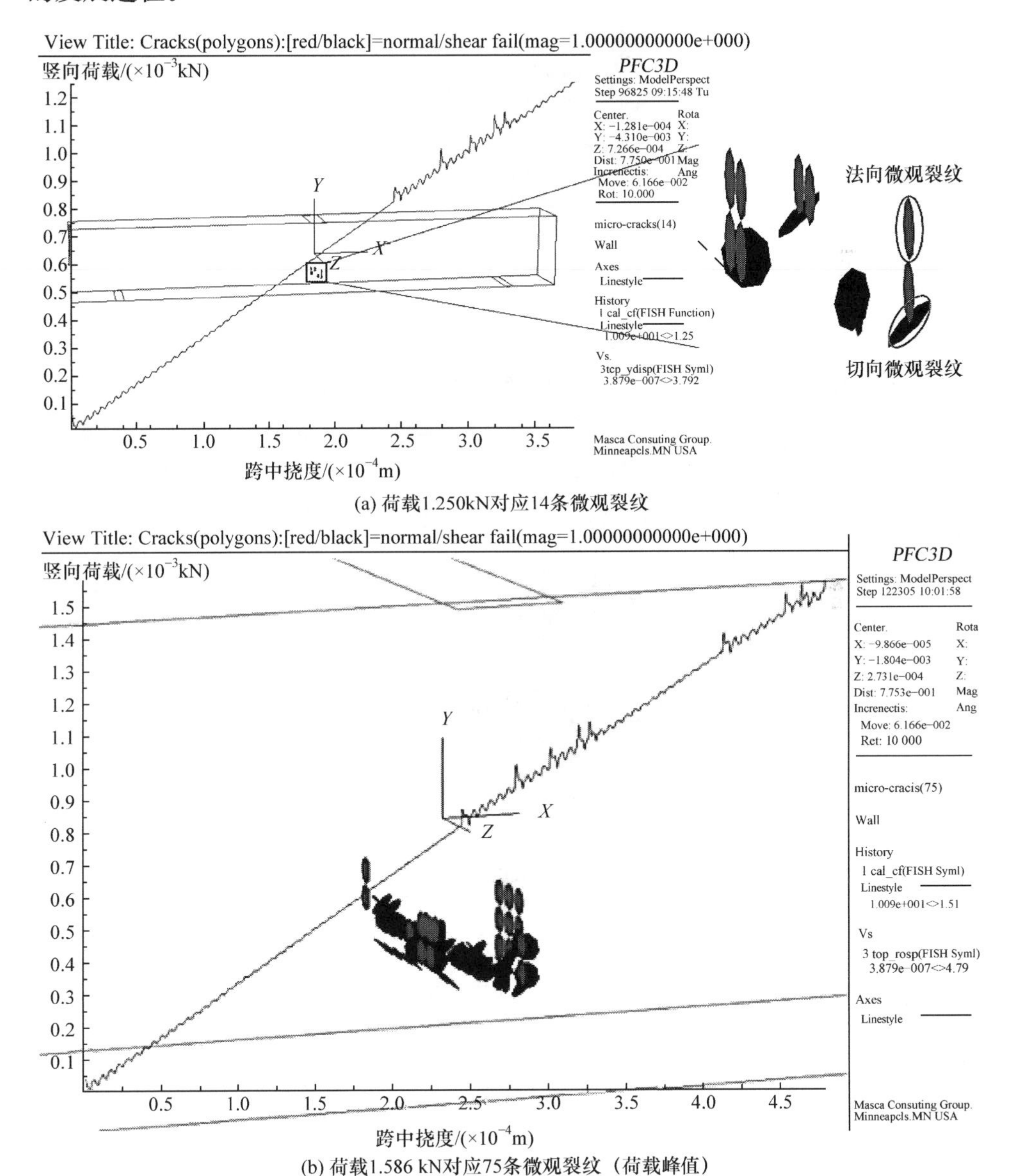

(a) 荷载1.250kN对应14条微观裂纹

(b) 荷载1.586 kN对应75条微观裂纹（荷载峰值）

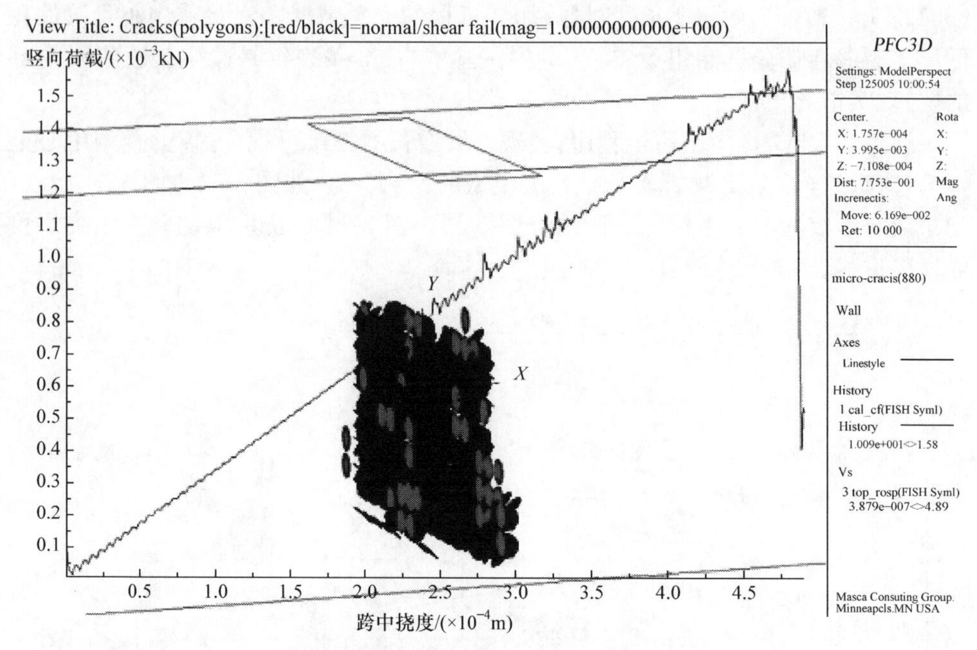

(c) 荷载0.528 kN对应880条微观裂纹(裂缝扩展阶段)

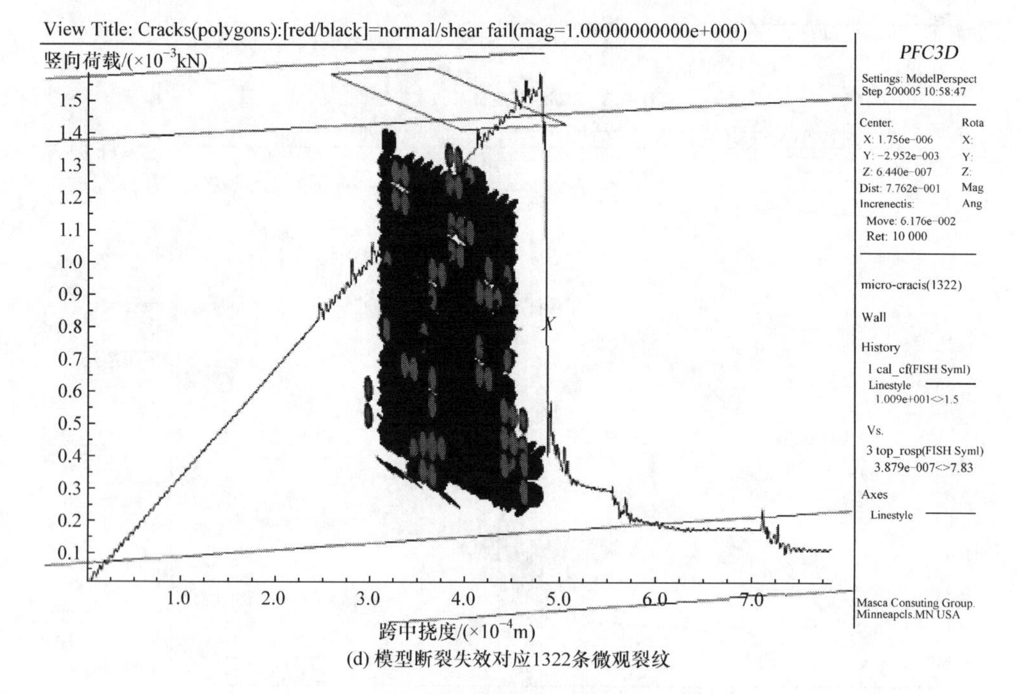

(d) 模型断裂失效对应1322条微观裂纹

图 5-51 三维微观裂纹发展的可视化示意图

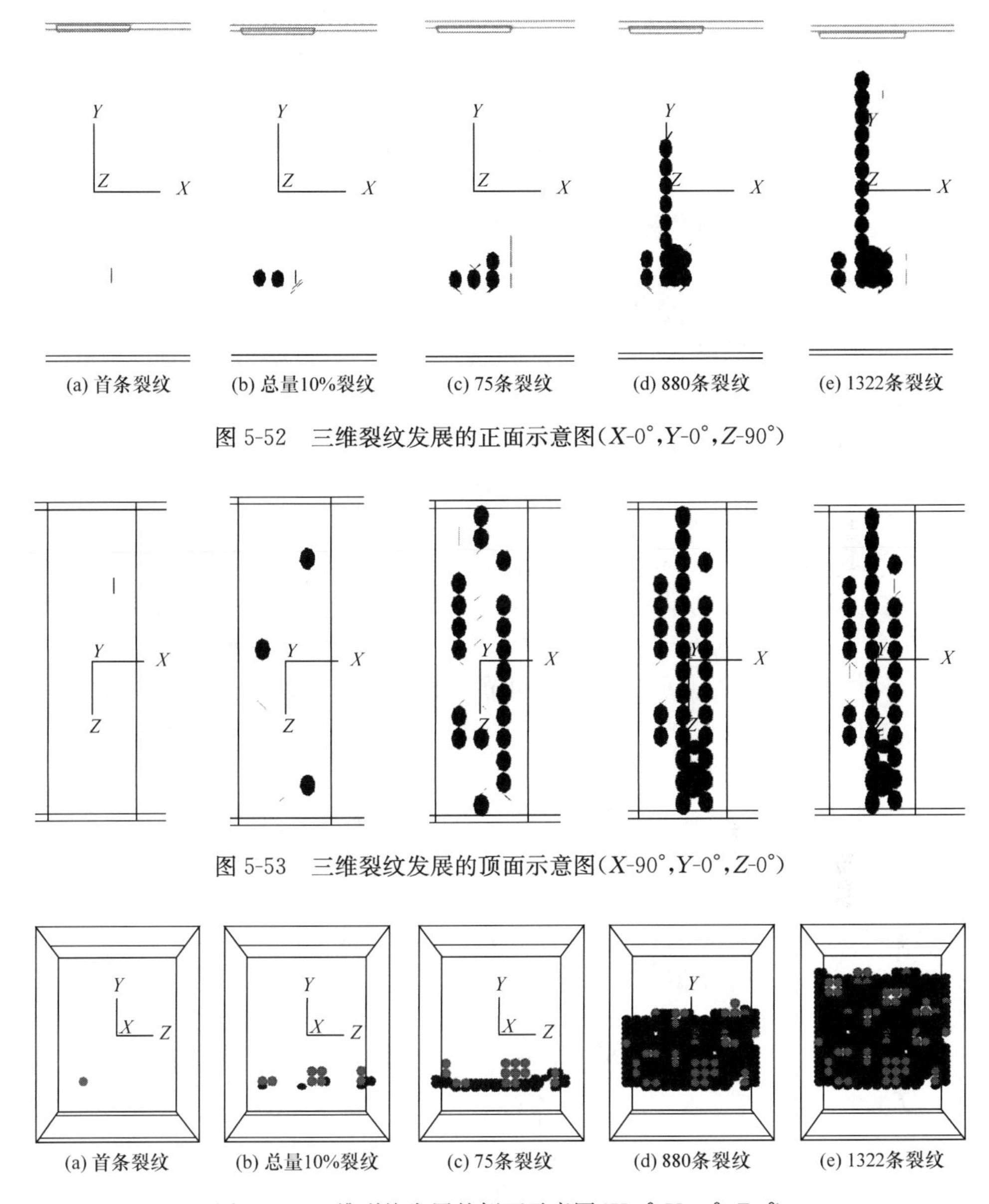

图 5-52　三维裂纹发展的正面示意图(X-0°,Y-0°,Z-90°)

图 5-53　三维裂纹发展的顶面示意图(X-90°,Y-0°,Z-0°)

图 5-54　三维裂纹发展的侧面示意图(X-0°,Y-90°,Z-0°)

以裂缝的发展过程为标准,三维离散元模型的破坏过程可分为三个阶段。第一阶段为 60%左右的极限荷载以内(0.952kN),此时,只在模型内的某些孤立接触点上产生应力集中,这些接触点多在集料与砂浆的结合面上。这些接触点断开后缓和了应力集中并恢复了平衡,这种裂缝是稳定的,此阶段会发生启裂现象。模拟过程中发现,荷载 0.846kN 时出现首条裂纹,其中心坐标(X=2.1908mm,Y=

-9.7951mm, $Z=-7.0004$mm)。结合图 5-53(a)与图 5-54(a)可以看出，首条裂纹位于模型内部的切口尖端位置，而并非表面，前文采用的追踪试件表面裂纹的数字摄影技术无法捕捉这一内部启裂现象。需要说明的是，首条裂纹实际产生于集料内部单元间的接触点，其原因主要有两方面：①有集料正好位于切口尖端；②低温条件下环氧沥青砂浆拥有较高的刚度与强度，致使部分集料破坏。

室内试验中微裂缝的出现必然会产生不可恢复形变，但因其数值小，可以认为该阶段材料是线弹性的，反映在模拟的荷载挠度曲线上同样呈现线弹性，少数波动对应模型中集料引发的断裂增韧作用。此后随着荷载的增加，由于砂浆和集料沿开裂面产生相对滑移，裂缝向砂浆中扩展，从而进入第二阶段。荷载到达峰值前的裂缝缓慢、稳定地发展(图 5-50(a))，跨中挠度自 0.27894mm(0.948kN)增至 0.47875mm(1.568kN)期间，裂纹增多了 72 条，平均增长速度 11.8 条/0.1s。室内试验中若在此阶段停止加载，裂缝扩展也终止，可以称此阶段为稳定的裂缝扩展阶段(第一扩展阶段)。有趣的是，模型表面第一次出现裂纹发生在第 9 条($x=0.0012699$mm, $y=-9.8038$mm, $z=13.003$mm)，极限荷载前发生的 75 条裂纹中仅 6 条裂纹出现在表面($z=\pm13.003$mm)，图 5-54(c)形象地反映了此特征。尽管使用图像设备能够捕捉到试件表面的微裂纹现象，但仅凭此来确定启裂、扩展和失稳状态是缺乏科学性的。因此，此处提出的追踪三维裂纹发展的模拟方法虽然较难通过试验验证，但提供了一种模拟分析手段，有助于理解裂缝的发展过程及相应的断裂机理。

由于低温条件下的环氧沥青混合料发生脆性断裂，已有研究成果表明[112]，采用破坏荷载作为临界荷载是合理的，因此荷载到达极限状态后，裂缝进入不稳定裂缝扩展阶段(第二扩展阶段)，即第三阶段。由图 5-50 可以看出，荷载越过极值点后，裂纹数量快速增长，跨中挠度自 0.47951mm(1.586kN)增至 0.48972mm(0.528kN)期间，荷载下降了 67%，裂纹增多了 805 条，平均增长速度 131.4 条/0.1s，与图 5-51(b)和(c)、图 5-52(b)和(c)、图 5-53(b)和(c)及图 5-54(b)和(c)的状态相对应。室内试验中能够依靠荷载与跨中挠度关系曲线，观察到极值点荷载后承载能力急剧下降出现脆性破坏的现象。虚拟试验中，此阶段砂浆内部裂纹由 30 条增至 436 条，界面裂纹由 26 条增至 406 条，集料内部裂纹由 19 条增至 38 条，验证了上述试验现象是由于裂纹沿着砂浆内部或集料与砂浆结合面等材料构造薄弱位置快速扩展。之后直至试件破坏，裂纹数量继续增加，但增长速度明显下降，集料内部裂纹基本保持不变，这是因为此时混合料整体已失去了承载能力，集料无法发挥增韧作用。

5.5 本章小结

本章从试验测试与数值分析角度研究了环氧沥青混合料的断裂行为,建立了环氧沥青混合料断裂损伤的预测模型。通过室内试验以及理论分析确定了环氧沥青混合料的断裂参数,论述了材料断裂能与双 K 断裂参数在环氧沥青混合料中的试验状况;引入三维凸多边形单个集料的随机延拓算法,构建了能够反映混合料多层次结构的三维离散元虚拟试件,并在三维尺度下分析了模型内部的接触力分布和变化规律,追踪裂纹的三维发展过程并与相关断裂机理建立联系。本章研究得到的主要结论如下。

(1) 对于环氧沥青混合料,当缝高比一定时,断裂韧性 K_{IC} 和 $CTOD_c$ 随着温度升高而减小,即抗裂性能下降;当温度一定时,断裂韧性 K_{IC} 不随缝高比变化,而 $CTOD_c$ 随着缝高比增大而减小。

(2) J 积分临界值 J_c 随着温度呈折线变化,温度从 −15℃上升到 5℃,J_c 增大,当温度从 5℃上升到 25℃时,J_c 减小;当温度不变时,J_c 不随缝高比变化,因此 J_c 可以作为黏弹性条件下环氧沥青混合料的断裂判据。

(3) 当温度不变,缝高比变化时,随着缝高比的增大,断裂能呈线性下降趋势,根据试验结果,在低温条件下(如低于 0℃),双 K 断裂参数可以应用于环氧沥青混合料。

(4) 将粗集料形态抽象为不规则形状多面体。以立方体作为基体,以切割面的数量 n_c、法向量 n、基体形心与切割面之间距离 ξ 作为随机变量,生成的虚拟集料颗粒与真实集料的形态特征较为相似。

(5) 集料内部的接触压力和拉力、集料颗粒之间的嵌挤压力均高于砂浆内部和界面上的接触力;界面刚度受集料影响稍高于砂浆,但界面的黏结强度较低,易产生受拉破坏。

(6) 三维离散元模型的破坏过程可分为三个阶段:第一阶段为 60%左右的极限荷载以内,这一阶段内发生了裂纹启裂。第二阶段,荷载到达峰值前,裂缝缓慢、稳定地发展。第三阶段,荷载到达极限状态后,裂缝进入不稳定扩展阶段,裂纹沿着砂浆或集料与砂浆结合面等薄弱环节快速扩展。

第6章　环氧沥青混合料材料改性及功能性研究

前面已论述，环氧沥青混合料具有强度高、高温稳定性高及抗疲劳性能优良的特点，在复杂的受力条件下能发挥较好的路用性能。然而，通过多年的研究与应用也能够发现，环氧沥青混合料在低温下容易产生裂缝类病害，且由于采用密实级配结构，存在表面抗滑性能不足的情况。因此，有必要充分利用环氧沥青材料的力学性能优势，开展以环氧沥青为基础的材料改性与功能性结构扩展研究。本章首先介绍针对环氧沥青材料低温性能的改性应用，并以新型级配设计理论提高环氧沥青路面的抗滑性能；然后，阐述环氧沥青材料的功能性研发状况，包括用于海绵城市的透水结构与轻质环保型混合料的研究。

6.1　玄武岩纤维环氧沥青混合料

环氧沥青混合料铺装运营状况表明，环氧沥青混合料铺装在低温环境下容易出现裂缝类病害。如何有效地解决环氧沥青混合料的开裂问题，提升环氧沥青混合料的低温抗开裂性能，是目前环氧沥青混合料的改性研究方向之一。纤维掺入能使沥青混合料的强度增大且混合料的密度减小，对沥青混合料的高温稳定性和低温抗裂性的改善具有明显作用。本节拟对玄武岩纤维改性环氧沥青混合料的性能进行探讨。

6.1.1　玄武岩纤维基本性质及技术指标

玄武岩纤维是玄武岩石料在1450～1500℃熔融后，通过铂铑合金拉丝漏板高速拉制而成的连续纤维。相比于其他填料，如矿粉和水泥，沥青胶浆中加入纤维后能更大程度地增强其弹性和劲度模量。根据《公路工程　玄武岩纤维及其制品　第1部分：玄武岩短切纤维》(JT/T 776.1—2010)，用于对环氧沥青混合料低温性能改性的玄武岩短切纤维技术指标应达到表6-1所示要求。

表6-1　用于环氧沥青混合料的玄武岩短切纤维技术指标

技术指标	技术要求	试验方法
玄武岩纤维长度/mm	6±(1+10%)	JT/T 776.1—2010
密度/(kg/m^3)	2600～2800	JT/T 776.1—2010
吸油率/%	≥50	JT/T 776.1—2010

续表

技术指标	技术要求	试验方法
断裂强度/MPa	≥1200	JT/T 776.1—2010
断裂伸长率/%	≤3.1	JT/T 776.1—2010
耐热性,断裂强度保留率/%	≥85	JT/T 776.1—2010
可燃性	明火点不燃	JT/T 776.1—2010

6.1.2　玄武岩纤维环氧沥青混合料的组成设计

环氧沥青混合料在固化反应后的主要强度来源于环氧沥青砂浆及其与粗集料颗粒间的相互作用,应尽可能确保环氧沥青砂浆级配结构稳定。玄武岩纤维环氧沥青混合料的级配结构仍以钢桥面铺装结构的典型级配为基础,如图 6-1 所示。

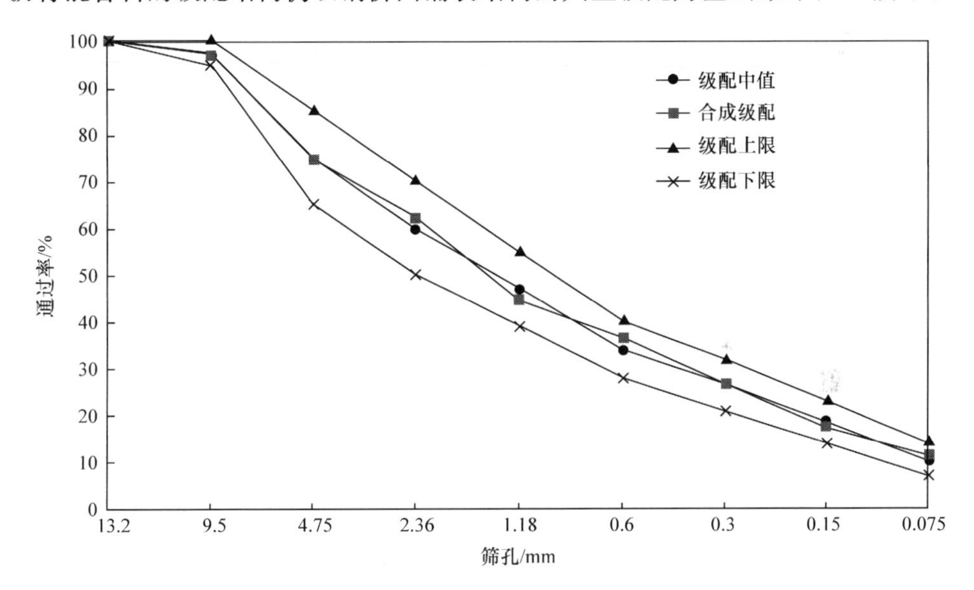

图 6-1　玄武岩纤维改性环氧沥青混合料级配范围和合成级配曲线图

根据《公路沥青路面施工技术规范》(JTG F40—2004)采用马歇尔设计方法确定玄武岩纤维改性环氧沥青的最佳用量,试验主要采用温拌环氧沥青作为黏结料。试件共分为四种不同类型:玄武岩纤维掺量分别为环氧沥青混合料总质量的 0%、0.2%、0.4%和 0.6%。在玄武岩纤维改性环氧沥青混合料油石比 5.5%~7.5%范围内,每隔 0.5%油石比递增量制备一组试件,每组制备 3 个试件。制备完成后,放入 120℃烘箱内固化 6h。表 6-2~表 6-5 给出了一组不同玄武岩纤维掺量下改性环氧沥青混合料的马歇尔试验结果。

表 6-2 未掺玄武岩纤维的环氧沥青混合料马歇尔试验结果

油石比 /%	毛体积密度 /(g/cm³)	孔隙率 /%	饱和度 /%	稳定度 /kN	流值 /(0.1mm)
5.5	2.577	3.8	77.5	41.3	28.9
6.0	2.583	3.1	82.2	44.6	32.3
6.5	2.581	2.2	87.5	53.1	34.6
7.0	2.580	2.3	87.7	51.8	37.1
7.5	2.579	2.6	86.9	48.5	36.3
技术要求	≥2.240	≤3	≥75	≥30	20～60

表 6-3 含 0.2%玄武岩纤维的改性环氧沥青混合料马歇尔试验结果

油石比 /%	毛体积密度 /(g/cm³)	孔隙率 /%	饱和度 /%	稳定度 /kN	流值 /(0.1mm)
5.5	2.577	3.9	77.1	41.8	29.6
6.0	2.583	3.3	81.2	45.8	33.1
6.5	2.581	2.4	86.5	54.3	36.2
7.0	2.580	2.3	87.7	55.2	38.5
7.5	2.579	2.6	86.9	51.6	40.1
技术要求	≥2.240	≤3	≥75	≥30	20～60

表 6-4 含 0.4%玄武岩纤维的改性环氧沥青混合料马歇尔试验结果

油石比 /%	毛体积密度 /(g/cm³)	孔隙率 /%	饱和度 /%	稳定度 /kN	流值 /(0.1mm)
5.5	2.577	3.9	77.1	43.2	31.1
6.0	2.583	3.3	81.2	45.4	33.6
6.5	2.581	2.4	86.5	53.6	35.8
7.0	2.580	2.4	87.2	56.1	38.7
7.5	2.579	2.6	86.9	54.8	41.6
技术要求	≥2.240	≤3	≥75	≥30	20～60

表 6-5 含 0.6%玄武岩纤维改性环氧沥青混合料马歇尔试验结果

油石比 /%	毛体积密度 /(g/cm³)	孔隙率 /%	饱和度 /%	稳定度 /kN	流值 /(0.1mm)
5.5	2.577	4.0	76.6	43.8	31.4
6.0	2.583	3.4	80.8	46.2	34.3

续表

油石比 /%	毛体积密度 /(g/cm³)	孔隙率 /%	饱和度 /%	稳定度 /kN	流值 /(0.1mm)
6.5	2.581	2.6	85.6	53.8	36.1
7.0	2.580	2.4	87.2	55.8	38.9
7.5	2.579	2.8	86.1	56.4	42.8
技术要求	≥2.240	≤3	≥75	≥30	20～60

通过上述试验结果可以得出：玄武岩纤维掺量为 0.2%、0.4%和 0.6%的改性环氧沥青混合料的最佳油石比分别为 6.8%、6.9%和 7.2%。随着玄武岩纤维掺量的增加，混合料的最佳油石比不断上升，主要是由玄武岩纤维吸附沥青所造成的。

6.1.3　玄武岩纤维环氧沥青混合料低温性能

1. 小梁弯曲试验研究

按照《公路工程沥青及沥青混合料试验规程》(JTG E20—2011)中的“沥青混合料弯曲试验”(T 0715—2011)对玄武岩纤维改性环氧沥青混合料的低温抗裂性能进行评价。试验首先采用轮碾法成型尺寸为长 300mm×宽 300mm×高 50mm 的玄武岩纤维改性环氧沥青混合料试件板，放入 120℃烘箱内固化 6h；然后放置于自然环境中养护 24h；最后将车辙板切割成尺寸为长 250mm×宽 30mm×高 35mm 的玄武岩纤维改性环氧沥青混合料小梁试件。试验温度设定为－10℃，并保证小梁在进行试验前放在－10℃环境中至少 4h。试验的加载设备可采用 UTM-25 型试验机，小梁三点弯曲夹具的跨径为 200mm。

通过试验得到不同玄武岩纤维掺量的改性环氧沥青混合料小梁试件的破坏荷载和相应的跨中挠度，而后计算出小梁试件的抗弯拉强度、最大弯拉应变或弯拉劲度模量，结果如图 6-2 所示。

由图 6-2 可知，在－10℃条件下，掺加玄武岩纤维提高了环氧沥青混合料的抗弯拉强度与最大弯拉应变。当玄武岩纤维掺量为 0.4%时，改性环氧沥青混合料的抗弯拉强度达到 46.8MPa，最大弯拉应变达到 4.385×10^{-3}，相比普通环氧沥青混合料的抗弯拉强度与最大弯拉应变分别提高了 22.5%和 18.9%，表明玄武岩纤维能够有效地增强环氧沥青混合料低温下承受荷载的能力和变形能力；当玄武岩纤维掺量大于 0.4%时，玄武岩纤维改性环氧沥青混合料的抗弯拉强度与最大弯拉应变均有一定程度的减小。

强度和变形是材料自身的两个重要参数，抗弯拉强度、最大弯拉应变或弯拉劲度模量作为评价沥青混合料低温性能指标存在一定局限性[113]。研究表明，以弯

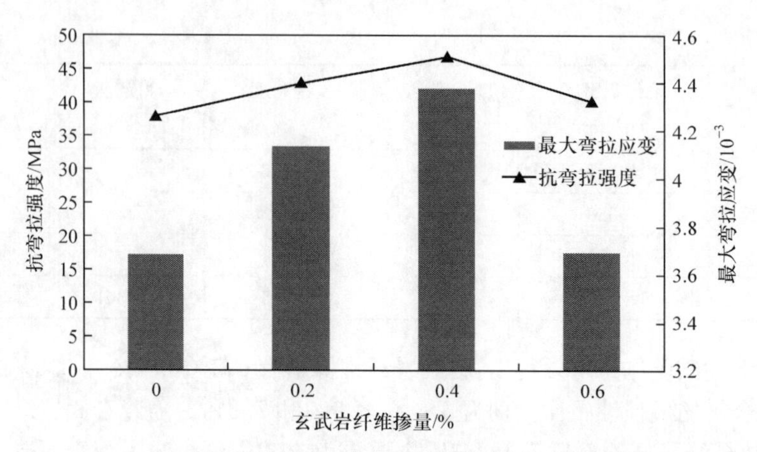

图 6-2　玄武岩纤维改性环氧沥青混合料低温弯曲试验结果

曲应变能密度临界值作为环氧沥青混合料抗弯拉性能的评价指标[80]，可以弥补用抗弯拉强度和临界弯拉应变作为评价指标的单一性。材料的弯曲应变能密度临界值为混合料试件发生断裂时的单轴应力-应变关系曲线下的面积。假定材料的破坏形式与单位体积内能量状态相对应，则材料的损伤可以用应变能密度函数表示，即

$$\frac{\mathrm{d}W}{\mathrm{d}V}=\int_0^{\varepsilon_0}\sigma_{ij}\varepsilon_{ij} \tag{6-1}$$

式中，$\frac{\mathrm{d}W}{\mathrm{d}V}$为应变能密度函数；$\sigma_{ij}$ 为应力分量；ε_{ij} 为应变分量；ε_0 为临界破坏应变。

不同掺量下玄武岩纤维改性环氧沥青混合料的低温弯曲应变能密度的临界值如表 6-6 所示。

表 6-6　玄武岩纤维改性环氧沥青混合料低温弯曲应变能密度临界值

技术指标	玄武岩纤维掺量/%			
	0	0.2	0.4	0.6
弯曲应变能密度临界值/($\times10^{-2}$MPa)	6.542	8.303	9.626	6.935

通过表 6-6 可以看出，普通环氧沥青混合料的弯曲应变能密度临界值为 6.542×10^{-2}MPa，玄武岩纤维的掺入能够有效地增加改性环氧沥青混合料的弯曲应变能密度临界值。当玄武岩纤维掺量为 0.4%时，玄武岩纤维改性环氧沥青混合料的弯曲应变能密度临界值达到最大，为 9.626×10^{-2}MPa，比普通环氧沥青混合料提高了 47.1%。当玄武岩纤维掺量大于 0.4%时，玄武岩纤维改性环氧沥青混合料的弯曲应变能密度临界值反而会降低。由此可见，玄武岩纤维掺量为 0.4%的改性环氧沥青混合料有着比普通环氧沥青混合料及玄武岩纤维掺量为 0.2%和 0.6%的改性环氧沥青混合料更优异的低温抗裂性能。

2. 低温抗裂性能试验

基于低温劈裂试验的玄武岩纤维改性环氧沥青混合料低温性能研究，按照《公路工程沥青及沥青混合料试验规程》(JTG E20—2011)中“沥青混合料劈裂试验”(T 0716—2011)，对玄武岩纤维改性环氧沥青混合料的低温抗裂性能进行评价。试验温度为−10℃，加载速率为1mm/min。试验仪器选用液压万能试验机，量程为300kN，精度为0.01kN。通过试验过程中的峰值荷载P_T及峰值荷载对应的竖向位移Y_T，计算出不同玄武岩纤维掺量的改性环氧沥青混合料的低温劈裂数据，如表6-7所示。

表6-7 玄武岩纤维改性环氧沥青混合料低温劈裂试验结果

玄武岩纤维掺量/%	峰值荷载P_T/kN	峰值荷载对应的竖向位移Y_T/mm	水平位移X_T/mm	劈裂抗拉强度/MPa		破坏劲度模量/MPa	
0	101.62	2.04	0.30	10.65	10.73	2965.8	2974.3
	103.20	2.06	0.30	10.81		2982.7	
0.2	112.58	2.19	0.32	11.80	11.99	3060.7	3132.4
	116.24	2.16	0.31	12.18		3204.0	
0.4	118.25	2.24	0.33	12.39	12.36	3143.0	3121.1
	117.64	2.26	0.33	12.33		3099.2	
0.6	125.31	2.21	0.32	13.13	13.22	3375.9	3505.2
	126.97	2.08	0.30	13.30		3634.4	

通过表6-7可以看出，改性环氧沥青混合料的低温劈裂强度随着玄武岩纤维掺量的增加而增大。普通环氧沥青混合料的低温劈裂抗拉强度约为10.73MPa；玄武岩纤维掺量为0.2%、0.4%和0.6%的改性环氧沥青混合料的低温劈裂抗拉强度分别为11.99MPa、12.36MPa和13.22MPa，分别比普通环氧沥青混合料的低温劈裂抗拉强度提高了11.7%、15.2%和23.2%，说明玄武岩纤维能够有效地提高环氧沥青混合料的低温抗裂能力。

普通环氧沥青混合料与玄武岩纤维改性环氧沥青混合料发生低温劈裂破坏时，玄武岩纤维掺量为0.2%和0.4%的改性环氧沥青比普通环氧沥青混合料在水平方向上的位移要大，而玄武岩纤维掺量为0.6%的改性环氧沥青混合料则与普通环氧沥青混合料差异较小。这说明玄武岩纤维掺量为0.2%和0.4%的改性环氧沥青混合料有着比普通环氧沥青混合料更优异的变形能力，而当玄武岩纤维掺量大于0.4%时，变形能力会降低。

综合以上结论，基于玄武岩纤维改性环氧沥青混合料低温劈裂试验数据，玄武岩纤维掺量为0.4%的改性环氧沥青混合料比普通环氧沥青混合料及玄武岩纤维掺量为0.2%和0.6%的改性环氧沥青混合料有着更优异的低温抗裂性能。

6.2 橡胶粉改性环氧沥青混合料

轮胎橡胶粉是通过机械方式将废旧轮胎粉碎后得到的粉末状物质。将废轮胎加工成橡胶粉是世界上公认的废轮胎橡胶无害化、资源化的处理方法,其中将废轮胎橡胶粉用于沥青改性剂在公路行业中使用是废旧轮胎资源化无害化利用的主要途径之一。橡胶沥青作为一种环保材料,已作为黏合剂用在沥青路面施工的不同方面,包括组成混合料、表面处理、密封胶等。研究证明,橡胶粉除了可以与基质沥青混合使之具有更好的抗车辙、抗疲劳裂纹和抗热裂化能力外,还能降低沥青加铺层的厚度和减少潜在的反射裂缝。

6.2.1 橡胶粉改性环氧沥青混合料的组成设计

橡胶沥青通常是将橡胶粉粒按一定的粗细级配比例进行组合,同时添加多种高聚物改性剂在高温条件下(180℃以上)充分拌合,与基质沥青充分溶胀反应后形成的改性沥青胶结材料。橡胶沥青具有较好的高温稳定性、低温柔韧性、抗老化性、抗疲劳性、抗水损坏性等性能,是理想的环保型路面材料。橡胶粉改性环氧沥青混合料可以采用典型的环氧沥青混合料级配为参照进行设计,表6-8给出了一种橡胶粉改性环氧沥青混合料的级配状况。

表6-8 橡胶粉改性环氧沥青混合料设计矿料级配

技术指标	筛孔尺寸/mm								
	12.5	9.5	4.75	2.36	1.18	0.6	0.3	0.15	0.075
级配范围/%	100	95~100	65~85	50~70	38~54	28~40	20~30	13~21	7~14

研究中橡胶粉在环氧沥青中的掺量分为选用2%、4%和6%三组掺量比例,根据环氧沥青用量范围的工程实践经验,采用油石比(P_a)为6.2%、6.5%、6.8%、7.1%、7.4%制备五组试件,试件按照《公路工程沥青及沥青混合料试验规程》(JTG E20—2011)中“沥青混合料试件制作方法(击实法)”(T 0702—2011)进行制作。不同橡胶粉掺量、不同油石比组成的橡胶粉环氧沥青混合料马歇尔试件的表观密度、孔隙率、马歇尔稳定度、流值数据如表6-9~表6-11所示。

表6-9 2%橡胶粉掺量试件马歇尔试验结果

油石比/%	表观密度/(g/cm³)	孔隙率/%	稳定度/kN	流值/(0.1mm)
6.2	2.571	3.0	36.91	43.10
6.5	2.578	2.8	41.65	36.43

续表

油石比/%	表观密度/(g/cm³)	孔隙率/%	稳定度/kN	流值/(0.1mm)
6.8	2.577	2.8	46.21	45.00
7.1	2.577	2.8	44.33	32.80
技术要求	—	≤3	≥30	20～60

表 6-10　4%橡胶粉掺量试件马歇尔试验结果

油石比/%	表观密度/(g/cm³)	孔隙率/%	稳定度/kN	流值/(0.1mm)
6.2	2.566	3.2	43.90	32.30
6.5	2.577	2.8	42.65	35.60
6.8	2.587	2.5	46.33	37.50
7.1	2.582	2.6	44.74	35.83
7.4	2.575	2.9	42.80	29.50
技术要求	—	≤3	≥30	20～60

表 6-11　6%橡胶粉掺量试件马歇尔试验结果

油石比/%	表观密度/(g/cm³)	孔隙率/%	稳定度/kN	流值/(0.1mm)
6.2	2.566	3.2	50.06	25.46
6.5	2.572	3.0	61.94	38.25
6.8	2.582	2.6	52.28	33.85
7.1	2.580	2.7	55.39	36.40
7.4	2.575	2.9	49.52	40.00
技术要求	—	≤3	≥30	20～60

根据上述试验数据，通过沥青混合料马歇尔设计方法可以确定 2%、4%、6%橡胶粉掺量下的改性环氧沥青混合料最佳油石比分别为 6.6%、6.8%、7.0%。这表明橡胶粉改性环氧沥青的最佳油石比随着橡胶粉掺量的提高而增大。

6.2.2　橡胶粉改性环氧沥青混合料的高、低温性能

1. 高温性能

按照《公路工程沥青及沥青混合料试验规程》(JTG E20—2011)中“沥青混合料车辙试验”(T 0719—2011)规范，采用车辙试验来评价混合料的高温稳定性能，试验温度为 60℃。根据各橡胶粉掺量下的最佳油石比(2%、4%、6%橡胶粉掺量下的改性环氧沥青混合料最佳油石比分别为 6.6%、6.8%、7.0%)制作车辙试验

板。表6-12为不同橡胶粉掺量下环氧沥青混合料高温车辙试验的结果。

表6-12 橡胶粉改性环氧沥青车辙试验结果(60℃)

橡胶粉掺量/%	最佳油石比/%	60min累积形变/mm	动稳定度
0	6.6	0.9	几乎无变形
2	6.6	0.8	几乎无变形
4	6.8	1.0	几乎无变形
6	7.0	0.5	几乎无变形

试验结果表明,最佳油石比条件下的普通环氧沥青混合料具有较高的抗车辙性能,试件表面几乎无变形。可以看出,添加了橡胶粉之后,改性环氧沥青混合料仍然继承了环氧沥青优良的抗高温车辙能力,60min累积形变很小,均在1mm以下。

2. 低温性能

按照《公路工程沥青及沥青混合料试验规程》(JTG E20—2011)中"沥青混合料弯曲试验"(T 0715—2011)对橡胶粉改性环氧沥青混合料的低温抗裂性能进行评价。试验采用UTM材料试验机进行加载,试验温度为−10℃。普通环氧沥青与2%、4%、6%橡胶粉掺量的改性环氧沥青低温小梁弯曲试验结果见表6-13。

表6-13 小梁低温弯曲试验结果

橡胶粉掺量/%	最大荷载/kN	破坏时跨中挠度/mm	抗弯拉强度/MPa	最大弯拉应变/10^{-2}	弯拉劲度模量/MPa
0	3.460	2.500	28.25	1.312	2153.201
2	2.978	2.819	24.31	1.480	1642.350
4	3.717	2.837	30.34	1.489	2283.922
6	4.460	2.850	36.41	1.496	2433.294

从表6-13可以看出,2%橡胶粉掺量的改性环氧沥青混合料的破坏最大荷载和抗弯拉强度比普通环氧沥青混合料略低,而4%、6%橡胶粉掺量的改性环氧沥青混合料的抗弯拉强度分别比普通环氧沥青混合料高约7%和29%,表明其具有较好的低温强度和抗弯拉性能。而从破坏时跨中挠度和最大弯拉应变这两项表征低温变形能力的指标来看,2%、4%、6%橡胶粉掺量的改性环氧沥青混合料的最大弯拉应变分别比普通环氧沥青混合料大13%、13.5%和14%。这表明橡胶粉的加入使得环氧沥青混合料的低温变形能力有了很大提升。

根据低温脆性的弯拉劲度模量指标变化情况，2%橡胶粉掺量的改性环氧沥青混合料的弯拉劲度模量比普通环氧沥青混合料降低了 24%，因此，2%橡胶粉的加入大幅改善了环氧沥青混合料的低温脆性。而 4%、6%橡胶粉掺量的改性环氧沥青混合料的弯拉劲度模量分别比普通环氧沥青混合料高出 6%和 13%，其低温脆性不如普通环氧沥青混合料。因此，橡胶粉含量越少脆性性能越好。

综合上述研究可以看出，掺加橡胶粉能有效地提高环氧沥青混合料的低温性能。与普通环氧沥青混合料相比，主要是掺量橡胶粉的改性环氧沥青混合料的变形能力得到了较为显著的提高。

6.3　抗滑型环氧沥青混合料

钢桥面铺装用环氧沥青混合料属于悬浮密实型结构，其孔隙率常控制于 2%以下，在确保较好密实性的同时也对路表抗滑性能造成了不利影响。目前具备较好抗滑性能的沥青路面基本上都采用断级配骨架结构，因此可以通过设计骨架密实型环氧沥青混合料来提高表层的抗滑性能。本节首先介绍基于多点支撑骨架状态的混合料体积设计方法(V-S 法)的基本原理，给出基于 V-S 法的骨架密实型环氧沥青混合料(VS-EA10)级配设计过程，检验 VS-EA10 的抗滑性能，并与钢桥面铺装常用的环氧沥青混合料 EA-10 和改性沥青 SMA-10 进行对比研究。

6.3.1　基于多点支撑骨架状态的混合料体积设计方法

V-S 法是在粗集料多点支撑骨架状态的基础上建立起来的以体积参数为主要设计参数的沥青混合料设计方法[114]。该理论认为矿质混合料主要由粗集料、细集料和矿粉构成，而在压实后的混合料中，粒径大于 4.75mm 的粗集料构成了未被细集料撑开的骨架状态，该状态与粗集料的紧密堆积状态相同；矿质混合料中的细集料和填料都充分填充在骨架孔隙(VCA)中，经过填充后，剩余的孔隙率为 VMA，而 VCA 中未被沥青填充的空间则构成了混合料的孔隙率 VV，各体积指标的计算如式(6-2)所示：

$$\begin{cases} G+g=100\% & \text{(a)} \\ \dfrac{g}{\rho_g}=\dfrac{G}{\rho_s}\left(\dfrac{\text{VCA}-\text{VMA}}{100}\right) & \text{(b)} \\ \dfrac{P_a}{\rho_a}=\left(\dfrac{\text{VMA}-\text{VV}}{100}\right)\dfrac{G}{\rho_s} & \text{(c)} \end{cases} \tag{6-2}$$

式中，G 为粗集料(≥4.75mm)的比例(%)；g 为细集料(<4.75mm)和填料(矿粉)的比例(%)；ρ_g 为细集料和填料混合后的密度(g/cm^3)；ρ_s 为粗集料的紧密堆积密度(g/cm^3)；VCA 为粗集料紧密堆积状态下的孔隙率(%)；VMA 为矿料间隙率

(%)；P_a 为混合料的油石比(%)；ρ_a 为沥青的密度(g/cm^3)；VV 为沥青混合料的孔隙率(%)。

在式(6-2)中，ρ_s、ρ_g、ρ_a 和 VCA 是可以通过试验测定的。而 VMA 和 VV 作为混合料设计过程中的核心控制参数，可以通过调整获得具有不同体积性质和路用性能的沥青混合料。因此通过式(6-2)中的三个方程可以计算得到粗集料含量 G、细集料含量 g 和油石比 P_a 三个未知数，从而确定混合料的配合比。对于大于4.75mm的粗集料级配，建议多点支撑骨架结构平面模型中的 D 和 d 处于多点支撑骨架状态，如图 6-3 所示，从而使混合料获得的承载力最大，多点支撑骨架结构模型中粗一级颗粒 D 应占的体积分数公式为

$$V_i=\frac{V_{i-1}}{\left(1+\frac{d_i}{D_i}\right)^3}\quad(i=1,2,\cdots)\tag{6-3}$$

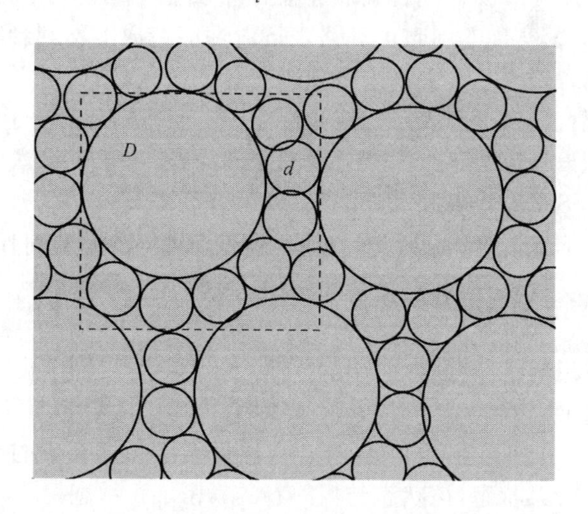

图 6-3 多点支撑骨架结构平面模型

粗一级颗粒单独填充时的填充率 V_0 = 堆积密度/表观密度。利用试验获得第一级颗粒的堆积密度和表观密度并计算得到 V_0，根据式(6-3)计算出第一级颗粒 D 的应占的体积比后，可按同样模型和公式计算细一级颗粒 d_i 应占的体积比，但此时应扣除 D 所占的体积 V_i，如此递推直到计算完最后一级颗粒。

在击实状态下，粗集料(≥4.75mm)形成了严格的骨架结构，根据设计思路，细集料和沥青应填充在粗集料形成的骨架空隙 VCA 中；但研究表明，2.36mm 颗粒的存在会明显撑开粗集料形成的紧密的骨架结构。因此，为确保骨架结构的完整性，以形成良好的间断级配，选择间断 2.36mm 档集料。

通过设计密实度较高的细集料混合料，可以有效地降低混合料的总孔隙率，从而形成良好的骨架密实状态。因此，对于细集料和填料的级配组成，可依据最大密

实度填充理论，按式(6-4)来进行设计计算。

$$P_i=\left(\frac{d_i}{D}\right)^n\times 100\% \tag{6-4}$$

式中，P_i 为粒径 d_i 颗粒的通过率；D 为细集料混合料中的最大粒径，$D=2.36$mm（间断 2.36～4.75mm 的颗粒）；n 为试验指数。

在传统的最大密实度理论中，n 通常取值为 0.3～0.7。通过提高沥青砂浆的劲度模量，可以有效避免粗集料骨架失稳的发生，使骨架型密实型混合料充分发挥其骨架结构的特点，V-S 法建议采用较低的试验指数 n，得到较高的粉胶比，以提高沥青砂浆的劲度模量，从而使所设计的多点支撑骨架结构能够充分地发挥作用，n 可在 0.2～0.45 范围内取值。

6.3.2　级配设计

1. 原材料基本性质

1) 矿质集料

集料是环氧沥青混合料的重要组成之一，为保证 VS-EA10 的力学性能和抗滑性能，需要选用石质坚硬、耐磨、颗粒形状较好的硬质石料。抗滑型环氧沥青混合料选用公称最大粒径为 9.5mm 的玄武岩集料作为石料，表 6-14 给出了一组集料测试结果及其钢桥面铺装用矿质集料试验要求作为参考。

表 6-14　矿质集料试验结果

技术指标	试验结果	试验要求	试验方法①
抗压强度/MPa	140	≥120	T 0221—2005
洛杉矶磨耗值(C)/%	11.5	≤22.0	T 0317—2005
磨光值(PSV)	52	≥44	T 0321—2005
压碎值/%	8.9	≤12	T 0316—2005
吸水率/%	0.6	≤1.5	T 0304—2005
针片状含量/%	1.2	≤5	T 0312—2005
软石含量/%	0.1	≤1	T 0320—2000
黏附性(SK 70#)/级	4	≥4	T 0616—1993
坚固性/%	0.6	≤5	T 0314—2000
含泥量/%	0	≤1	T 0310—2005
砂当量/%	83.0	≥60	T 0334—2005

① 试验方法中，除 T 0221—2005 来自《公路工程岩石试验规程》(JTG E41—2005)，T 0616—1993 来自《公路工程沥青及沥青混合料试验规程》(JTG E20—2011)外，其余均来自《公路工程集料试验规程》(JTG E42—2005)。

2）矿粉

环氧沥青混合料一般采用石灰石矿粉作为填料。为保证 VS-EA10 的质量，选用性能较好的石灰石矿粉。采用石灰石矿粉作为矿质填料，表 6-15 给出了一组矿粉测试结果及其试验要求作为参考。

表 6-15　矿粉技术指标及试验要求

技术指标	试验结果	试验要求	试验方法①
矿粉密度/(g/cm³)	2.728	≥2.500	T 0352—2000
矿粉亲水系数	0.63	≤1	T 0353—2000
粒度范围/%	100 94.3	0.3mm：≥90 0.075mm：≥80	T 0351—2000
矿粉塑性指数/%	3.2	≤4.0	T 0354—2000
矿粉加热安定性	不变色	不变色	T 0355—2000

① 试验方法来自《公路工程集料试验规程》(JTG E42—2005)。

3）环氧沥青

抗滑型环氧沥青混合料所用的沥青可选用温拌或热拌环氧沥青作为原材料，本节选用温拌环氧沥青，其各项测试指标应满足表 6-16 所示的要求。

表 6-16　VS-EA10 环氧沥青结合料试验结果

技术指标	检测结果	技术要求	试验方法
抗拉强度(25℃)/MPa	2.16	≥1.5	GB/T 528—2009
断裂延伸率(25℃)/%	346	≥200	GB/T 528—2009
热固性(300℃)	不熔化	不熔化	小试件放置在热板上
膨胀比(25℃)	1.9	≤3.5	特殊规程
浸耗率(25℃)/%	16	≤35	特殊规程
吸水率(25℃,7d)/%	0.1	≤0.3	GB/T 1034—2008
在荷载作用下的热挠曲温度/℃	−20	−25～−18	ASTM D 648-18
黏度增加至 1Pa·s 的时间(120℃)/min	76	≥50	JTG E20—2011 T 0625—2011

2. 级配设计过程

抗滑型环氧沥青混合料按照 V-S 法确定各原材料的掺配比例，与传统马歇尔设计方法存在差异。根据 V-S 法可将其设计过程简述如下。

1)确定原材料的密度

矿料和沥青密度的测试方法可按《公路工程沥青及沥青混合料试验规程》(JTG E20—2011)中规定的方法进行，表 6-17 给出了一组矿料与沥青原材料密度的测试结果。

表 6-17　矿料和沥青原材料密度测试结果

参数	矿料								沥青
粒径/mm	9.5	4.75	1.18	0.6	0.3	0.15	0.075	<0.075	—
密度/(g/cm^3)	2.929	2.917	2.92	2.928	2.945	2.965	3.03	2.756	1.036

2）测试粗集料的体积填充率 V_0

式(6-3)中各项参数表明，计算粗集料在多点支撑骨架状态下的级配组成需测试粗集料在单一粒径条件下的体积填充率 V_0。体积填充率的确定可采用捣实成型的方法先测试堆积密度，然后利用 V_0=堆积密度/表观密度进行计算，本节研究实例中计算得到 9.5mm 的颗粒体积填充率为 60.8%。

3）确定粗集料的理论级配

根据式(6-3)，粗集料在多点支撑骨架状态下的理论级配组成仅与集料的体积填充率和粒径之比有关，因此可按照式(6-3)计算出粗集料的理论级配，其计算结果如表 6-18 所示。

表 6-18　粗集料的理论级配

粒径/mm	体积填充百分比/%	需填充的体积百分比/%	d/D	各级集料体积百分比/%	筛余质量分数/%
9.5	60.8	100	0.5	18.01	41.5
4.75		81.99	0.2484	25.41	58.5
1.18	—	—	—	—	—

根据表 6-18 中的理论级配及表 6-17 中各粒径的密度，可计算出粗集料的混合料密度：

$$\rho_G=\frac{100}{\dfrac{41.5}{2.929}+\dfrac{58.5}{2.917}}=2.922(\text{g/cm}^3)$$

4）确定细集料和填料的理论级配及合成密度

在确定细集料和填料的理论级配时，需要确定试验指数 n。本节研究建议 n 可在 0.2～0.45 范围内取值，并且当 n=0.35 时，0.075mm 档的通过率已经低至 7%，在骨架密实型混合料中 0.075mm 档的通过率应该保持在 10%左右，所以本研究 n 在 0.2～0.30 内取值。

细集料的级配组成会影响路面的宏观构造，因此不同细集料级配对混合料抗滑性能会产生影响。同时，试验指数 n 的变化将导致不同的沥青胶浆劲度模量，从而影响混合料的力学性能。本节研究中将细集料级配试验指数分别取 0.2、0.25 和 0.30，细集料的理论级配可根据式(6-2)进行计算，细集料和填料的理论级配如表 6-19 所示。

表 6-19　细集料和填料的理论级配

项目	类型	细集料						填料
		2.36mm	1.18mm	0.6mm	0.3mm	0.15mm	0.075mm	<0.075mm
通过率/%	n=0.20	100.0	87.1	76.0	66.2	57.6	50.2	—
	n=0.25	100.0	84.1	71.0	59.7	50.2	42.2	—
	n=0.30	100.0	81.2	66.3	53.9	43.7	35.5	—
筛余质量分数/%	n=0.20	—	12.9	11.0	9.8	8.6	7.5	50.2
	n=0.25	—	15.9	13.1	11.3	9.5	8.0	42.2
	n=0.30	—	18.8	14.9	12.4	10.1	8.2	35.5

根据表 6-19 中的细集料和填料的理论级配，可计算出细集料和填料组成的混合料的合成密度如表 6-20 所示。

表 6-20　细集料和填料的合成密度

技术指标	n=0.20	n=0.25	n=0.30
合成密度/(g/cm³)	2.850	2.864	2.876

5）确定粗集料的紧密堆积密度 ρ_s 和粗集料紧密堆积孔隙率 VCA

将粗集料按表 6-18 中的相对比例，通过单面击实 100 次（仅击一面）确定粗集料的紧密堆积状态，测量其密度 ρ_s 并计算 VCA，结果如下：

$$\rho_s = 1.879\text{g/cm}^3$$

$$\text{VCA} = (1-\rho_s/\rho_G)\times 100\% = (1-1.879/2.922)\times 100\% = 35.7\%$$

6）确定沥青混合料的体积参数要求

沥青混合料的体积参数包括 VMA、VV 等，本节研究中所设计的混合料以钢桥面铺装工程作为依托，需要具备较好的疲劳性能和防水性能，因此设计的目标孔隙率取 VV=2.0%。《公路沥青路面施工技术规范》(JTG F40—2004)中针对传统的密集配沥青混合料的 VMA 和 VV 进行了规定，设计的混合料最大粒径为 13.2mm，所对应的密集配沥青混合料的最小 VMA 为 12%，但本研究采用的骨架密实型混合料通常具有较高的 VMA，建议在选取 VMA 时，在密集配沥青混合料基础上适当增加，考虑到实际使用状况及结构特征，本研究选取 VMA=15%。

7）确定沥青混合料的各组分的用量

将上述相应的参数代入式(6-2)，可以计算出粗集料用量、细集料用量和油石比，本节研究结果如表 6-21 所示。

表 6-21　粗细集料含量计算结果

种类	n=0.20	n=0.25	n=0.30
粗集料含量/%	76.10	76.05	75.93
细集料含量/%	23.90	23.85	24.07

8）确定矿质混合料的级配

根据计算出的粗集料和细集料的用量，可将表 6-18 和表 6-19 中的理论级配换算成混合料的级配，将 n＝0.2、0.25 和 0.30 对应的混合料分别命名为 VS-EA10-1、VS-EA10-2 和 VS-EA10-3，具体级配组成如表 6-22 所示，为了对比分析，同时给出环氧沥青混合料 EA-10 和改性沥青 SMA-10 的合成级配。VS-EA10-1、VS-EA10-2 和 VS-EA10-3 为断级配结构，且与 SMA 具有很好的相似性，规范中的 SMA 是经过工程实践反复修正后总结出来的，具有良好的路用性能，表明利用 V-S 法设计的骨架密实型环氧沥青混合料 VS-EA10 具有工程可行性。

表 6-22　合成级配

项目	类型	筛孔尺寸/mm								
		13.2	9.5	4.75	2.36	1.18	0.6	0.3	0.15	0.075
通过率/%	VS-EA10-1	100.0	68.4	24.0	24.0	20.9	18.2	15.9	13.8	12.0
	VS-EA10-2	100.0	68.4	24.0	24.0	20.1	17.0	14.3	12.0	10.1
	VS-EA10-3	100.0	68.5	24.1	24.1	19.6	16.0	13.0	10.6	8.6
	EA-10	100.0	97.6	76.5	60.8	46.8	34.3	24.0	16.7	10.5
	SMA-10	100	98.3	37.4	24.8	19.5	15.1	12.9	12.0	11.3

利用马歇尔试验确定混合料的最佳油石比，试验过程中可掺配 0.4%木质素纤维来吸附多余沥青，以避免出现明显的离析现象，研究中所用木质素纤维的性质应达到表 6-23 所示要求。各类混合料结构的马歇尔试验结果总结于表 6-24～表 6-26。

表 6-23　木质素纤维试验结果

技术指标	试验结果	技术要求	试验方法
纤维长度/mm	<6	<6	显微镜观测
灰分含量/%	17.8	18±5	燃烧后测定残留物
pH	7.4	7.5±1.0	pH 试纸确定
吸油率	8	≥纤维质量的 5 倍	油浸后经振敲后测量
含水率/%	2.4	<5	烘干后冷却称量

表 6-24　VS-EA10-1 马歇尔试验结果

技术指标	油石比/%				
	5.5	6.0	6.5	7.0	7.5
毛体积相对密度	2.50	2.53	2.54	2.55	2.55
稳定度/kN	61.51	69.42	79.10	70.77	72.39
孔隙率/%	5.3	3.5	2.3	1.3	0.6
流值/(0.1mm)	37.8	46.2	42.4	41.9	46.1
沥青饱和度/%	70.5	79.8	86.8	92.7	96.7
矿料间隙率/%	17.8	17.3	17.3	17.4	17.8

表 6-25　VS-EA10-2 马歇尔试验结果

技术指标	油石比/%				
	5.5	6.0	6.5	7.0	7.5
毛体积相对密度	2.52	2.56	2.56	2.56	2.55
稳定度/kN	46.57	47.30	52.67	72.36	75.46
孔隙率/%	4.9	3.0	1.7	1.3	0.7
流值/(0.1mm)	41.4	38.3	46.6	42.2	45.2
沥青饱和度/%	72.3	82.4	90.1	92.9	94.3
矿料间隙率/%	17.6	17.0	16.8	18.6	18.9

表 6-26　VS-EA10-3 马歇尔试验结果

技术指标	油石比/%				
	5.5	6.0	6.5	7.0	7.5
毛体积相对密度	2.52	2.52	2.54	2.54	2.53
稳定度/kN	43.01	47.42	44.60	49.66	46.56
孔隙率/%	4.9	3.9	2.5	1.9	1.6
流值/(0.1mm)	40.4	44.4	40.0	46.4	47.9
沥青饱和度/%	72.2	78.0	85.7	89.4	91.3
矿料间隙率/%	17.5	17.7	17.5	18.0	18.6

6.3.3　抗滑性能试验

骨架密实型环氧沥青混合料的抗滑性能可通过构造深度与摩擦系数进行评价。试验中成型尺寸为 300mm×300mm×50mm 的车辙板试件，首先利用便携式摆式摩擦仪测量摆值，并进行温度修正，其后采用铺沙法测量构造深度，并与环氧沥青混合料EA-10 和改性沥青 SMA-10 进行对比，如图 6-4 与图 6-5 所示，试验结果见表 6-27。

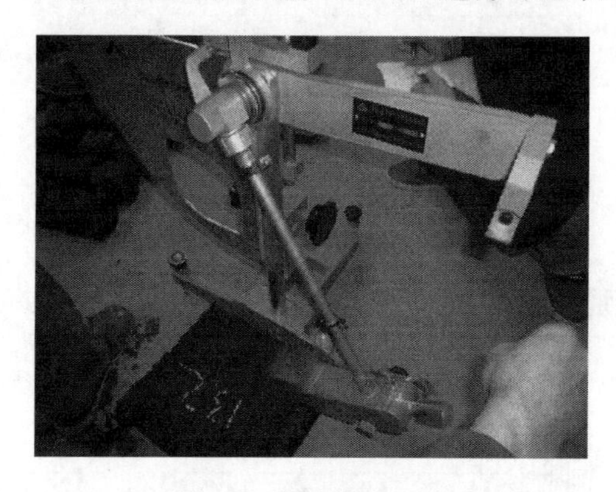

图 6-4　摆式摩擦试验

图 6-5　铺沙法试验

表 6-27　抗滑性能试验结果

混合料类型	构造深度/mm	摩擦系数(湿)/BPN
VS-EA10-1	0.88	66
VS-EA10-2	0.98	70
VS-EA10-3	1.04	76
EA-10	0.21	65
SMA-10	0.84	67
技术要求	≥0.55	≥45

由表 6-27 可知，VS-EA10 的摩擦系数和构造深度均满足高等级公路的抗滑验收标准。构造深度相对于环氧沥青混合料 EA-10 有了很大的提高，甚至优于改性沥青 SMA-10。在相同材料条件下，大于 4.75mm 的粗集料的含量越高，越容易获得较好的构造深度，由级配曲线可知，VS-EA10、EA-10 和 SMA-10 中大于 4.75mm 的粗集料含量分别为 76%、23.5%和 62.6%，所以 VS-EA10 具有较好的构造深度。随着 n 值增加，构造深度逐渐提高，这可能是因为 n 值越大，集料级配越粗，最佳油石比越小，形成的混合料表面的纹理构造越明显。

6.4　大孔隙环氧沥青混合料

透水沥青路面是构建海绵城市的重要组成部分，但对于普通沥青路面，即使采用高黏度改性沥青也容易受到车轮荷载的作用而出现集料颗粒剥落现象，从而进一步发展为坑槽等路面病害。环氧沥青具有极强的黏结性能，能与集料颗粒有效结合形成整体，因此采用环氧沥青作为结合料能有效地减少集料颗粒的剥落情况。本节对大孔隙环氧沥青混合料的材料设计与结构性能开展试验研究，并与透水路面建设中常用的普通大孔隙沥青混合料路用性能进行对比分析。

6.4.1　大孔隙环氧沥青混合料的组成设计

本节研究中所设计的大孔隙环氧沥青混合料以普通环氧沥青混合料级配为基础，提高了 2.36mm 以上粒径的集料颗粒比例，使其更易形成孔隙结构。研究中所采用的级配列于表 6-28。

表 6-28 大孔隙环氧沥青混合料级配[115-117]

集料类型	质量分数	通过筛孔尺寸的通过率/%							
		9.5mm	4.75mm	2.36mm	1.18mm	0.6mm	0.3mm	0.15mm	0.075mm
1#	7.0%	100	0	—	—	—	—	—	—
2#	79.5%	100	98.2	1.34	0.1	—	—	—	—
3#	7.0%	100	100	98	68.5	39.4	20.6	10.2	5.9
矿粉	6.5%	100	100	100	100	100	100	98.8	83.5
设计级配	下限	100	82	10	8	6	5	4	3
	上限	100	100	18	16	14	12	10	9
	中值	100	91	14	12	10	8	7	6
计算级配		100	91.6	14.4	11.4	9.3	7.9	7.1	5.8

本研究中，先以矿料表面积原理的理论公式为依据，通过理论计算预估油石比 P_a。以 P_a 为中值，选取 $P_a \pm 0.5\%P_a$ 和 $P_a \pm 1.0\%P_a$ 等五种沥青用量分别采用析漏试验和飞散试验确定沥青的最大用量和最小用量，以压实试件的孔隙率、马歇尔稳定度作为参考指标，最终确定最佳油石比。根据沥青膜厚和集料表面积初定沥青用量。集料表面积的估算公式为[118]

$$P_b = hA(\%) \tag{6-5}$$

式中，h 为沥青膜厚，研究表明矿料表面的沥青膜厚度为 10～14μm 时，可保持沥青混合料不出现析漏，针对大孔隙环氧沥青混合料设计可取值为 12μm；A 为集料的总比表面积，单位为 m^2/kg；$A=(2+0.02a+0.04b+0.08c+0.14d+0.3e+0.6f+1.6g)/48.74$，$a$、$b$、$c$、$d$、$e$、$f$、$g$ 为矿料在 4.75mm、2.36mm、1.18mm、0.6mm、0.3mm、0.15mm、0.075mm 筛孔的通过率。

由上述内容可求得本研究中所用大孔隙环氧沥青混合料的初拟最佳沥青用量为 5.5%。

1）析漏试验

沥青析漏试验是德国谢伦堡研究所为沥青玛蹄脂碎石混合料（SMA）的配合比设计而提出的，通过试验确定沥青混合料中有无多余的自由沥青或沥青玛蹄脂，进而确定最大油石比。具体试验方法如下。

在规定温度条件下，将大孔隙环氧沥青混合料拌合均匀，称取 1kg，然后倒入事先准备好的已烘干的 1000mL 烧杯中，将烧杯连同试样放入 120℃的烘箱中烘 30min 后取出，随即在不加任何扰动和冲击的情况下，倒扣在玻璃板上，称取黏附在烧杯上的沥青残留量，除以烘前的沥青混合料重即为析漏损失率。变更五个不同的油石比，得出损失率与沥青用量的关系曲线，曲线突变点的沥青用量便是最大油石比[28]。本试验以油石比 4.6%为中值，选取 $P_a \pm 0.5\%P_a$ 和 $P_a \pm 1.0\%P_a$ 等五个油石比，五组试验，每组试验（每个油石比）共成型三个试件，试验结果见表 6-29 与图 6-6。

表 6-29　小粒径大孔隙环氧沥青混合料析漏试验

技术指标	油石比/%				
	4.5	5.0	5.5	6.0	6.5
析漏均值/%	0.10	0.14	0.22	0.30	0.49

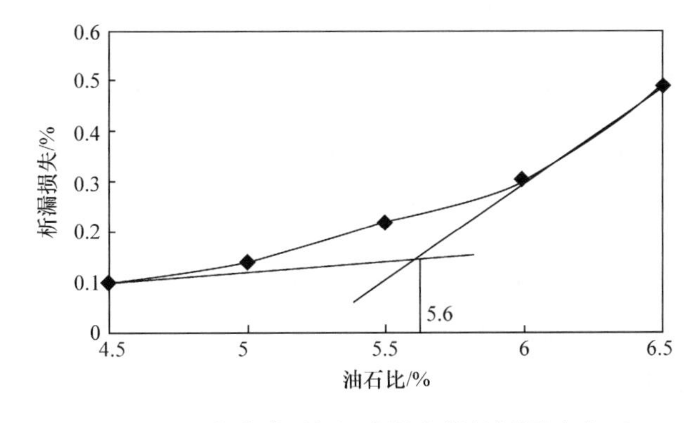

图 6-6　大孔隙环氧沥青混合料的析漏试验

由图 6-6，可以确定拐点处的油石比为 5.6%，而此处的析漏损失率小于 0.3%，满足规范要求，因此试验中大孔隙环氧沥青混合料的最大油石比取 5.6%。

2) 飞散试验

沥青混合料的飞散试验是西班牙肯塔堡大学为大孔隙沥青混合料开发的一种试验方法（肯塔堡试验 Cantabro Test）。大孔隙沥青混合料的表面构造深度较大，粗集料外露，孔隙中经常充满了水，在交通荷载的反复作用下，由于集料与沥青的黏结力不足而引起集料的脱落、掉粒、飞散，并成为坑槽的路面损坏。为了防止此类破坏，在大孔隙沥青混合料级配设计中，通过飞散试验可以确定沥青混合料的最小油石比。

具体试验方法如下：在规定温度条件下，将大孔隙环氧沥青混合料拌合均匀，按规范标准双面击实 50 次成型马歇尔试件。试件经过高温固化后，在 20℃恒温水槽中养生 20h 取出试件擦干后称取试件质量 m_0，放入洛杉矶试验机中，不加钢球，以 30～33r/min 的速度旋转 300 转，称取试件损失量 m_1，m_1 与 m_0 的比值即为飞散损失率[119]。变更五个不同的沥青用量，得出损失率与沥青用量的关系曲线，曲线突变点的沥青用量便是最小油石比。试验结果见图 6-7。

由图 6-7，可以确定拐点处的油石比为 5.3%，而此处的飞散损失率小于 25%，满足规范要求，因此本试验中大孔隙环氧沥青混合料的最小油石比取 5.3%。

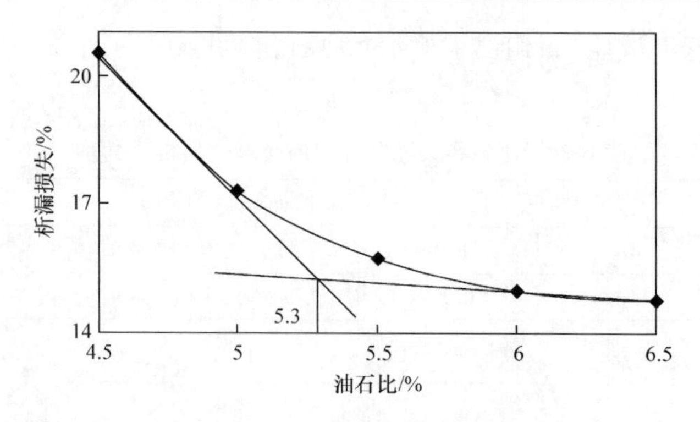

图 6-7 大孔隙环氧沥青混合料飞散试验

综上所述,析漏试验确定的最大油石比为 5.6%;飞散试验确定的最小油石比取值为 5.3%。研究表明,沥青最佳用量在满足析漏试验要求的基础上越大越好[118],根据经验选取的最佳油石比在满足析漏试验所确定的最大油石比的基础上小 0.1%。因此,可以确定本试验大孔隙环氧沥青混合料最佳油石比为 5.5%。

3) 马歇尔试验基本性能

在沥青混合料油石比为 4.5%~6.5%时成型马歇尔试件后放入 120℃烘箱中固化 4h,待试件冷却后脱模,大孔隙环氧沥青混合料的马歇尔试件技术指标见表 6-30。

表 6-30 大孔隙环氧沥青混合料马歇尔试件技术指标

油石比 /%	毛体积密度 /(g/cm³)	孔隙率 /%	稳定度 /kN	流值 /(0.1mm)	矿料间隙率 /%	沥青饱和度 /%
4.5	2.063	21.8	9.87	21.0	34.5	36.4
5.0	2.073	21.5	9.93	25.0	33.2	38.0
5.5	2.079	19.9	10.04	28.0	32.4	38.4
6.0	2.076	19.2	9.99	32.0	32.5	41.1
6.5	2.071	18.3	9.92	38.0	32.9	41.6
技术指标	—	—	>5	20~40	>25	>30

由表 6-30 可知,在 5.5%油石比下,大孔隙环氧沥青混合料马歇尔试件的孔隙率在 20%左右,稳定度在最大值附近,故本研究中大孔隙环氧沥青混合料的最佳油石比取 5.5%满足规范要求,且其技术指标均满足要求。

6.4.2 大孔隙环氧沥青混合料的路用性能

大孔隙环氧沥青混合料的路用性能评价方法与普通沥青混合料相同,主要针对其高温性能、低温性能、水稳定性及透水性进行试验研究。

1. 高温性能

1）车辙试验

依据《公路工程沥青及沥青混合料试验规程》(JTG E20—2011)中“沥青混合料车辙试验”(T 0719—2011)要求，将沥青混合料成型为300mm×300mm×50mm的板式试件，经过高温固化后，连同试模置于车辙试验机的恒温室内，养生温度为60℃，养生试件20h，试验温度为60℃。车辙试验结果见表6-31。

表6-31 大孔隙环氧沥青混合料车辙试验结果(60℃)

混合料类型		孔隙率/%	45min形变/mm	60min形变/mm	动稳定度/(次/mm)
大孔隙环氧沥青混合料	1	20	1.390	1.474	7500
	2	20	1.038	1.110	8750
	3	20	1.227	1.313	7325
	平均值	20	1.218	1.299	7858
普通大孔隙改性沥青混合料		20	1.578	1.768	3315
环氧沥青OGFC-13		21	0.593	0.629	17500
技术要求		—	—	—	≥3000

由表6-31中的数据可对大孔隙环氧沥青混合料的高温性能总结如下：

(1) 大孔隙环氧沥青混合料的动稳定度远大于规范要求，高温性能优秀，能适用于我国高等级路面的建设使用；而普通大孔隙改性沥青混合料的动稳定度仅刚满足规范要求，故环氧沥青对提高大孔隙结构的高温稳定性有较大提升。

(2) 相对于采用环氧沥青OGFC-13而言，大孔隙环氧沥青混合料的高温稳定性明显较低，虽然两者有相近的孔隙率，但其动稳定度差值在一倍以上。原因在于环氧沥青OGFC-13主要使用粗集料，能形成骨架孔隙结构，粒径之间主要是支撑作用，而大孔隙环氧沥青混合料大量依靠小粒径集料所形成的大孔隙结构虽然也能形成骨架，但其强度来源主要依靠集料间的嵌挤作用。

优异的高温性能可减少路面出现早期损坏，从60min混合料表面的车辙深度可以看出，大孔隙环氧沥青混合料试件不仅动稳定度高，而且有利于抑制车辙的产生，这对于推广大孔隙路面结构的使用有重要意义。

2）浸水车辙试验

为了同时考虑水和荷载的影响因素，采用了浸水车辙试验。本研究采用英国标准进行试验，并对其试验条件进行改进，考虑到热固性环氧沥青的存在，将其水浴温度从50℃提高到60℃。试验试件需在室温有水条件下浸泡12～16h，再在60℃下保温4～6h后进行浸水车辙试验。浸水车辙试验结果见表6-32。

表 6-32 大孔隙环氧沥青混合料浸水车辙试验

<table>
<tr><th>试件编号</th><th>45min 形变
/mm</th><th>60min 形变
/mm</th><th>动稳定度
/(次/mm)</th><th>动稳定度平均值
/(次/mm)</th><th>残留稳定度
/%</th></tr>
<tr><td>1</td><td>1.590</td><td>1.691</td><td>6237</td><td rowspan="3">6080</td><td rowspan="3">81.1</td></tr>
<tr><td>2</td><td>1.569</td><td>1.672</td><td>6116</td></tr>
<tr><td>3</td><td>1.575</td><td>1.682</td><td>5887</td></tr>
</table>

由表 6-32 可以看出：

(1) 在 60℃浸水条件下，大孔隙环氧沥青混合料动稳定度有较为明显的下降，仅为空气浴条件下的 81%，说明水的侵入对大孔隙环氧沥青混合料的抗车辙性能有明显的影响。大量连通孔隙的存在，使得交通荷载和行车真空抽吸作用引起的水流冲刷对沥青与集料界面产生的反复冲击影响严重，结果是沥青与集料之间的黏附力减弱并逐渐丧失黏结能力，沥青膜剥落，这又加速了水损坏的发展，导致沥青路面结构整体性破坏[120]。

(2) 大孔隙环氧沥青混合料试件浸水后高温稳定性是普通改性沥青未浸水时的 2 倍，虽然世界各国对浸水车辙试验没有统一的评价指标，但 6080 次/mm 的稳定度远大于规范对正常状态下高等级路面的要求，说明在浸水条件下的大孔隙环氧沥青混合料试件料依然具有良好的高温稳定性和抗水损性能。这是由于热固性环氧沥青在大孔隙沥青混合料中超强的黏结作用，保证了混合料的高温稳定性。

2. 低温性能

根据我国《公路工程沥青及沥青混合料试验规程》(JTG E20—2011)，按照“沥青混合料弯曲试验”(T 0715—2011)方法制作小梁试件，试件长(250±2)mm、宽(100±2)mm、高(50±2)mm。试验温度为－10℃，加载速率为 50mm/min，跨径为(200±0.5)mm，跨中加载。低温弯曲试验结果如表 6-33 所示。

表 6-33 大孔隙环氧沥青混合料低温弯曲试验结果

<table>
<tr><th colspan="2">沥青混合料</th><th>油石比
/%</th><th>抗弯拉强度
/MPa</th><th>最大弯拉应变
/10^{-3}</th><th>弯拉劲度模量
/MPa</th></tr>
<tr><td rowspan="4">大孔隙环氧
沥青混合料</td><td>1</td><td>5.5</td><td>4.07</td><td>2.90</td><td>1403.0</td></tr>
<tr><td>2</td><td>5.5</td><td>4.76</td><td>2.97</td><td>1598.9</td></tr>
<tr><td>2</td><td>5.5</td><td>4.06</td><td>3.06</td><td>1323.2</td></tr>
<tr><td>平均值</td><td>5.5</td><td>4.30</td><td>2.98</td><td>1441.7</td></tr>
<tr><td colspan="2">普通大孔隙改性沥青混合料</td><td>5.5</td><td>4.1</td><td>3.7</td><td>1110.0</td></tr>
<tr><td colspan="2">环氧沥青 OGFC-13</td><td>5.1</td><td>6.68</td><td>3.36</td><td>1988.3</td></tr>
</table>

从表 6-33 可以看出：

(1) 在沥青与孔隙率相同的情况下，与使用普通大孔隙改性沥青混合料相比，大孔隙环氧沥青混合料弯拉应变(数量级为 10^{-3})和抗弯拉强度(MPa)与前者非常接近，这说明沥青对大孔隙结构的低温性能影响有限。

(2) 而相比于大孔隙环氧沥青混合料，同样采用环氧沥青 OGFC-13 的低温性能略好于大孔隙环氧沥青混合料，应该是级配的影响所致，良好的级配形成骨架结构对提升沥青混合料低温性能也有很大作用。

3. 水稳定性

根据《公路工程沥青及沥青混合料试验规程》(JTG E20—2011)，采用“沥青混合料冻融劈裂试验”(T 0729—2000)和浸水马歇尔试验评价混合料的水稳定性。

1) 冻融劈裂试验

冻融劈裂试验采用双面各击 50 次的马歇尔试件，试件分两组：一组在 25℃水浴中保养 2h 后测定其劈裂抗拉强度 f_{t1}；另一组在 25℃水浴中浸泡 2h，然后在 0.09MPa 真空浸水 15min，再在－18℃冰箱中放置 16h，而后放到 60℃水浴中恒温 24h，再放到 25℃水中浸泡 2h 后测试其劈裂抗拉强度 f_{t2}；计算其残留强度比 $R_0=f_{t2}/f_{t1}\times100\%$。试验结果见表 6-34。

表 6-34　大孔隙环氧沥青混合料冻融劈裂试验

沥青混合料		劈裂抗拉强度/MPa	冻融后劈裂抗拉强度/MPa	TSR/%
大孔隙环氧沥青混合料	1	0.43	0.39	90.7
	2	0.47	0.42	89.4
	3	0.45	0.38	84.4
	平均值	0.45	0.38	88.2
普通大孔隙改性沥青混合料		0.67	0.54	80.6
环氧沥青 OGFC-13		0.91	0.83	91.1

从表 6-34 可以看出：

(1) 大孔隙环氧沥青混合料试件 TSR 达到了 88.2%，其残留稳定度达到排水性沥青混合料要求的 75%，比采用普通大孔隙改性沥青混合料的残留稳定度高，说明大孔隙环氧沥青混合料的抗水剥离能力比较强，这是由于环氧沥青化学性能突出，能更好抵抗水损害，环氧沥青有利于大孔隙结构获得更好的水稳定性。

(2) 同样采用环氧沥青作为结合料，大孔隙环氧沥青混合料的水稳定性略低于环氧沥青 OGFC-13，这是由于 OGFC-13 的级配形成的骨架孔隙结构更牢固，稳定性能更好。

2) 浸水马歇尔试验

为研究水长期作用对马歇尔试件稳定度的影响，浸水马歇尔试验时，试件分三组，每组三个平行试件。第一组在60℃水浴中保养0.5h后测其马歇尔稳定度S_1；第二组在60℃水浴中恒温保养48h后测其马歇尔稳定度S_2，计算残留稳定度$S_0=S_2/S_1\times100\%$；第三组在60℃水浴中恒温保养96h后测其马歇尔稳定度S_3，计算残留稳定度$S_0=S_3/S_1\times100\%$。试验结果见表6-35。

表6-35　大孔隙环氧沥青混合料浸水马歇尔试验结果

试验编号		马歇尔稳定度/kN		
		初始	浸水48h	浸水96h
标准马歇尔试件	1	9.61	8.73	8.65
	2	9.47	8.89	8.53
	3	9.72	8.92	8.75
	平均值	9.60	8.85	8.64
残留稳定度/%		—	92.19	90.00
技术要求		≥3.5	≥75	—

从表6-35可以看出：

(1) 大孔隙环氧沥青混合料标准马歇尔稳定度和浸水马歇尔稳定度都达到8kN的强度，远大于排水性沥青混合料的技术要求。浸水48h后的残留稳定度为92.19%，远大于规范要求，说明大孔隙环氧沥青混合料的抗水损害能力比较强。这是由于固化反应使环氧沥青获得了优异的强度，水分对环氧沥青膜的剥离作用很小。

(2) 大孔隙环氧沥青混合料浸水96h后的马歇尔残留稳定度达90.0%，略小于92%，这说明随着浸水时间的延长，大孔隙环氧沥青混合料马歇尔试件的稳定度会继续降低，长期的水作用对混合料的稳定度有持续负面作用，但其作用主要体现在前48h内，水再继续作用对试件强度的降低不太明显。

结合表6-34和表6-35可以看出，无论是冻融劈裂试验还是浸水马歇尔试验，大孔隙环氧沥青混合料的马歇尔试件残留稳定度都为90%，残留稳定度都远大于规范要求，两种检验沥青混合料水稳定性的方法所得结论基本一致，都证明了大孔隙环氧沥青混合料具有很高的水稳定性。

4. 透水性能

透水系数又称为水力传导系数，是材料在孔隙空间内传输流体能力的一种度量，它与材料的孔隙率有关，但更依赖于孔隙的直径和路径连通性。根据《公路路基路面现场测试规程》(JTG E60—2008)，以下通过路面透水仪来测定大孔隙环氧沥青混合料车辙板试件的透水系数，以检验其排水性能，试验结果见表 6-36。

表 6-36　大孔隙环氧沥青混合料透水系数测试结果

<table>
<tr><th>混合料类型</th><th>试验组</th><th>孔隙率/%</th><th>渗水量/mL</th><th>透水时间/s</th><th>透水系数/(mL/min)</th></tr>
<tr><td rowspan="4">大孔隙环氧沥青混合料</td><td>A</td><td rowspan="3">20.4</td><td rowspan="3">400</td><td>4.4</td><td>5467</td></tr>
<tr><td>B</td><td>4.2</td><td>5687</td></tr>
<tr><td>C</td><td>4.3</td><td>5581</td></tr>
<tr><td>均值</td><td>20.4</td><td>400</td><td>4.3</td><td>5578</td></tr>
<tr><td colspan="2">技术要求</td><td>18～25</td><td>400</td><td>≤6.7</td><td>≥3600</td></tr>
</table>

从表 6-36 可以看出，大孔隙环氧沥青混合料具有很强的排水能力，其透水系数远大于规范要求。三组平行试验结果接近，这证明了大孔隙环氧沥青混合料具有稳定的排水性能。将大孔隙环氧沥青混合料铺筑在道路表面时，雨水能够很快地沿其内部连通孔隙排出路表，渗入面层，这有助于减少水溅、水雾等现象，提高驾驶员的行车安全性。

此外，混合料级配不同，导致油石比不同，粗中细粒式集料比例差异较大，这会影响混合料集料的排列分布和结构组成，进而对其排水性能造成一定影响。下面通过透水试验对规范中规定的两种 OGFC 混合料与大孔隙环氧沥青混合料的排水性能进行对比。三种混合料进行透水试验，试验结果见表 6-37。

表 6-37　不同大孔隙沥青混合料透水试验

混合料类型	油石比/%	孔隙率/%	透水时间/s	透水系数/(mL/min)
OGFC-13	5.1	21.2	4.07	5896
OGFC-10	5.3	20.6	4.27	5620
大孔隙环氧沥青混合料	5.5	20.4	4.30	5581

从表 6-37 可以看出，相同或相近孔隙率的不同级配大孔隙环氧沥青混合料排水性能都满足规范要求，透水系数之间有差异，大体的规律是粒径越大，级配越粗，排水性能越好，但试验数据也有一定的不规律性，其中 OGFC-13 的排水性能略高于另外两者，而另外两种混合料透水系数非常接近。

6.5　轻质环氧沥青混合料与结构特性研究

环氧沥青混合料主要采用玄武岩作为矿质集料，不仅需要开采大量山石，造成生态破坏，而且增加了桥梁恒重，对提高桥梁结构的跨径产生不利影响。陶粒材料具有质轻、耐磨性好等特点，用于替代玄武岩集料能有效地减轻混合料密度，对于开启桥等特种桥梁结构的铺装尤为重要。在此背景下，结合环氧沥青混合料的研究经验，对掺加高性能陶粒的环氧沥青混合料展开研究。

6.5.1　高性能陶粒材料及其材料性能

高性能陶粒分为碎石型陶粒、圆球型陶粒和圆柱型陶粒。碎石型陶粒一般用天然矿石生产，先将石块粉碎、焙烧，然后进行筛分；也可用天然及人工轻质原材料如浮石、火山渣、煤渣、自然或煅烧煤矸石等，直接破碎筛分而得，以页岩陶粒居多。圆球型陶粒是采用圆盘造粒机生产，先将原料磨粉，然后加水造粒，制成圆球再进行焙烧或养护而成。圆柱型陶粒一般采用塑性挤出成型，先制成泥条，再切割成圆柱状。依据工程用集料及环氧沥青热固性特点，选用碎石型和圆球型高性能陶粒分别进行研究。

由于陶粒与环氧沥青混合成轻质桥面铺装材料，陶粒原材料的不同所导致的化学组成差异，对环氧沥青混合料也将产生不同的影响。生产陶粒的原材料种类繁多，下面以黏土质页岩陶粒进行探讨，参照《轻集料及其试验方法　第1部分：轻集料》(GB/T 17431.1—2010)标准进行试验，结果见表6-38。

表6-38　高性能陶粒检测试验结果及技术要求

技术指标		检测结果		技术要求
		碎石型陶粒	圆球型陶粒	
粒径范围/mm		5～10	5～10	—
密度等级		820	890	600～900
筒压强度/MPa		7.6	7.3	≥6.5
吸水率/%	1h	3.8	3.6	≤8
	24h	4.3	4.1	—
硫酸盐含量(以SO_3计)/%		0.6	0.7	≤1.0
含泥量和易碎颗粒含量/%		1.0	1.2	≤2
烧失量/%		2.3	2.5	≤5
煮沸质量损失/%		2.5	3.0	≤5.0
有机物含量		淡	淡	不深于标注色

6.5.2　高性能陶粒环氧沥青混合料配合比设计

国内外关于矿质集料替代材料方面已经进行了较多研究，如采用粉煤灰和废弃塑料混合物加工成轻集料，分别以0%、5%、10%、15%和20%的质量分数替代矿质集料，最终得出15%的质量替代率为优的结论[121]。针对采用陶粒进行替代的情况，相关研究表明在不显著增加最佳沥青用量时，吸水率越低，陶粒替代普通集料的量就越多；最佳沥青用量大小不仅与陶粒的吸水率及替代百分比有关，而且与陶粒的类型有关[122-124]。现有研究集中于以普通沥青或热塑性改性沥青为原材料，而对于热固性环氧沥青混合料的应用较少。因此，本节以温拌环氧沥青作为黏结料，考虑陶粒的物理性质、级配和混合料试验所用级配，按表 6-39 所示比例替代矿质集料。

表 6-39　陶粒粒型及替代百分比

陶粒粒型		掺加比例				
碎石型	按质量计/%	0.0	15.0	25.0	40.0	70.0(含陶砂)
	按体积计/%	0.0	23.4	36.6	53.5	82.7
圆球型	按质量计/%	0.0	5.0	15.0	25.0	40.0
	按体积计/%	0.0	9.1	25.1	38.8	56.2

参考国内多座大桥钢桥面铺装用集料级配，考虑铺装沥青混合料中集料的最大粒径及施工过程中的最小厚度等多方面的技术要求，确定 16mm 为最大集料尺寸，同时确定了级配的上限和下限，详见表 6-40。

表 6-40　混合料级配范围及中值

混合料级配要求		通过下列筛孔(方孔筛)的质量分数/%								
		13.2mm	9.5mm	4.75mm	2.36mm	1.18mm	0.6mm	0.3mm	0.15mm	0.075mm
级配要求	上限	100	95	65	50	39	28	21	14	7
	下限	100	100	85	70	55	40	32	23	14
级配中值		100	97.5	75	60	47	34	26.5	18.5	10.5

1. 碎石型陶粒环氧沥青混合料最佳油石比

碎石型陶粒集料(granulated light weight aggregate，GLWA)在沥青路面工程上的应用，已先后提出替代百分比为 15%的陶粒沥青混合料[125]。目前，除用于微表处外，国外已从理论上研究出满足技术要求的最大掺量为 75%的沥青混合料[126]。本节研究目的是配制出掺量为 15%、25%、40%和 70%(含陶率)的碎石型陶粒环氧沥青混合料(granulated lightweight epoxy asphalt concrete，GLEAC)，各种掺量的级配曲线如图 6-8 所示。

由于环氧沥青的特性，其固化后的性能较初始性能更为重要。因此，首先将成型试件在 120℃恒温箱中固化反应 5h 后，测定其马歇尔指标，初步确定最佳油石比；其后依据最佳值变动油石比范围，进行未固化马歇尔试验，检验其初始技术指标是否满足要求。

1) 密度

不同替代量混合料的毛体积密度与油石比关系曲线如图 6-9 所示。由图可

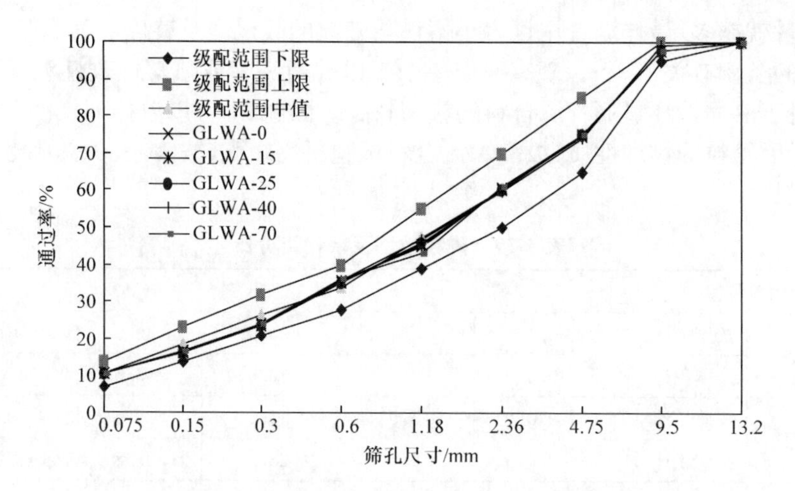

图 6-8 碎石型陶粒不同替代百分比合成级配曲线

知，不掺加碎石型陶粒的环氧沥青混合料(GLEAC-0)的最大密度接近 2.60g/cm³，GLEAC-40 的约为 2.00g/cm³，减轻约 23%，而掺加部分陶粒的 GLEAC-70 更是减轻近 40%。

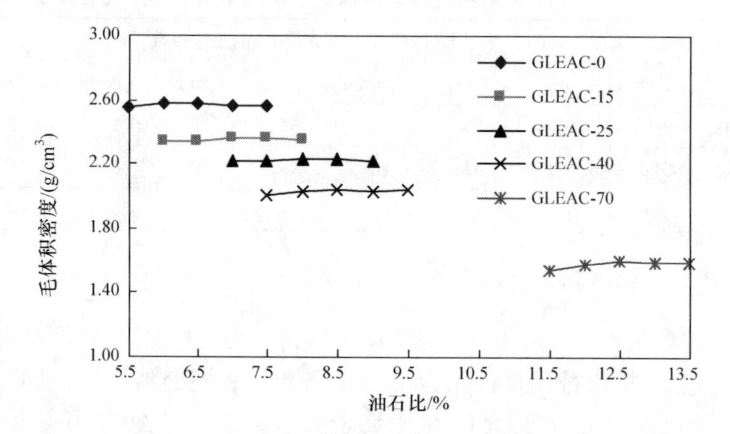

图 6-9 GLEAC 毛体积密度与油石比关系曲线(固化)

2) 孔隙率

研究表明，沥青混合料的水稳定性、疲劳强度及抗弯回弹模量均随孔隙率的增大而减小，但混合料的摩擦系数随孔隙率的增大而增大[127-128]。目前，环氧沥青混合料多采用密实级配，并要求孔隙率小于 3%。从图 6-10 可知，GLEAC 的孔隙率均能达到技术要求，但是考虑到抗滑性能，在设计最佳油石比时，孔隙率不能过小。

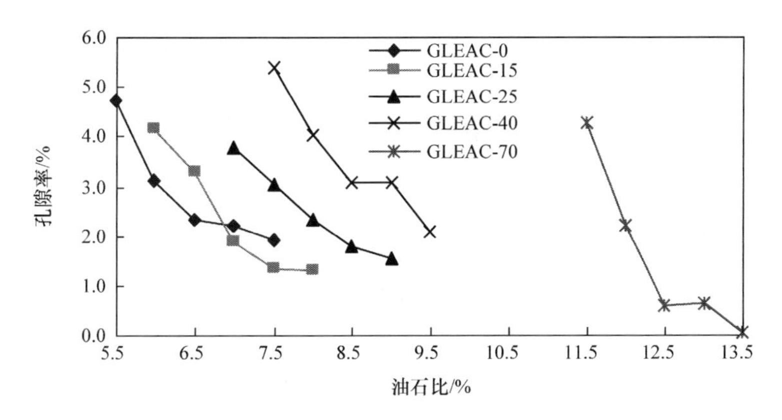

图 6-10　GLEAC 孔隙率与油石比关系曲线(固化)

3) 最佳油石比

由试验结果可确定各项指标与油石比的关系,按照《公路沥青路面施工技术规范》(JTG F40—2004)计算确定各 GLEAC 的最佳油石比等参数如表 6-41 所示。

表 6-41　各 GLEAC 的最佳油石比等参数

技术指标	GLEAC 混合料种类				
	GLEAC-0	GLEAC-15	GLEAC-25	GLEAC-40	GLEAC-70
油石比/%	6.60	6.70	8.10	8.90	11.90
最大理论密度/(g/cm^3)	2.638	2.424	2.272	2.094	1.606
合成矿料毛体积密度/(g/cm^3)	2.890	2.609	2.447	2.237	1.674
合成矿料有效密度/(g/cm^3)	2.911	2.647	2.490	2.281	1.702
沥青吸收率/%	0.28	0.60	0.76	0.95	1.07
有效沥青含量/%	6.34	6.14	7.40	8.03	10.95

2. 圆球型陶粒环氧沥青混合料最佳油石比

圆球型陶粒(circular lightweight aggregate,CLWA)由于表面光滑、集料附着性差以及嵌挤作用小等特点,很难满足沥青路面工程技术规范的要求,国内外在沥青路面中应用的研究文献较少。对于环氧沥青热固性材料,其具有极高的黏附性及强度,使得圆球型陶粒可以作为环氧沥青混合料铺装用集料的选择方案。本节研究不同掺量的圆球型陶粒环氧沥青混合料,按照不同掺量(质量分数)为 5%、15%、25%及 40%的圆球型陶粒环氧沥青混合料(circular lightweight epoxy asphalt concrete,CLEAC),集料级配曲线见图 6-11。

通过马歇尔试验初步确定不同 CLEAC 的最佳油石比,依据此最佳油石比变

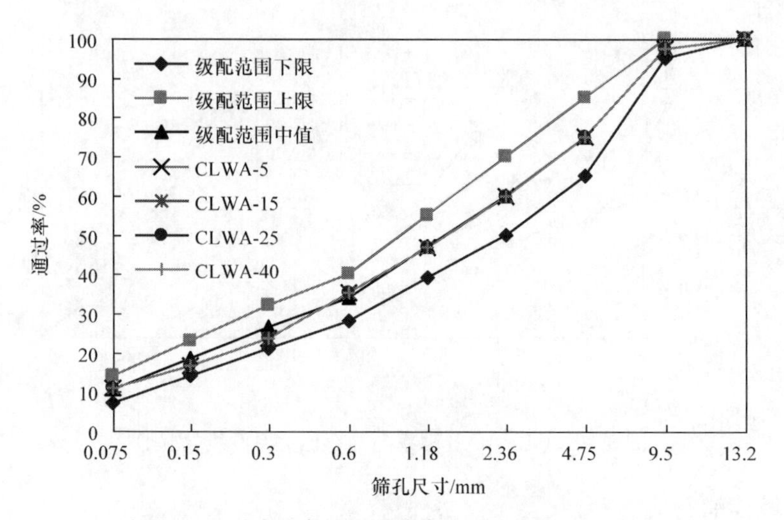

图 6-11 圆球型陶粒不同替代百分比合成级配曲线

动油石比范围，进行未固化马歇尔试验，测定并检验其初始技术指标是否满足要求。

1）密度

随着圆球型陶粒替代百分比的增加，混合料的毛体积密度减小，其中 CLEAC-40 混合料的密度较不掺加圆球型陶粒的环氧沥青混合料（CLEAC-0）减轻近 25%，减轻比例与同等掺量的 GLEAC 的接近。各种不同替代量 CLEAC 的毛体积密度与油石比关系曲线如图 6-12 所示。

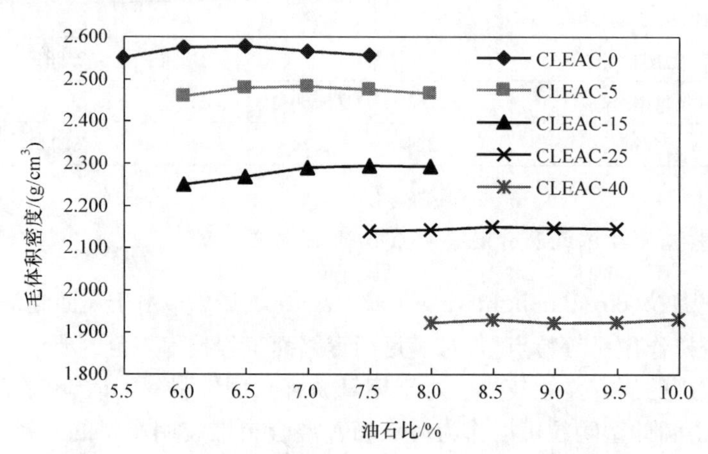

图 6-12 CLEAC 毛体积密度与油石比关系曲线(固化)

与 GLEAC 相同，当圆球型陶粒的替代量为 40%时，其混合料的密度与油石比曲线同样出现波形，而且不易出现峰值；当替代量小于等于 25%时不会出现波形曲线。

2）孔隙率

不同 CLEAC 的孔隙率与油石比的关系曲线如图 6-13 所示。不同 CLEAC 的孔隙率均能达到技术要求，与 GLEAC 相似，考虑到其抗滑性能，在设计最佳油石比时，孔隙率亦不能过小。

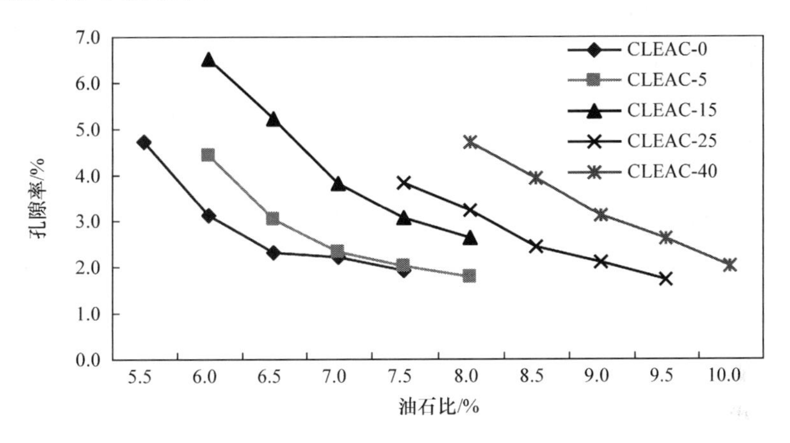

图 6-13　CLEAC 孔隙率与油石比关系曲线(固化)

3）最佳油石比

根据试验结果确定各项指标与油石比的关系，按照《公路沥青路面施工技术规范》(JTG F40—2004)计算确定各 CLEAC 的最佳油石比等参数如表 6-42 所示。

表 6-42　各 CLEAC 的最佳油石比等参数

技术指标	CLEAC 种类				
	CLEAC-0	CLEAC-5	CLEAC-15	CLEAC-25	CLEAC-40
最佳油石比/%	6.60	6.70	7.70	8.30	9.40
最大理论密度/(g/cm^3)	2.638	2.548	2.360	2.205	1.987
合成矿料毛体积密度/(g/cm^3)	2.890	2.766	2.547	2.361	2.111
合成矿料有效密度/(g/cm^3)	2.911	2.798	2.592	2.410	2.154
沥青吸收率/%	0.28	0.46	0.75	0.94	1.03
有效沥青含量/%	6.34	6.27	7.01	7.44	8.46

6.5.3　陶粒环氧沥青混合料性能试验研究

本节对 GLEAC 与 CLEAC 的性能进行对比分析，并结合采用玄武岩环氧沥青混合料，分析其在力学性能上的差异性。通过性能分析，探讨陶粒类环氧沥青混合料在道路工程，特别是钢桥面铺装工程中的适用性，并明确陶粒掺量对混合料性能的影响，推荐陶粒的掺加量和类型。

1. 混合料强度性能

1）马歇尔稳定度

按照前述的试验结果，以最佳油石比制备 GLEAC 和 CLEAC，试件在 120℃ 的恒温箱中使其完全固化。GLEAC 和 CLEAC 的试验结果分别见表 6-43 和表 6-44。由表 6-43 中的试验数据可知，与 GLEAC-0 相比，GLEAC 的马歇尔稳定度呈现波动现象，但总体强度相差较小，且均满足环氧沥青混合料的技术要求。其中 GLEAC-40 混合料的稳定度与 GLEAC-0 相当，GLEAC-25 混合料最高。

表 6-43　GLEAC 马歇尔试验测试结果

类别	试件编号	密度/(g/cm^3)	稳定度/kN	孔隙率/%	流值/(0.1mm)
GLEAC-70	1	1.583	56.56	1.4	22.7
	2	1.579	53.94	1.7	24.1
	3	1.575	56.86	1.9	25.6
GLEAC-40	1	2.042	56.92	2.5	27.1
	2	2.048	62.53	2.2	44.4
	3	2.036	61.91	2.8	35.4
GLEAC-25	1	2.235	62.43	1.8	35.3
	2	2.236	63.48	1.7	40.5
	3	2.238	61.25	1.5	36.1
GLEAC-15	1	2.326	60.41	2.7	35.2
	2	2.345	58.60	2.6	37.5
	3	2.341	57.04	2.9	27.1
GLEAC-0	1	2.566	63.48	2.6	45.9
	2	2.573	62.54	2.3	46.4
	3	2.569	56.33	2.5	50.8

由表 6-44 中的试验数据可知，各 CLEAC 的稳定度随圆球型陶粒掺量的增加变化趋势不明显，但均表现出较好的马歇尔稳定度，同时孔隙率与流值指标也满足环氧沥青混合料技术要求。

表 6-44　CLEAC 马歇尔试验指标测试结果

类别	试件编号	密度/(g/cm³)	稳定度/kN	孔隙率/%	流值/(0.1mm)
CLEAC-40	1	1.932	58.93	2.8	29.1
	2	1.942	61.53	2.3	32.6
	3	1.938	60.92	2.4	35.5
CLEAC-25	1	2.148	59.31	2.6	37.7
	2	2.156	59.63	2.2	39.6
	3	2.146	61.25	2.5	43.1
CLEAC-15	1	2.324	58.64	1.5	39.4
	2	2.309	59.32	2.2	40.2
	3	2.316	62.31	1.9	37.8
CLEAC-5	1	2.469	59.30	2.7	45.3
	2	2.477	60.35	2.9	39.3
	3	2.471	62.81	2.5	42.1
CLEAC-0	1	2.566	63.48	2.6	45.9
	2	2.573	62.54	2.3	46.4
	3	2.569	56.33	2.5	50.8

由试验结果可知，GLEAC 和 CLEAC 完全固化后的稳定度均未呈现随陶粒掺量增加而减小的趋势，GLEAC 和 CLEAC 在陶粒掺量未超过 40%前其各自的稳定度基本相当，而达到 70%掺量的 GLEAC-70 混合料的稳定度才表现出较为明显的衰减现象。

2）劈裂抗拉强度

沥青混合料的劈裂抗拉强度随着温度的降低和加载速率增大而提高，试验按照《公路工程沥青及沥青混合料试验规程》(JTG E20—2011)中“沥青混合料劈裂试验”(T 0716—2011)方法进行，研究 GLEAC 和 CLEAC 在 25℃时的劈裂抗拉强度。试件采用标准马歇尔试件，并在 120℃下完全固化。试验中压力施加为垂直方向，试件加载速率为 50mm/min，试验仪器为具有位移传感器的自动马歇尔仪。GLEAC 和 CLEAC 的劈裂强度随陶粒替代百分比的关系曲线如图 6-14 所示。

由劈裂试验结果可知，固化后 GLEAC 与 CLEAC 的劈裂抗拉强度随着陶粒替代率增加均呈现先增加后减小的变化趋势，其中 GLEAC 与 CLEAC 在陶粒掺

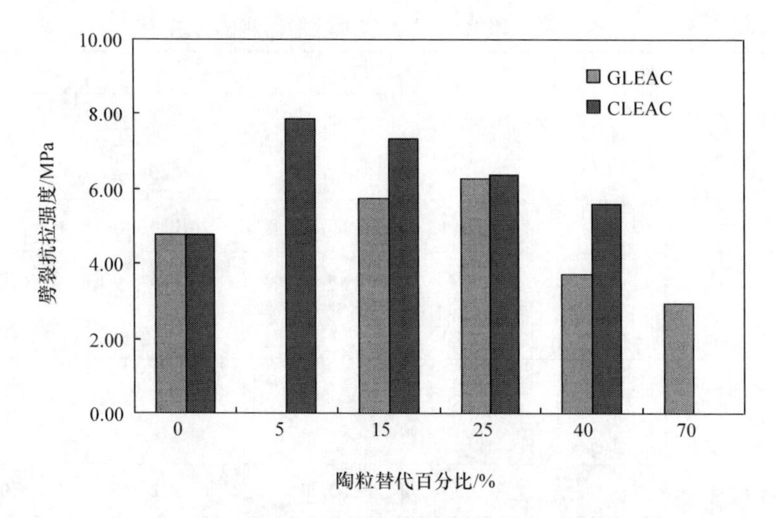

图 6-14 劈裂抗拉强度随陶粒替代百分比变化曲线

量为 25%和 5%时分别达到的劈裂抗拉强度最大值。在陶粒掺量范围内,GLEAC 的劈裂抗拉强度在陶粒掺量大于 25%后出现快速衰减,并在 40%掺量时小于 GLEAC-0 的劈裂抗拉强度,GLEAC-70 的劈裂抗拉强度更是下降到 3MPa 以下,约为 GLEAC-0 的 62%。然而,相比 SMA 和 AC 改性沥青混合料 25℃下的最大劈裂抗拉强度不足 1MPa,可见 GLEAC-70 仍然具有较高的劈裂抗拉强度。

CLEAC 的劈裂抗拉强度均大于 5.0MPa,均高于未掺加陶粒的 CLEAC-0。劈裂抗拉强度随圆球型陶粒替代百分比增加同样呈现先增后减的变化,与 GLEAC 相比,CLEAC 具有更高的劈裂抗拉强度。

相比玄武岩等普通集料,陶粒的自身材料强度较低,但从前述章节中可以得知,环氧沥青砂浆同样具有极高的强度。玄武岩等集料由于棱角性较为突出,容易在沥青砂浆中造成应力集中等薄弱部位,从而导致结构破损。相对而言,陶粒材料(特别是圆球型陶粒)能有效地减少应力突变点的个数,从而有助于提高混合料结构强度性能。

3) 抗弯拉强度

本节采用小梁弯曲试验来评价陶粒环氧沥青混合料抗弯拉强度特性和弹性性能。试验按照《公路工程沥青及沥青混合料试验规程》(JTG E20—2011)中“沥青混合料弯曲试验”(T 0715—2011)方法进行。试验温度为 10℃,加载速率为 50mm/min。试件采用轮碾法成型,并锯制成 250mm×30mm×35mm 的小梁。试验结果列于表 6-45。

表 6-45 各 GLEAC、CLEAC 弯曲试验结果(10℃)

材料	抗弯拉强度/MPa	最大弯拉应变	弯拉劲度模量/MPa
GLEAC-0/CLEAC-0	21.88	1.539×10^{-2}	1421
CLEAC-5	28.71	9.029×10^{-3}	3180
CLEAC-15	22.77	7.505×10^{-3}	3034
CLEAC-25	26.59	1.145×10^{-2}	2323
CLEAC-40	19.38	6.106×10^{-3}	3173
GLEAC-15	32.68	1.210×10^{-2}	2700
GLEAC-25	26.46	1.102×10^{-2}	2402
GLEAC-40	23.66	1.005×10^{-2}	2355
GLEAC-70	14.34	6.899×10^{-3}	2078

由表可见，随着 GLEAC 中碎石型陶粒的掺量增加，抗弯拉强度呈现先增后减的变化最大弯拉应变呈现减小的变化，其中 GLEAC-15 的抗弯拉强度最大，GLEAC-0 的最大弯拉应变最高。对于 CLEAC，不同 CLEAC 的抗弯拉强度随圆球型陶粒掺量的增加变化不大，最大弯拉应变呈现波动变化。由表 6-45 可知，与 GLEAC-0/CLEAC-0 相比，掺加陶粒的 GLEAC 和 CLEAC 的抗弯拉强度在一定范围内有所提高，最大弯拉应变均较小。

2. 高温稳定性试验

陶粒环氧沥青混合料的高温稳定性采用高温车辙试验进行评价。试验按照《公路工程沥青及沥青混合料试验规程》(JTG E20—2011)中“沥青混合料车辙试验”(T 0719—2011)方法进行。分别以 GLEAC 与 CLEAC 的最佳油石比配制混合料，利用轮碾法成型车辙板试件，并在 120℃条件下完全固化。试验在 60℃温度条件下进行，施加的轮压均为 0.7MPa。GLEAC 和 CLEAC 的车辙试验结果如图 6-15 所示。

由试验结果可知，GLEAC 和 CLEAC 动稳定度优于规范要求，因此具有优越的高温稳定性。环氧沥青本身固化反应特性，使得 GLEAC-0 或 CLEAC-0 的动稳定度很高，60℃下几乎没有辙槽出现；此外，陶粒的掺加改善了 GLEAC 或 CLEAC 的高温性能。

3. 水稳定性

陶粒环氧沥青混合料的水稳定性采用冻融劈裂试验进行评估。固化后试件先

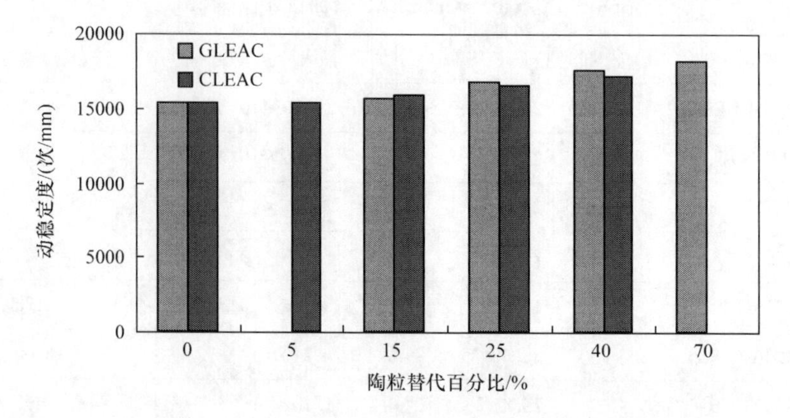

图 6-15　各 GLEAC 与 CLEAC 混合料的车辙试验结果

在 25℃条件下浸水 20min，接着以 0.09MPa 浸水抽真空 15min，随后在 −18℃低温箱中放置 16h，60℃水浴中恒温 24h，再在 25℃水中浸泡 2h 后测试，未经冻融处理的试件仅在 25℃水中浸泡 2h 后测试，GLEAC 和 CLEAC 的试验结果如图 6-16 所示。

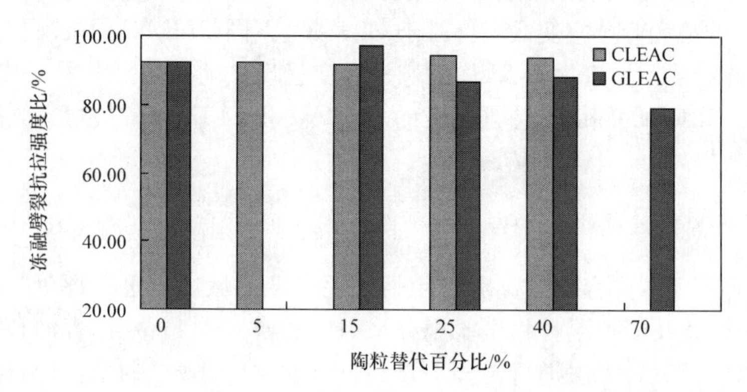

图 6-16　冻融劈裂抗拉强度比与陶粒替代百分比关系图

GLEAC 的冻融劈裂抗拉强度比(tensile strength ratio，TSR)随碎石型陶粒替代量增加呈先增后减的变化，其中 GLEAC 的 TSR 在陶粒替代量为 15%时达到最大，且不同混合料的 TSR 均高于技术要求[61]。因此，掺加陶粒的 GLEAC 混合料具有较好的抗水损害性能，但 GLEAC-70 的抗水损害能力较差。

CLEAC 的 TSR 随圆球型陶粒替代量的增加呈现的变化规律不明显，与未加陶粒的 CLEAC-0 相当，均在 92%左右，其值远远高于规范技术要求。因此，CLEAC 具有优越的水稳定性。与 GLEAC 相比，CLEAC 具有更好的抗水稳定性。

4. 低温性能

陶粒环氧沥青混合料的低温性能采用《公路工程沥青及沥青混合料试验规程》(JTG E20—2011)中的“沥青混合料弯曲试验”(T 0715—2011)进行评价。弯曲试验的试件采用轮碾法成型,并锯成 250mm×30mm×35mm 的小梁,如图 6-17 所示。试验温度为−15℃,在 UTM 材料试验机上进行试验,加载速率为 50mm/min。试验结果列于表 6-46 和表 6-47。

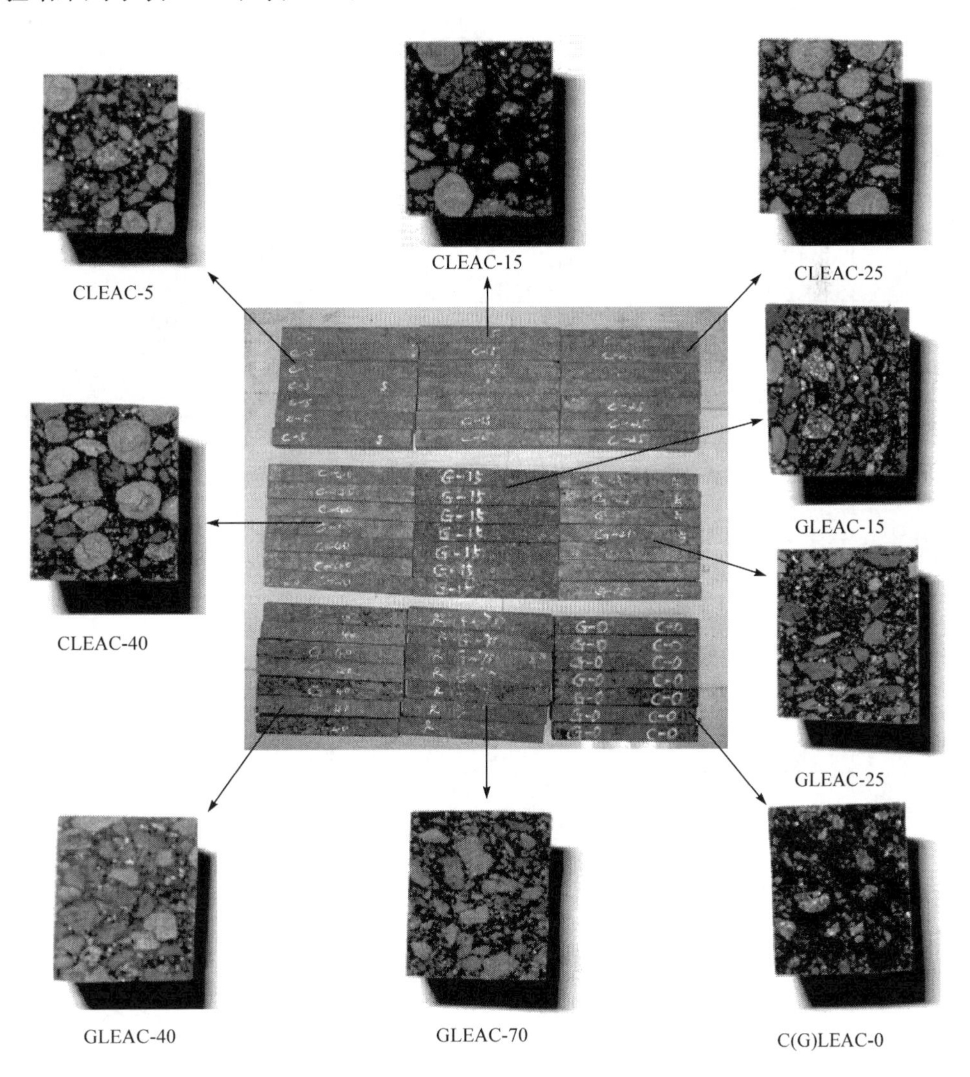

图 6-17　各 GLEAC、CLEAC 弯曲试验的小梁试件及断面

表 6-46 GLEAC 弯曲试验结果表(−15℃)

材料	抗弯拉强度/MPa		最大弯拉应变		弯拉劲度模量/MPa	
	试验值	平均值	试验值	平均值	试验值	平均值
GLEAC-0	25.7	28.5	1.260×10^{-2}	1.245×10^{-2}	2036	2307
	31.1		1.383×10^{-2}		2247	
	28.8		1.092×10^{-2}		2638	
GLEAC-15	29.8	31.7	3.752×10^{-3}	3.624×10^{-3}	7937	8949
	29.3		2.755×10^{-3}		10634	
	36.1		4.364×10^{-3}		8275	
GLEAC-25	26.9	29.2	7.321×10^{-3}	6.678×10^{-3}	3669	4446
	30.9		5.669×10^{-3}		5458	
	29.7		7.043×10^{-3}		4211	
GLEAC-40	23.8	23.8	6.438×10^{-3}	6.871×10^{-3}	3698	3560
	21.4		8.121×10^{-3}		2632	
	26.3		6.054×10^{-3}		4350	
GLEAC-70	16.6	15.8	7.151×10^{-3}	7.228×10^{-3}	2321	2195
	15.6		6.632×10^{-3}		2350	
	15.1		7.900×10^{-3}		1915	

表 6-47 CLEAC 弯曲试验结果表(−15℃)

材料	抗弯拉强度/MPa		最大弯拉应变		弯拉劲度模量/MPa	
	试验值	平均值	试验值	平均值	试验值	平均值
CLEAC-0	25.7	28.5	1.260×10^{-2}	1.245×10^{-2}	2036	2307
	31.1		1.383×10^{-2}		2247	
	28.8		1.092×10^{-2}		2638	
CLEAC-5	28.9	29.3	8.469×10^{-3}	7.145×10^{-3}	3400	4171
	30.9		6.332×10^{-3}		4878	
	28.1		6.633×10^{-3}		4236	
CLEAC-15	20.2	23.9	6.261×10^{-3}	6.196×10^{-3}	3225	3870
	24.6		6.257×10^{-3}		3935	
	27.0		6.069×10^{-3}		4451	
CLEAC-25	19.6	22.4	8.014×10^{-3}	8.259×10^{-3}	2451	2711
	22.5		7.666×10^{-3}		2935	
	25.0		9.098×10^{-3}		2746	
CLEAC-40	19.8	19.3	7.190×10^{-3}	7.991×10^{-3}	2755	2456
	20.7		9.860×10^{-3}		2098	
	17.4		6.924×10^{-3}		2516	

由表中数据可知，随陶粒掺量增加，GLEAC和CLEAC破坏强度均出现先增后减的变化，同等掺量下GLEAC的强度较CLEAC高。试验结果显示掺加陶粒的GLEAC及CLEAC的抗弯拉强度和最大弯拉应变均优于环氧沥青混合料的技术要求，表明GLEAC和CLEAC具有优越的低温性能及变形性能。

6.6 本章小结

本章在传统环氧沥青材料的研究基础上开展功能性环氧沥青混合料的研发，包括改进低温柔性的玄武岩纤维环氧沥青混合料与橡胶改性环氧沥青混合料、解决传统环氧沥青路面抗滑性能不足的抗滑型环氧沥青混合料、提高路面排水性能的大孔隙环氧沥青混合料及减小桥梁结构恒重的高强轻质环氧沥青混合料。本章通过试验评价的方法，分别测试了各类功能性环氧沥青混合料的性能，主要结论如下：

(1) 玄武岩纤维改性环氧沥青混合料的低温弯曲性能与低温抗劈裂性能均较普通环氧沥青混合料的低温弯曲性能有一定的提高，其中玄武岩纤维掺量为0.4%的改性环氧沥青混合料的弯曲应变能密度与劈裂抗拉强度较普通环氧沥青混合料的弯曲应变能密度提高47.1%与15.2%。

(2) 橡胶粉改性环氧沥青混合料的高温稳定性能优异，与未掺橡胶粉的环氧沥青混合料高温性能相当。同时掺入4%和6%橡胶粉的环氧沥青混合料，其低温变形能力得到一定的改善。

(3) 基于多点支撑骨架的环氧沥青混合料具有优异的抗滑性能，其构造深度远大于规范要求。随着荷载作用次数的增加，抗滑型环氧沥青混合料的摩阻性能逐渐降低，衰减呈现出先急后缓的趋势。在相同温度、不同轮压的作用下，抗滑性能衰减幅度分化较大，在1.4MPa的轮压作用下，抗滑性能下降明显，说明荷载作用对抗滑性能的影响很大。

(4) 通过析漏与飞散试验可以确定大孔隙环氧沥青混合料的最佳油石比为5.5%。环氧沥青可以有效提升大孔隙沥青混合料的高温稳定性，确保大孔隙沥青混合料不发生松散问题。大孔隙环氧沥青混合料与密级配环氧沥青混合料的透水系数相差两个数量级，前者的透水系数远大于规范要求，表明大孔隙环氧沥青混合料排水性能优异。

(5) 当陶粒集料的掺量超过集料总量的40%时，陶粒环氧沥青混合料的高温稳定性、水稳定性均不满足技术规范要求。而陶粒的掺入，对于环氧沥青混合料的低温性能和疲劳性能影响不大。建议陶粒环氧沥青混合料中陶粒集料的最大掺配比例不超过40%。

参考文献

[1] Mika T F. Polyepoxide compositions:US3012487[P]. 1961-12-12.

[2] Bradley T F. Compositions containing eposy resins and bituminous materials: US3015635[P]. 1962-01-02.

[3] Simpson W C,Sommer H J. Surfacing compositions comprising a mixture of a polyepoxide,a polyamine,and a petroleum derived bituminous materials:US3105771[P]. 1963-10-01.

[4] Street S W. Asphalt-epoxy compositions and method of making the same: US3202621[P]. 1965-08-24.

[5] Hijikata K,Sakaguchi K. Epoxy resin bitumen material composition: US4360608[P]. 1982-11-23.

[6] Hayashi S,Isobe M,Yamashita T. Asphalt compositions:US4139511[P]. 1979-02-13.

[7] Gallagher K P,Vermilion D R. Thermosetting asphalt:US5576363[P]. 1996-11-19.

[8] 朱义铭. 国产环氧沥青混合料性能研究[D]. 南京：东南大学,2006.

[9] 李继果. 环氧沥青混合料及其在桥面铺装上的应用研究[D]. 西安：长安大学,2008.

[10] 张顺先. 基于使用性能的钢桥面铺装环氧沥青混合料设计研究与疲劳寿命预测[D]. 广州：华南理工大学,2013.

[11] 尹海燕. 路桥用高性能环氧沥青材料的制备与性能研究[D]. 南京：南京大学,2013.

[12] 刘大梁,朱梦良,张淑琴,等. 环氧改性沥青砂试验研究[J]. 长沙电力学院学报(自然科学版),1998(1)：7-80.

[13] 吕伟民. 环氧沥青混凝土的特征与应用. 上海市政工程,1995,4:47-49.

[14] 贾辉,陈志明,亢阳,等. 高性能环氧沥青材料的绿色制备技术[J]. 东南大学学报(自然科学版),2008(3)：496-499.

[15] 黄坤,夏建陵,王定选. 热固性环氧沥青材料、制备方法及其专用增容剂:200610096835.7[P]. 2007-04-25.

[16] 黄坤,夏建陵,李梅,等. 热固性环氧沥青材料的制备及改性方法研究进展[J]. 热固性树脂,2009(6)：50-54.

[17] Cong P,Yu J,Chen S. Effects of epoxy resin contents on the rheological properties of epoxy-asphalt blends[J]. Journal of Applied Polymer Science,2010,118(6)：3678-3684.

[18] 丛培良,余剑英,吴少鹏. 环氧沥青及其混合料性能的影响因素[J]. 武汉理工大学学报,2009(19)：7-10.

[19] Yu J,Cong P,Wu S. Laboratory investigation of the properties of asphalt modified with epoxy resin[J]. Journal of Applied Polymer Science,2009,113(6)：3557-3563.

[20] 周威,赵辉,文俊,等. 柔性固化剂对环氧沥青结构和性能影响的研究[J]. 武汉理工大学学报,2011(7)：28-31.

[21] 张博. 耐低温高性能环氧沥青的制备及其低温性能研究[D]. 南京:东南大学,2015.

[22] 李喆. 国产环氧沥青防水粘结材料在水泥混凝土桥面应用研究[D]. 南京:东南大学,2005.

[23] 李笑尘. 短期固化环氧沥青材料的制备和性能研究[D]. 南京:东南大学,2015.

[24] 宗海. 环氧沥青混凝土钢桥面铺装病害修复技术研究[D]. 南京：东南大学，2005.
[25] 陈团结. 大跨径钢桥面环氧沥青混凝土铺装裂缝行为研究[D]. 南京：东南大学，2006.
[26] 宋鑫. 环氧沥青砂浆力学特性及路用性能研究[D]. 南京：东南大学，2013.
[27] 刘长波. 基于抗滑性能的钢桥面铺装用环氧沥青混合料设计[D]. 南京：东南大学，2015.
[28] 李泽昊. 小粒径大孔隙环氧沥青混合料功能性研究[D]. 南京：东南大学，2013.
[29] 江陈龙. 高性能陶粒环氧沥青混合料性能研究[D]. 南京：东南大学，2009.
[30] 南京长江第二大桥建设指挥部，东南大学. 南京长江第二大桥钢桥面环氧沥青混凝土铺装技术及应用[R]. 2002.
[31] Moriyoshi Y. A study on tensile fracture properties at low temperature of asphalt pavement on steel deck bridges and evaluation method longitudinal cracking[J]. Doboku Gakkai Ronbunshuu E，2006，2(62)：286-294.
[32] 黄俊强，何丽芳，慕海瑞. 环氧沥青钢桥面铺装施工控制技术[J]. 山西建筑，2008，34(2)：311-312.
[33] Sengoz B，Isikyakar G. Analysis of styrene-butadience-styrene polymer modified bitumen using fluorescent microscopy and conventional test methods[J]. Journal of Hazardous Materials，2008，2(150)：424-432.
[34] Hu J，Qian Z，Xue Y，et al. Investigation on fracture performance of lightweight epoxy asphalt concrete based on microstructure characteristics[J]. Journal of Materials in Civil Engineering，2016(28)：040160849.
[35] Qian J，Luo S，Wang J. Laboratory evaluation of epoxy resin modified asphalt mixture[J]. Journal of Southeast University，2007，1(23)：117-121.
[36] 曾靖，钱振东，罗桑. 环氧沥青的化学流变特性研究[J]. 公路，2012(8)：198-201.
[37] 罗桑，钱振东，沈家林，等. 环氧沥青流变模型及施工容留时间研究[J]. 建筑材料学报，2011(5)：630-633.
[38] 闵召辉，黄卫. 环氧沥青的粘度与施工性能研究[J]. 公路交通科技，2006(8)：5-8.
[39] 傅栋梁，钱振东，陈磊磊，等. 混凝土桥面铺装用环氧沥青混合料容留时间研究[J]. 石油沥青，2009(4)：43-46.
[40] Chen C，Qian Z，Chen L. Construction controlling and strength increasing characteristics of locally developed epoxy asphalt mixture[J]. Journal of Southeast University：English Edition，2011(1)：61-64.
[41] 于同隐，何曼君，卜海山. 高聚物的粘弹性[M]. 上海：上海科学技术出版社，1986.
[42] 陈志明，亢阳，闵召辉，等. 钢箱梁桥铺装用环氧沥青材料制备和表征[J]. 东南大学学报：英文版，2006，22(4)：553-558.
[43] 蔡峨. 粘弹性力学基础[M]. 北京：北京航空航天大学出版社，1989.
[44] 杨廷青. 粘弹性力学[M]. 武汉：华中理工大学出版社，1990.
[45] 张肖宁. 沥青与沥青混合料的粘弹力学原理及应用[M]. 北京：人民交通出版社，2006.
[46] 郑健龙，钱国平，应荣华. 沥青混合料热粘弹性本构关系试验测定及其力学应用[J]. 工程力学，2008(1)：34-41.

[47] 吴少鹏,磨炼同,林振华. 改性沥青混合料中改性沥青膜厚与性能的研究[J]. 武汉理工大学学报,2002,24(4):51-54.

[48] 侯芸,魏道新,田波,等. 沥青混合料油膜厚度计算方法[J]. 交通运输工程学报,2007,7(4):58-62.

[49] 吴婷. 沥青砂浆细观力学性能分析研究[D]. 长沙:长沙理工大学,2010.

[50] 汪海年. 沥青混合料微细观结构及其数值仿真研究[D]. 西安:长安大学,2007.

[51] 中华人民共和国交通部. JTG F40—2004 公路沥青路面施工技术规范[S]. 北京:人民交通出版社,2005.

[52] 陈磊磊. 环氧沥青混合料动态参数试验研究[D]. 南京:东南大学,2009.

[53] 闵召辉. 热固性环氧树脂沥青及沥青混合料的开发与性能研究[D]. 南京:东南大学,2004.

[54] 闵召辉,王晓,黄卫. 环氧沥青混凝土的蠕变特性试验研究[J]. 公路交通科技,2004,21(1):1-3,18.

[55] Wang J,Qian Z. Indirect tension test of epoxy asphalt mixture using microstructural finite-element model[J]. Journal of Southeast University:English Edition,2011,1(27):65-69.

[56] 许志鸿,李淑明,高英,等. 沥青混合料动态性能研究[J]. 同济大学学报(自然科学版),2001,29(8):893-897.

[57] 罗桑,钱振东,Harvey J. 环氧沥青混合料动态模量及其主曲线研究[J]. 中国公路学报,2010(6):16-20.

[58] 陈磊磊,钱振东,罗桑. 钢桥面铺装用热固性环氧沥青混合料动态模量试验研究[J]. 东南大学学报:英文版,2010,26(1):112-116.

[59] Ghuzlan K A. Fatigue damage analysis in asphalt concrete mixtures based upon dissipated energy concepts[D]. Champaign:University of Illinois at Urbana-Champaign,2001.

[60] 彭广银. 基于复合梁的水泥混凝土桥面铺装疲劳试验研究[D]. 南京:东南大学,2010.

[61] 黄卫. 大跨径桥梁钢桥面铺装设计理论与方法[M]. 北京:中国建筑工业出版社,2006.

[62] 姚波,程刚,王晓. 基于弯曲试验模式的环氧沥青混合料动态模量[J]. 东南大学学报(自然科学版),2011(3):597-600.

[63] 许志鸿,李淑明,高英,等. 沥青混合料疲劳性能研究[J]. 交通运输工程学报,2001(1):20-24.

[64] 罗桑,钱振东,陆庆. 基于动态频率扫描试验的环氧沥青混合料动态模量研究[J]. 石油沥青,2010,24(4):55-58.

[65] 陈磊磊,钱振东. 基于简单性能试验的环氧沥青混合料动态模量研究[J]. 建筑材料学报,2013,16(2):341-344.

[66] 东南大学桥面铺装课题组. 荆岳长江公路大桥桥面高性能沥青混凝土铺装研究报告[R]. 南京:东南大学,2010.

[67] 东南大学桥面铺装课题组. 泰州大桥钢桥面铺装方案报告[R]. 南京:东南大学,2011.

[68] Ghuzlan K A,Carpenter S H. Energy-derived/damage-based failure criteria for fatigue testing[J]. Transportation Research Record,2000(1723):141-149.

[69] 黄卫,钱振东. 高等沥青路面设计理论与方法[M]. 北京：科学出版社,2001.
[70] 唐健娟. 全厚式长寿命沥青路面基层材料疲劳性能研究[D]. 南京：东南大学,2008.
[71] 武汉绕城公路建设指挥部,东南大学桥面铺装课题组. 武汉阳逻长江公路大桥钢桥面铺装技术研究报告[R]. 2007.
[72] 邓学钧,黄晓明. 路面设计原理与方法[M]. 2 版. 北京：人民交通出版社,2007.
[73] 黄卫,钱振东. 大跨径桥梁钢桥面铺装设计理论与方法[M]. 北京：人民交通出版社,2006.
[74] 黄卫,钱振东,程刚,等. 大跨径钢桥面环氧沥青混凝土铺装研究[J]. 科学通报,2002,47(24)：1894-1897.
[75] 黄卫,钱振东,程刚. 环氧沥青混凝土在大跨径钢桥面铺装中的应用[J]. 东南大学学报(自然科学版),2002,32(5)：783-787.
[76] Roman W. Steel orthotropic decks-developments in the 1990s[J]. Transportation Research Record,1999(1688):30-37.
[77] 田小革,郑健龙,许志鸿,等. 低加载频率下沥青混合料的疲劳效应[J]. 中国公路学报,2002,(1)：22-24.
[78] 黄卫,邓学钧. 能量方法分析沥青混合料的疲劳特性[J]. 中国公路学报,1994(3)：23-28.
[79] 田小革,郑健龙,许志鸿. 沥青混合料的低频疲劳效应研究[J]. 力学与实践,2002(2)：34-36.
[80] 罗桑,钱振东,宗海. 基于灰关联分析的环氧沥青混合料抗弯拉性能研究[J]. 武汉理工大学学报(交通科学与工程版),2008,32(3)：393-396.
[81] Tangeila R,Craus J,Deacon J A,et al. Summary report on fatigue response of asphalt mixtures[R]. Washington D. C.：National Research Council,1990.
[82] Mathews J M,Monismith C L,Craus J. Investigation of laboratory fatigue testing procedures for asphalt aggregate mixtures[J]. Journal of Transportation Engineering,1993,4(119)：634-654.
[83] 张登良. 沥青路面[M]. 北京：人民交通出版社,1998.
[84] Monismith C L,Salam Y M. Distress Characteristics of asphalt concrete mixtures[J]. Proceedings Association of Asphalt Paving Technologists,1973(42)：320-350.
[85] Jacobs M M. Crack growth in asphat mixes[D]. Delft：Delft University of Technology,1995.
[86] 郑健龙,应荣华,张起森. 沥青混合料热粘弹性断裂参数研究[J]. 中国公路学报,1996(3)：22-30.
[87] 刘振清. 大跨径钢桥桥面铺装设计关键技术研究[D]. 南京：东南大学,2004.
[88] 中华人民共和国国家质量监督检验检疫总局,中国国家标准化管理委员会. GB/T 4161—2007 金属材料平面应变断裂韧度 K_{IC}试验方法[S]. 北京：中国标准出版社,2008.
[89] 李庆芬. 断裂力学及其工程应用[M]. 哈尔滨：哈尔滨工程大学出版社,1998.
[90] 吴智敏,赵国藩. 混凝土裂缝扩展的 $CTOD_c$ 准则[J]. 大连理工大学学报,1995(5)：699-702.
[91] 吴智敏,赵国藩. 骨料粒径对混凝土断裂参数的影响[J]. 大连理工大学学报,1994(5)：583-588.
[92] 吴智敏,赵国藩. 混凝土试件缝高比对裂缝扩展过程及断裂韧度的影响[J]. 应用基础与工程科学学报,1995(2)：14-18.

[93] 吴智敏，徐世烺，刘红艳，等. 骨料最大粒径对混凝土双 K 断裂参数的影响[J]. 大连理工大学学报，2000(3)：358-361.

[94] 吴智敏，徐世烺，王金来，等. 三点弯曲梁法研究砼双 K 断裂参数及其尺寸效应[J]. 水力发电学报，2000(4)：16-24.

[95] 邵若莉. 混凝土断裂能和双 K 断裂参数的试验研究[D]. 大连：大连理工大学，2005.

[96] 王金来. 混凝土双 K 断裂参数的确定[D]. 大连：大连理工大学，1999.

[97] 徐世烺，赵国藩. 混凝土断裂力学研究[M]. 大连：大连理工大学出版社，1991.

[98] 刘佳毅. 混凝土双 K 断裂参数及其尺寸效应[D]. 大连：大连理工大学，2000.

[99] Tsai B. High temperature fatigue and fatigue damage process of aggregate-asphalt mixes[D]. Berkeley：University of California at Berkeley，2001.

[100] 中国航空研究院. 应力强度因子手册[M]. 北京：科学出版社，1981.

[101] Wells A A. Application of fracture mechanics at and beyond general yielding[J]. British Welding Journal，1963(10)：563-570.

[102] Hillerborg A. Results of there comparative test series for determining the fracture G_f of concrete[J]. Materials and Constructions，1985，18(5)：407-413.

[103] Hillerborg A. Analysis of crack formation and crack growth in concrete by means of fracture mechanics and finite elements[J]. Cement and Concrete Research，1976(6)：773-782.

[104] 徐世烺，赵国藩. 混凝土结构裂缝扩展的双 K 断裂准则[J]. 土木工程学报，1992(2)：32-38.

[105] Xu S，Reinhardt H W. Determination of double-K criterion for crack propagation in quasi-britle fracture，Part 11：Analytical evaluating and practical measuring methods for three-point bending notched beams[J]. International Journal of Fracture，1999(98)：151-177.

[106] Jenq Y H，Shah S P. Two parameter fracture model for concrete[J]. Journal of Computing in Civil Engineering Mechanics-ASCE，1985，111(10)：1227-1241.

[107] Liu Y，You Z. Visualization and simulation of asphalt concrete with randomly generated three-dimensional models[J]. Journal of Computing in Civil Engineering，2009，23(6)：340-347.

[108] 陈俊，黄晓明. 基于离散元法的沥青混合料虚拟疲劳试验方法[J]. 吉林大学学报(工学版)，2010，40(2)：435-440.

[109] Zhang D，Huang X M，Zhao Y L. Algorithms for generating three-dimensional aggregates and asphalt mixture samples by the discrete element method[J]. Journal of Computing in Civil Engineering，2013，2(27)：111-117.

[110] Cundall P A，Strack O D L. Discrete numerical model for granular assembles[J]. Geotechnique，1979，1(29)：47-65.

[111] Liu Y. Discrete element methods for asphalt concrete：development and application of user-defined microstructural models and a viscoelastic micromechanical model[D]. Houghton：Michigan Technological University，2011.

[112] 陈磊磊.钢桥面环氧沥青混凝土铺装裂缝行为特性多尺度分析及修复效果评价[D].南京:东南大学,2012.

[113] 封基良.纤维沥青混合料增强机理及其性能研究[D].南京:东南大学,2006.

[114] 赵永利.沥青混合料的结构组成机理研究[D].南京:东南大学,2005.

[115] Yamanokuchi H, Adachi A, Hiramatsu M, et al. Study on thin layer porous pavement method to save energy and cost[C]//The 5th China/Japan Workshop on Pavement Technologies, Xi'an, 2009.

[116] Moore L M, Hicks R G, Rogge D F. Design, construction, and maintenance guidelines for porous asphalt pavements[C]//The 80th Annual Meeting of the Transportation-Research-Board, Washington D. C. , 2001.

[117] Watson D E, Moore K A, Williams K, et al. Refinement of new-generation open-graded friction course mix design[C]//The 82nd Annual Meeting of the Transportation-Research-Board, Washington D. C. , 2003.

[118] 黄俊强.排水性环氧改性沥青混合料研究[D].重庆:重庆交通大学,2008.

[119] 樊统江,田文玉,徐栋良.排水沥青混合料配合比对磨耗和飞散特性的影响[J].建筑材料学报,2007,10(4):435-439.

[120] 王亚奇.基于细观结构的大孔隙环氧沥青混合料强度机理研究[D].南京:东南大学,2011.

[121] Mallick R B, Hooper F P, O'Brien S, et al. Evaluation of use of synthetic lightweight aggregate in hot-mix asphalt[C]//The 83rd Annual Meeting of the Transportation-Research-Board, Washington D. C. , 2004.

[122] Shen D, Wu C, Du J. Performance evaluation of porous asphalt with granulated synthetic lightweight aggregate[J]. Construction and Building Materials, 2008, 22(5): 902-910.

[123] Losa M, Leandri P, Bacci R. Mechanical and performance-related properties of asphalt mixes containing expanded clay aggregate[J]. Transportation Research Record, 2008(2051): 23-30.

[124] 刘启华,李萃斌,张传镁,等.高强页岩陶粒配制沥青陶粒混凝土的试验研究[J].广州大学学报(自然科学版),2007,6(3):77-81.

[125] 焦双健,魏巍,杜群乐,等.公路用疏浚泥陶粒沥青混凝土及其制备方法:200710016724.5[P].2008-01-09.

[126] Zhang X. The utilization of municipal solid waste combustion bottom ash as a paving material[D]. New Hampshire: University of New Hampshire, 1994.

[127] 张登良,郝培文,徐涛.空隙率对沥青混合料技术性能的影响[J].石油沥青,1996(1):7-12.

[128] 沙庆林.空隙率对沥青混凝土的重大影响[J].国外公路,2001(1):34-38.